泰宁古城·杉阳建筑

李建军　张　鹰　著

国家"十二五"科技支撑计划项目
"传统古建聚落规划改造及功能综合提升技术集成与示范"课题
（课题编号：2012BAJ14B05）

科学出版社
北京

内 容 简 介

本书对泰宁古城,明、清时期的杉阳建筑的空间形态、结构及装饰装修等进行了科学阐述,尤其对有别于徽派建筑体系的杉阳建筑的特点进行了充分、翔实的论证,创建了杉阳建筑体系新说。本书是对福建古城、古建筑研究的重要补充。

本书可供从事古城、古建筑研究,以及文物保护工作的人员参考。

图书在版编目(CIP)数据

泰宁古城·杉阳建筑/李建军,张鹰著. —北京:科学出版社,2021.6
ISBN 978-7-03-063643-0

Ⅰ. ①泰… Ⅱ. ①李… ②张… Ⅲ. ①古建筑 - 文物保护 - 研究 -
泰宁县 Ⅳ. ① TU-87

中国版本图书馆 CIP 数据核字(2019)第 274305 号

责任编辑:童安齐/责任校对:王万红
责任印制:吕春珉/封面设计:金舵手世纪

科 学 出 版 社 出版
北京东黄城根北街 16 号
邮政编码:100717
http://www.sciencep.com

北京中科印刷有限公司 印刷

科学出版社发行   各地新华书店经销

*

2021 年 6 月第 一 版   开本:787×1092 1/16
2021 年 6 月第一次印刷   印张:20 1/2
字数:470 000

定价:210.00 元
(如有印装质量问题,我社负责调换〈中科〉)
销售部电话 010-62136230 编辑部电话 010-62137026(BA08)

前　言

　　泰宁（古称"杉阳"）古城，位于福建省西北部的泰宁县杉城镇。经史料查阅和作者实地考察出土的文物标本，以及一些古建筑原构件印证，泰宁古城始建于宋代，元代续建，明、清扩建，民国时期维持，其历史发展轨迹，城区空间格局，街巷、建筑肌理基本未变。现存五条古街，十五条古巷，四十九座明代木构建筑，九处明、清代水井，以及数十座清代建筑，尤其是成片的明代杉阳建筑，更是成就了这一举世瞩目的江南明、清古城。以泰宁古城为中心，辐射至各乡村的中大型明、清杉阳建筑，其特征明显，如大空间、大甬道、大门楼、大台阶、大回廊、大天井、高举架构形成的多院落构架形式，黑瓦匡斗吉庆墙，宋式长翅官帽脊，三厅九栋大厅堂，柱头象鼻栱、枫栱补间铺作普遍使用，别无他处。杉阳建筑的面阔、进深、举架、漆饰、纹样存在"违背"《营造法式》规定的官式做法，含有"僭越"行为。但无论是泰宁古城格局现存的完整性，还是杉阳建筑本身的特殊性，都具备较高的历史、科学、艺术价值。对古城空间设计，古城社会分级管理，杉阳建筑营造技艺进行深层次的挖掘、研究，进一步提升其学术价值，是今后古城研究工作的重点。

　　泰宁古城及杉阳建筑长期被人们误认为是徽派建筑体系，经考察对比，其与徽派建筑体系的历史风貌、建筑特色及文化差异较大，在此有必要加以澄清。福州大学建筑与城乡规划学院的李建军、张鹰长期从事文物保护及古城、古建筑研究，特别关注对泰宁古城及杉阳建筑研究，通过实地勘察、现场测绘，翔实比对等，已形成初步成果，本书即是其成果的具体体现。本书对泰宁全域明、清建筑概况，泰宁明、清古城，古城中的明、清杉阳建筑选址与营造习俗，建筑结构及装修装饰，以及与杉阳建筑相关的问题进行了系统论述。还侧重阐述了泰宁古城保护与再生等问题，特别对杉阳建筑进行了科学的论证与评价，对杉阳建筑存在官式构筑形式有了新的认识，同时给予了翔实的论证，从而树立了"杉阳建筑"体系新说。本书是对福建古城、古建筑，尤其是明代建筑营造体系研究的有力补充，弥足珍贵。本书也是一部介绍古城，明、清特色建筑的综合类书籍，将对从事古城、古建筑及其保护等研究的科研人员和管理人员具有积极的指导意义。

目 录

　　泰宁县位于福建省西北部，武夷山脉中段的支脉杉岭东南，金溪流域的阶地上，是江西、福建两省，三明、南平、抚州三地市交界的一个山区县，介于北纬 26°33′~27°07′、东经 116°53′~117°24′。县域周边北靠邵武，东连将乐，南邻明溪，西接建宁，西北比邻江西省抚州市黎川县。通行闽赣方言邵武话。泰宁古城整体风貌见图 0-1。

图 0-1　泰宁古城整体风貌

　　泰宁得天独厚的自然文化遗产——水上丹霞地貌，被联合国教科文组织给予了高度评价：中国南方湿润区 6 个著名的丹霞地貌风景名胜区组成"中国丹霞"项目，符合世界自然遗产入选条件。泰宁丹霞地貌是"中国丹霞"青年期、低海拔山原—峡谷型丹霞的唯一代表（图 0-2 和图 0-3），被相关专家誉为"中国丹霞故事开始的地方"，2010 年 8 月 1 日正式列入《世界遗产名录》。

　　经本书作者查阅泰宁县文物普查资料和实地勘察，发现泰宁物质文化遗产和非物质文化遗产极为丰富。约在新石器时代早期，泰宁先民们就涉足这块"风水宝地"，这从泰宁县发现的六十多处青铜时

图 0-2　大金湖之赤壁（黄建明摄影）

图 0-3　大金湖山崖"仙""寿"纹迹

代文化遗址及大量的印纹硬陶，以及朱口镇石辋村史前天文、生殖崇拜岩刻遗址中的神秘符号得以证实。先民们用特制的石质工具，在红色砂岩结构的矮坡表面上凿刻、旋钻出锥形、圆形、条形、涡穴、女性生殖器状等"符号"，且按一定规律分布，这是泰宁县发现最早的史前人类的岩刻，在福建地区十分罕见，对我国岩画分布

范围、文化内涵研究等提供了非常珍贵的实物资料（图0-4）。

青铜时代的朱口遗址中出土的精美大型石锛格外醒目，这种剖裁木料的硕大"开料"磨制工具"锛"（图0-5）的大量出土，说明当时先民们的原始木材开采技术已经达到了一定的水平，为间接地揭示泰宁"杉阳建筑"用材加工的源流找到了科学依据。据《泰宁县志》记载，西汉末年道术炼丹之人在丹霞岩穴中遗留下炼丹炉基座（图0-6）。

图0-4　青铜时代石辋史前岩刻

图0-5　青铜时期伐木用的大型石锛

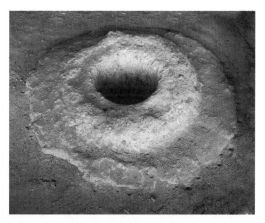

图0-6　汉代炼丹遗迹

宋代一直流传至今的农事、祭祀傩舞，明、清时期的上青板凳龙，清代流传至今的梅林戏，相继被列入国家级、省级非物质文化遗产代表性项目名录。

根据史料记载，后周显德五年（958年）建归化县，北宋熙宁三年（1070年），泰宁城关叶家窠人状元叶祖洽感觉"归化"县名不好听，便与同僚好友、兵部尚书司郎中、出任福建路按察使的张汝贤商议，以"天下无水不朝东"，但山东曲阜孔府门前的泗河却向西流了三百里（1里=500米），所以出了孔圣人为由向皇帝禀报：家乡"归化"县（蛮夷归顺王化之意）的杉溪，从县城到梅口乡向西流了三十里，与"泗河"流向偶合，也算是人杰地灵的宝地，竭力提议改"归化"县名。宋元祐元年（1086年），

宋哲宗赵煦准奏，将曲阜孔子阙里的府号"泰宁"赐为县名，以示对"归化"的爱宠、褒扬和鼓励。

泰宁素有"汉唐古镇、两宋名城"之美誉，这可以从出土的唐宋时期文物、标本及名人古墓葬出土的文物特点中得到证实。两宋时期，杨时、李纲、朱熹等儒圣先贤曾在此授课讲学、著书立说，形成了读书尚学、崇文尚德之风尚，县域内文风蔚然、书声琅琅，一时科甲连第、人文鼎盛，铸就了"隔河两状元、一门四进士、一巷九举人"的盛况，仅熙宁三年（1070年）至九年（1076年）间即出现"七年三科六进士、一状元"。据记载，历史上泰宁县一共出了两位状元、54名进士、101位举人（福建省地方志编纂委员会，2016）。

泰宁古城，由近九万平方米的砖木石结构建筑群和十几条街巷空间等组成，基本保持着明代古城格局，这在福建是仅有的，在国内也不多见。古城中以全国重点文物保护单位——明代兵部尚书李春烨构建的"尚书第"建筑群及邹氏大家族构筑的"世德堂"建筑群为核心，是古城和杉阳建筑的精华所在，其以空间形态、建筑形式、官式做法为主要特征。泰宁古城格局依旧，宋、元时期建筑文化层依然可寻，古城整体状况依然保持着明、清时期的"原始"状态。现存古城文物数量可概括为一渠、五街、九井、十五巷、四十九座明代建筑，三十九座清代建筑，一百多座传统建筑。俯瞰屋瓦覆盖，墙体合围的砖木结构建筑形态形成了典型的"三厅九栋大厅堂"（当地称为"九宫格局大厅堂"）（图0-7）的另类建筑风格，呈现出宋韵明风的古城面貌。

图0-7　九宫格形态

20 世纪 30 年代，泰宁是原中央苏区县之一，周恩来、朱德、彭德怀、杨尚昆等老一辈无产阶级革命家在此运筹帷幄，筹集粮饷，指挥红军作战。泰宁县城及相关村镇遗留着许多革命旧址，如岭上街（红军街）、东方军司令部，以及初创的国家安全局、大洋嶂阻击战旧址等，均被列入全国"百个红色经典旅游景区"。

一、泰宁自然人文环境

（一）自然环境

泰宁，山清水秀、风光旖旎，属于中亚热带季风型山地气候，夏季受海洋性气候影响，盛行东南风，无酷热。冬季受西北冷空气侵袭，又具有大陆性气候特征，冬季无严寒。年平均气温为 17℃。无霜期 300 天左右；四季温和湿润，光照充足；雨量充沛，年平均降雨天数为 130～175 天，年降雨总量为 27.06 亿立方米。

（1）泰宁地质地貌。根据泰宁政府网公布，泰宁县域地质地貌及土壤由岩浆岩、变质岩和陆相沉积岩三大岩类组成。岩浆岩多分布于县的西北与西南部，变质岩遍布东北、东南部，陆相沉积岩多形成带状分布，后者形成土母质有残积物、坡积物和冲积物三种，所形成的各类土壤计有红壤、红黄壤、黄棕壤、紫色土、草甸土、水稻土等 6 个土类，14 个亚类，54 个土属。全县总土地面积为 1 539.38 平方千米，其中：耕地 16.64 万亩（1 亩＝666.7 平方米），占 7.21%；林业用地 187.36 万亩，占 81.14%；泰宁矿产资源中钾长石、石英、高岭土非常丰富，金溪两岸的砂金分布广泛，早在唐宋时期，该县已设金场开采砂金。泰宁境内特色地貌是中国东南沿海面积最大、种类最齐全、海拔最高、年代最久远、景观最丰富、生态最完好的丹霞地貌群落，是一本解读、诠释自然丹霞地貌等地质系列文化的"教科书"。泰宁境内丹霞地貌面积 252.7 平方千米。湖、溪、潭、瀑等水流景观相互交融，构成独具特色的"碧水丹山大观园""峡谷洞穴博物馆"，山川之气，尤为奇秀。清代著名诗人释最弱写诗赞美泰宁丹霞地貌曰："怪石都从天上生，活如鬼神伴人行。海天内外佳山水，到此难容再作声"。

（2）泰宁水文。泰宁格子网水系特别发达，金溪的三大支流——濉溪、杉溪、铺溪汇集于此，另有建宁全部、明溪西半部，以及邵武、宁化、将乐部分地区的诸多溪流之水也都流入泰宁。金溪在泰宁东南青州以上的集雨面积共达 4 758.4 平方千米，容水流域面积达 3 219.02 平方千米。县境内及入县诸溪流年总流量共约 46 亿立方米。发达的水系，为此地先民们的繁衍生息、森林护养等提供了坚实的基础。

泰宁森林植被万木峥嵘。泰宁地理环境和自然条件优越，植物种类非常丰富，属于中亚热带常绿阔叶林区植被类型。全县森林覆盖率达 80%，景区达 90% 以上，其中以峨嵋峰原始森林和巨型水杉林最为壮观。泰宁林木类型可分为常绿阔叶林、常绿落叶混交林、针叶阔叶混交林、竹林等，其中以杉木为主的建筑用材料多达数十种，明、清时期为泰宁古城及古建筑构筑提供了大量的优质建筑材料。

（二）特色人文

从西晋开始，北方战乱频繁，中原地区汉民五次南迁福建，因此泰宁各姓的祖先多数来自中原。宋代，偏远山地的泰宁，社会相对安定，经济、文化相对发达，所以人口增长较快。宋元祐元年（1086年），有3万户149 700人，为泰宁人口鼎盛的时期。元代全县人口锐减为40 329人。明永乐十年（1412年）人口仅27 149人，明中晚期人口又渐渐恢复。清康熙五十一年（1712年）诏令"滋生人丁，永不加赋"之后，随着社会稳定，清道光九年（1829年）全县人口回升到88 041人。从上述人口发展轨迹，可间接地得知泰宁古城发展的规模，以及建筑兴盛、衰落等状况。

泰宁古代农业。泰宁五代末期已是"田地辟，人物蕃"，至北宋元丰年间已成为"民户三万，岁出赋万缗"的闽中大县之一。虽然历经战乱，人口增减不稳，但仍然是"民俗纤俭""无惰农""耕织自给""民有仓储"的封闭式单一农业经济县份。民国时期，全县每年有250万～400万千克糙米经水运供应福州市民，由于米质精良被称为"上溪尖"而蜚声榕垣。

泰宁为福建十大旅游品牌之一，1994年大金湖被列为国家重点风景名胜区后，2005年2月11日在联合国教科文组织世界地质公园评审大会上，荣膺了世界地质公园世界级品牌，成为福建第一个世界地质公园和继武夷山之后的第二个世界级旅游区。同时拥有"国家5A级旅游区""中国优秀旅游县""中国十佳魅力名镇""中国最值得外国人去的50个地方""中国生物圈保护区网络成员单位""国家森林公园""国家地质公园"，以及"全国重点文物保护单位"（尚书第建筑群）、"国家自然保护区"等多个国家级品牌。

泰宁的大金湖、上清溪、九龙潭、寨下大峡谷、状元岩、猫儿山等自然风光，泰宁明清古城、地质博物苑、明清园等人文景观，成为泰宁的"名片"。国家级非物质文化遗产之一——泰宁梅林戏，久负盛名。"一柱插地、不假片瓦"的悬空古刹甘露寺（甘露庵）因其建筑结构奇特更是闻名遐迩。

（三）历史沿革

泰宁县又称杉城，原为绥安（后改为绥城）属地金泉场（后改为金城场）、归化镇境域。泰宁古城形成初期及现存的明、清建筑，基本上是背靠炉峰山，坐西朝东，面对何宝山。金溪河由东向西再折向南，环绕全城。

早在3500～5000年前，古人类便在这里刀耕火种、繁衍生息。西周时期，属"七闽"古闽族部落之地。战国后期，为闽越王无诸领地。西汉，初属于闽越国，后改属会稽郡；东代末年，为孙吴建安县校乡。永安三年（260年），为建安郡新置的绥安县，辖管地含现今的建宁、泰宁、宁化三县和清流、明溪部分地区。县治在今建宁县城西三里许的高砂州。西晋，为建安郡绥安县。东晋安帝义熙元年（405年），改为绥城县。隋代，废绥城县，并入泉州建安县，后归抚州邵武县（抚州后改称临川郡）。唐武德四年（621年），原绥城地又从邵武县析出，重设绥城县，隶属于江南道建州。贞观三年（629

年），又废绥城县，并入邵武。绥城并入邵武县后，称金泉场。唐高宗乾封二年（667年），今宁化县地（含清流、明溪部分地区）因巫罗俊开发宁化等地并使之日趋繁荣，因而从金泉场析出另置黄连镇［黄连镇于开元二十二年（734年）升为黄连县］。黄连镇划出后，金泉场辖地为今泰宁、建宁两县地及明溪的一部分村落。武后垂拱四年（688年），从建安县划出原将乐县地复置将乐县，隶江南道建州。金泉场亦从邵武县析出转属于将乐县，古治所移至今泰宁，并改称金城场。唐肃宗乾元二年（759年），福建都防御使兼宁海军使董玠奏请将原绥安县地（即金城场地）分置归化和黄连二镇，归化镇即今泰宁，黄连镇即今建宁。唐代宗大历三年（768年），罢福州节度使，改置福建都团练观察处置使，归化镇仍隶属于建州。南朝后梁开平元年（907年），王审知受后梁封为闽王，统治全闽。闽永隆年间（939～942年），为了防御南唐，归化镇成了左仆射邹勇夫等屯兵的军事重镇。后晋天福八年（943年），王延政在建州称帝，归化镇仍直隶于建州（后改称为镇安军、镇武军）。后唐开运元年（944年），南唐攻下建州。开运二年（945年），改建州为永安军，后为忠义军。南唐保大四年（946年），归化镇升为归化场，属永安军、忠义军。南唐中兴元年（958年），升归化场为归化县，隶属建州。

宋元祐元年（1086年），邑人叶祖洽状元奏请朝廷更改县名，宋哲宗将山东曲阜孔子阙里府号"泰宁"赐为县名，隶属邵武军。元代属于邵武路。明清时均属于邵武府。民国初期属北路道、建安道，后直隶省政府。第二次国内革命战争时期为红色苏区县之一，隶属闽赣省。苏区沦陷后，先后属民国第九、第七、第三、第二行政督察区。1950年2月泰宁县解放，属福建省第二行政督察专员公署（后改称南平专员公署）管辖。1970年6月划归三明专区，1983年4月，隶属三明市至今。泰宁县是全国"百个红色经典旅游景区"之一（中国工农红军曾三进三出解放泰宁县，中国工农红军曾在此屯兵饮马，泰宁县一度成为当时中国革命的军事指挥中心、中央苏区东方战线的门户和中国工农红军集散地）（江应昌，2007）。

泰宁县手工业具有悠久的历史。唐、五代新桥、开善、大田等地就建有陶瓷窑，烧制各类碗、碟、杯、盏、罐等日用器皿，产品质量上乘，远销海内外；宋代金银矿业也有所发展，县域内的金银矿业遗址分布不少。清初，手工造纸业很发达，杉城、大田、开善、下渠、龙湖、大布等几十个山村有700多个纸槽，生产土纸，其中大田乡料坊新华坊生产的切边纸，远销省外。朱口、龙湖一带用苎麻手工织的夏布，雪白、精细、耐用，声誉不凡。但在漫长的封建、半封建和半殖民地社会，民不聊生，传统的手工业生产每况愈下。新中国成立前夕，全县仅有1家用12匹马力煤气机带动谷砻和碾米机的私营碾米厂，几家打铁铺、糕饼店和豆腐坊、酿酒、榨油作坊还处在瘫痪或半瘫痪状态。需要说明的是，县博物馆收藏的明代嘉靖景德镇官窑器——云龙纹渣斗十分珍贵和罕见，可能与明代兵部尚书李春烨有关。

二、杉城传统聚落保护与再生试验

历届泰宁县委、县政府均将泰宁古城和建筑保护作为工作重点，得以至今还能完好地保存明、清古城和成片的古建筑。古城、古街巷空间形态、空间尺度、平面布局、建筑格局、建筑结构基本未变，明、清风韵依然如故，是传统聚落与古建筑保护规划、保护试验、保护再生、保护与发展科学研究的理想之地。

（一）试验缘起

2012年，以福州大学建筑与城乡规划学院张鹰教授为首的研究团队承接了科技部批准的国家"十二五"科技支撑计划项目"传统古建聚落规划改造及功能综合提升技术集成与示范"课题（课题编号：2012BAJ14B05）。在遴选课题示范点时，考虑到示范点的综合性、典型性、代表性、应用性，结合泰宁古城传统聚落及古建科学研究资源特色优势，以及泰宁县尚书第建筑群文物保护管理所、泰宁县博物馆在古建筑修缮方面具有的丰富的文物保护实战经验，可为示范点顺利开展提供保障，故而选择泰宁古城作为该课题的古建聚落规划改造及功能提升示范点。

泰宁古城中的明、清建筑数量多，但由于年久失修，不少明、清建筑存在渗漏、霉变、糟朽、歪闪的现象，一些匡斗墙开裂、倾斜，少数古建筑还出现坍塌现象，严重威胁人身和文物本体安全。加之古城及古建筑大面积的保护、开发、利用，资金紧缺，又没有符合实际的文物维护、修缮、再生的经验和标准化的导则可以借鉴，因此，对上述状况进行试验性研究显得尤为重要。经课题组研究并报请科技部批准，确定将泰宁古城及古建筑群作为课题的一个示范点。2012～2015年，课题组组成以张鹰教授总负责，李建军教授具体实施，连小琴、郑明金为文物保护顾问的示范研究工作组，开展一系列的科学试验和研究工作。同时邀请毛景荣师傅工匠班和光泽博物馆有关人员对"尚书第"和"世德堂"五堵匡斗墙进行原位纠偏试验，取得原材料、原工艺、原风貌无创伤保护的实践经验，成果显著。

（二）试验内容

围绕泰宁古城保护与再生利用需求，本书作者及其课题组的泰宁古城示范试验研究主要内容包括：古城核心区传统聚落保护与再生规划、国家文物保护单位的维修和传统建筑维修，匡斗墙纠偏、屋面、屋架修葺等。

第一章

泰宁古建筑概况

特殊的地理环境、特殊的地质地貌、特殊的生态环境、特殊的森林资源、特殊的人文环境，特别的民间营造工匠班及匠师，造就了独特的泰宁古城、古乡（镇）、古村的独特风貌和杉阳建筑风格。明永乐年间，泰宁人何道旻奉朝廷之命，带领浙江、福建的工匠班参与北京故宫的兴建工程。据传明天启年间，兵部尚书李春烨因奉旨扩建兵营有功，还被指派负责故宫的维修工程。明末清初，泰宁各乡、村出现为数较多的"明韵"砖木结构建筑，尤其是宋韵明风的"官样府第式建筑"，间接地表明了这些建筑风格和营造技艺与何道旻、李春烨有一定的关联。不少宗教建筑（寺庙、道观）、公共建筑（祠堂、牌坊、桥梁）和大量民居无不打上了杉阳明韵建筑风格的烙印。

第一节　泰宁县域文物与建筑特色

经过 1982 年、1988 年、2007 年的三次全国文物普查，泰宁县共发现不可移动文物 362 处（表 1-1），其中古遗址 60 处，古墓葬 22 处，古建筑 252 处（表 1-2），石窟寺及石刻 5 处，近现代重要史迹及代表性建筑 23 处，其中古建筑，尤其是明代"官样府第式建筑"出类拔萃，曾受到国内众多学者的青睐、关注和研究。

表 1-1　泰宁县不可移动文物类型统计

序号	类别	数量 / 处	百分比 /%
1	古遗址	60	16.57
2	古墓葬	22	6.09
3	古建筑	252	69.61
4	石窟寺及石刻	5	1.38
5	近现代重要史迹及代表性建筑	23	6.35
	合计	362	

表1-2　古建筑分类统计

序号	分类	数量/处	百分比/%
1	城垣城楼	1	0.4
2	宅第、民居	130	51.59
3	坛、庙、祠堂	33	13.1
4	学堂、书院	4	1.59
5	驿站	1	0.39
6	店铺、作坊	4	1.59
7	牌坊、影壁	2	0.79
8	亭、台	2	0.79
9	寺、观、塔幢	12	4.76
10	桥涵、码头	23	9.13
11	池塘、井、泉	16	6.35
12	其他古建筑	24	9.52
	合计	252	

一、文物与古建筑类型分析

泰宁县文物种类繁多，考古资料表明，新石器时代中晚期先民们便在此繁衍生息，商周时期（约3500年前）泰宁县的山山水水遗留下大量的先民们狩猎、伐木、生活的器具和器皿，如磨制石器和印纹硬陶。汉代闽越王狩猎遗留下的行宫，炼丹道人遗留下的炼丹遗迹，两晋、晚唐、五代、宋、明时期，中原汉民系五次南迁，在此与当地原住民的融合，开发了泰宁这片得天独厚的土地，两宋时期泰宁县进入较快的发展时期，县城初具规模，文风昌盛；明代连屋成片，泰宁古城进入了繁盛时期。纵观历史发展，泰宁的文物数量较多，种类较齐全、品位较精美，令人惊叹。这些文物中古建筑所占比例最大，年代早、特色鲜明，且原始状态保存良好，这在福建省，乃至我国东南地区也是十分罕见的。目前已查明十余门类、百余处（座）的古建筑，年代从宋代至民国时期，分布于全县各乡（镇）村，占古建筑总门类的75%，其中宋代新桥峨嵋峰的庆云寺遗址，气势恢宏的明代杉阳建筑群，精巧实用的祖屋类民居，集围屋、土堡于一体的砖、木、土、石结构的防御性建筑，形成了泰宁县古建筑序列中的重要节点。

位于福建西北部泰宁县地理一隅，界于闽、赣相接之处的新桥乡大源村是独具特色的传统聚落，村中古建筑数量、类型比较多，村内外的关隘驿路、古道、古桥群等保存完好，所汇集的建筑文化内涵实为丰富。村中享有非物质文化"活化石"之称的古越"傩舞""赤膊灯"等历史文化活动至今盛行不衰，是我国东南古越娱乐、祭祀、祈福习俗及文化的生动再现，2010年大源村被我国住房和城乡建设部、国家文物局评为"中国历史文化名村"。

从建筑的空间尺度、平面布局、立面效果、建筑结构、构件特征、装修装饰艺术等方面综合分析，泰宁古建筑融合了京派建筑、徽派建筑、浙江建筑、江西围屋、客家祖屋等各类型建筑元素，形成了具有泰宁地域风格的古建筑体系，但其难以纳入任何派别的建筑系列，由此在2009年9月由国家文物局编撰的文物普查成果专辑中特别将古城中的"别驾第"、上青乡的"树德堂"、大龙乡的"耕读堂"、大田乡的"郎官第"等新发现的明代建筑列为重点加以介绍。

二、史书记载的古建筑

《泰宁县志》（乾隆版本）记载的重要的古建筑遗址和古墓葬址如下：①高平苑，又名"乐野宫"，汉闽越王无诸狩猎之所，位于水南状元坊。宋代的邹恕诗赞高平苑：闽越遗宫蔓草青，萧萧哀柳满孤城。吟余独向荒台望，落日江山万古情。②汉闽越王无诸墓，位于县西五里，高十余丈（1丈＝3.33米）。③丹炉遗址，汉代道教高师梅福炼丹处，在上青的栖真岩。④五代镇将邓植将军墓，在西方冢窠。⑤南宋状元邹应龙（邹文靖公）墓，在水南南禅寺左，有神道碑。⑥宋进士江枚墓，在端溪保石角洋凤栖源中寮。⑦宋解元江廷宾墓，在梅口保江家岭之兰台。

记载知名的古建筑有：①留云亭，在挽丹岭（后改为挽舟岭）。②南宋朱熹读书处，位于水南五里小均坳，原住宅院壁上有朱熹书题的"四季诗"。③考亭琴涧，朱子避难处，遗有自画像一幅，砚一方，琴材一片。④李纲读书处，距离县城西约1 200米的一个丹霞赤壁岩穴（洞内约70平方米，高18米）中，岩壁正中阴刻"李忠定公读书处"。《泰宁县志》记载：李纲在泰宁县读书处，称之为丰岩。⑤南谷亭，位于水南，为南宋状元邹应龙居所；避暑亭，位于大田金龙山，邹应龙归老的夏栖之处。

三、考古发现的古建筑

（一）庆云寺遗址

2011年11月，应峨嵋峰自然保护区要求，泰宁县博物馆派员清理庆云寺新大殿建筑垃圾时发现了宋、元、明时期的庆云寺建筑遗址。据《新桥邹氏族谱》记载，庆云寺始建于南宋淳祐九年（1249年），元代续建，明早期至中期繁荣一时，明嘉靖年间扩大寺庙范围，此时的峨嵋峰盆地中有大小庙宇十余座。清乾隆初年主殿破朽，部分坍塌，清嘉庆十四年（1809年）火毁，咸丰年间主殿右边西楼坍塌，光绪十一年（1885年）观音堂、三官堂失火。

明、清时期的峨嵋峰盆地中大小庙宇及其附属建筑有庆云寺、观音堂、三官堂、永龙庵、山神庙、陆地庙、茶寮、山门、石路（峨嵋峰古道为主道）、花台、放生池、雷令石等。庆云寺主殿处于峰中的核心位置。该寺原有上、中、下三大殿，以及观音堂、钟鼓楼、经堂、斋房、闭关台、花台、半月形放生池、水井等。其中半月形放生池、方形水井、石垒花台、青龙相生神石、经堂、闭关处等，均保存完好。面对庆云寺遗址（图1-1～图1-3）被披露，福建佛教界和众多信众兴奋不已。据传民国初期移居台湾的慈航大师曾剃度于庆云寺。2011年冬，慈航大师真身从台湾回归庆云寺，成为福建佛界的宝藏，也是福建、台湾友好交流的珍贵文化遗产之一。

图1-1　南宋庆云寺后殿遗址全景

图1-2　南宋庆云寺后殿遗址——花台

图1-3　南宋庆云寺半月形放生池

所披露出的建筑等遗迹表明，庆云寺的历代住持非常注重庆云寺庙宇群的建设和保护，就是自然坍塌和毁于火灾的建筑"垃圾"也当成"佛祖生灵"对待，这在此地三处的建筑文化层中出土的各时期文物标本得到证实。第一文化层，主要是寺庙建筑"垃圾"的堆积层，层内分别含有宋、元、明、清、民国年间的砖瓦、陶瓷、陶塑佛像、祭器等残片；第二文化层，层内含有唐宋时期的泥石流层和层中少量唐宋陶瓷遗物；第三文化层为生土层；第四文化层为基岩风化层。

与庆云寺密切关联的高僧慈航菩萨艾继荣，18岁时在泰宁庆云寺剃度出家。《慈航法师全集》记叙了他四处参访，艰苦修学，感慨于国家和人民的苦难，领悟出"国不治则不成国，国不救则同归于尽。我们今后应以佛教精神，辅助救国大业"的真谛。1929年他在安徽安庆迎江寺兴办教育、培育僧才，实践太虚大师佛教改革和人间佛教的思想，成果显著，得到大师的赞许。1940年，他赴马来西亚和新加坡弘法，艰难创办槟城菩提学院、星洲菩提学院和《佛教人间》月刊，教育广大华侨信众"要爱国，不能忘根"。1948年应邀赴台湾弘法，艰苦创办佛学院，培育青年僧才，积极弘扬人间佛教思想。慈航菩萨生前怀念故乡、思念祖庭，曾多次对弟子们说："两岸海天阻隔，骨肉离散，这是中华民族最大的不幸……今生今世，我唯一的心愿是祈盼返回大陆，寻根谒祖，祭拜恩师，聊报法乳之恩于万一。"又说，"我已老病，今生返回大陆已无可能。但愿入寂后，将来能有叶落归根、魂归故里的一天。"1954年示寂时，以悲心和戒定慧功德留下全身舍利，以身说法，让世人看到佛法功德的真实不虚，也体现了他不忘回归大陆的坚强意愿。2012年慈航大师肉身佛终于回归庆云寺。

（二）甘露寺

　　南宋甘露寺（古称"甘露庵"）由上殿、蜃楼阁、观音阁、南安阁四部分组成。1959年张步骞先生测绘、拍照、记述、撰写的文章表明，甘露寺始建于宋绍兴十六年（1146年），距今已有870多年。原庵中存有宋乾道、庆历、淳熙，元代延祐、至治等年间的大量题记、彩绘，这在南方潮湿气候环境中能保存近千年实属不易。遗憾的是20世纪60年代初，在甘露寺拟申报第一批全国重点文物保护单位前不幸被烧毁，因此，张步骞先生的论文便显得尤为珍贵。甘露寺，岩穴高80多米、深50多米，上部宽约30多米、下部宽只有10多米，大致呈倒三角形。先民们充分利用特殊的岩穴构筑空间，智慧地依岩穴峭壁态势设计，化不利为神奇，采取"一柱插地，不假片瓦"的独特梁架结构，即一根粗大的柱子落撑岩底，柱上合适的位置凿岩架梁布建，承托起大小四栋重楼叠阁，屋顶不铺瓦面，整体建筑为木结构。这种"插栱"特点，是以"T"形粗柱连接穿梁、由枋并与栱头补间铺作组合连接，不用铁钉，完全以榫卯结构稳固梁架，工艺高超，巧夺天工，别具一格的构筑形式，成为我国建筑史上杰作之一。据传，12世纪日本名僧重源法师曾三度入闽考察，学习甘露寺的建筑工艺，回国后重建了举世闻名的奈良东大佛殿，大佛殿所大量使用的"T"形头栱即取样于甘露寺，被誉为"大佛样"。甘露寺总平面图等一并放入附录五中（张步骞，2008）。

　　甘露寺题铭众多，内容广泛，对照张步骞先生论文中照片抄录如下：①主殿内左墙灰壁上墨书："……在宋乾道元年岁次之乙酉七月戊申朔日；延祐甲寅（1314年）秋季菊残后十日樵门朱□[1]德同本邑季善父泛舟游此记耳。"②主殿内墙神龛上灰墙上墨书："一步行来高一步，禅关深锁老岩幽。老年甘露滴不尽，谁与心香无所求。至治癸亥（1323年）立秋盱江吴愍书"。③主殿左侧灰墙上墨书题记："亘古谁将此岩开，甘露依旧结椒台。而非擎天佳花落，月到古岩海鹤回。碧楼晚晓洞笼暑处……"。④主殿神龛下额枋上灰墙墨书题记："岩窟分源分外清，□□流下寂无声。何常暑月披襟□"。

"绿影佛光豁我情，□宝庆……"。⑤主殿右前侧灰墙上墨书题记："东鲁玉台高密。"⑥上殿内部灰墙上一组疑是"供养人"彩绘壁画题刻。⑦主梁上"信女李五娘助钱五贯文……"这组题记的抄录，可以充分佐证甘露寺历史悠久，曾经繁盛一时（图1-4～图1-10）。

图1-4　甘露寺全景

图1-5　甘露寺南安阁内部彩画

图1-6　甘露寺上殿转角铺作

图1-7 甘露寺近景仰视　　　　　　　图1-8 甘露寺上殿正面外观

图1-9 甘露寺蜃楼阁　　　　　　　图1-10 甘露寺蜃楼阁屋顶鸱吻

（图1-4～图1-10均为赵肃芳提供）

（三）天王殿遗址

2012年7月，县防洪水库有限公司大楼在维修改造时发现了唐、宋时期天王庙建筑遗址，出土了一批比较精美的陶瓷器，如与宗教祭祀相关的行炉、灯盏、茶盏、罐、盆等，这是泰宁县目前发现最早的宗教建筑遗址。

（四）世德堂建筑维修遗址

2012年9月间，在全国重点文物保护单位——世德堂维修过程中，发现其第五栋过廊处存有宋、元时期的建筑遗迹，并于紧贴遗迹的地层中挖掘出南宋青白釉阔口鼓腹罐及瓷片等（图1-11和图1-12）。

图 1-11 　紧贴世德堂地层中出土的　　　　图 1-12 　世德堂地层中出土的南宋瓷片
南宋青白釉阔口鼓腹罐

第二节　明、清建筑及特色

　　泰宁各乡（镇）、村的古建筑类别有祠堂、府第式民居、中小型民居、防御与民居结合的建筑；年代可分为明中期、晚期，明末，清初期、中期，清末，民国时期。其中明代建筑四十九座，主要在古城中和县城北部各乡镇村。这些古建筑具有泰宁特有的杉阳建筑风韵，建筑个性凸显，最具代表性的有上青乡的树德堂，大龙乡的耕读堂，杉城镇胜利一街 6 号的江家大屋、12 号的欧阳大屋、16 号的别驾第、36 号的江家大屋、38 号的李家祖屋，朱口镇的肖氏官厅、肖氏大厝，梅口乡的大洋李氏祖屋，大田乡的郎官第、上墩杨氏围屋的太和堂。

　　泰宁明、清古建筑多为纵向二至三进院落式，平面布局规律为半月池、门亭（庭）、门楼、廊庑正堂、后堂、天井、厢房、后花房、内隔墙、辅房等；立面形式为：八字开门楼、内嵌直角凹形大门（主门），部分还设墀头墙、内隔墙，栋与栋之间设 3～5 级落差的封火墙；下堂基本为廊庑；主体建筑多为面阔 5 间，进深 5 柱或 7 柱、抬梁穿斗混合结构硬山与悬山结合的屋顶；正堂前设二级错层轩廊及廊道。后堂一般面阔 3 间，进深 5 柱或 7 柱。礼仪堂多为抬梁与穿斗混合结构；后堂多为穿斗式结构，太师壁处设内嵌式门柱式神龛、橱柜式神龛或桥形神龛；屋架屋面形式多为硬山顶，部分可见悬山顶。

　　前扛梁结构作为承托屋架和屋面的主承重结构，此间象鼻栱尤其硕大。梁架、柱头上补间铺作，常用象鼻栱组合，正堂和后堂山面梁架结构间多施短粗、微胖且精致的童柱，或虎爪形纹样的童柱。超大比例和夸张的方斗，金柱方中带圆，并垫木栌或石栌，其下由铜钟状石柱础或八棱形开光花卉纹石柱础支垫，成为泰宁县杉阳建筑的主流。装修装饰方面，尤其是黑地朱红点彩漆饰具有浓重的明代风格，地域特征十分显著，其他地方建筑几乎未见。用材粗大，含有建筑"僭越"行为的，超规格的架梁结构等，又是泰宁县明代建筑的另一典型特征。

　　泰宁古城中的成组、成片的明代建筑集中连片（图 1-13），这在福建省，乃至我国东南部都十分罕见，吸引了众多的国内外专家、学者的关注。2009 年 6 月，时任全国历史文化名城保护专家委员会副主任罗哲文等对泰宁县保留的历史建筑给予高度评价，并针对泰宁县现存全国罕见的成片明清建筑群，提出了申报历史文化名城的宝贵建议：①泰宁城区保存有丰富的文物资源，有明、清古民居，明代古城门，古街巷、甬道（图 1-14），古井，以及近现代革命历史遗迹等；②历史建筑集中成片，保留着传统格局和历史风貌；③历史建筑主要以明、清时期建筑为主，特别是明代建筑群保存完好，而且尚书街、岭上街（红军街）、澄清街（胜利一街）等历史街区超出了申报条件中的历史文化名城保护范围内必须有两个以上的历史文化街区的规定，集中反映了古城及杉阳建筑独有的文化特色，实为全国罕见。

图 1-13　泰宁古城核心区明代建筑群

一、泰宁古城及明代建筑

　　泰宁古城区明代建筑分布在县城中心地带的尚书街、民主街、胜利街、岭上街、红光街。20 世纪七八十年代，为了城市保护规划需要，把古城中的历史建筑和传统建筑划分为 A、B、C 区（图 1-15）。A 区是尚书街与状元街之间的区域；B 区是胜利一街和胜利二街之间的区域，是我国重点文物保护单位集中区，以明代兵部尚书李春烨府第、世德堂建筑群、江日彩进士门楼及祖屋、欧阳祖屋、梁家祖屋、别驾第、江家祖屋、邹氏祖屋为代表的明代建筑群区域；C 区是胜利一街与左圣路之间的区域，以保和堂、江家大院等明代建筑群为主；红光街区实际位置与状元街与县公安局呈一直线，这里有三座明代建筑；岭上街在炉峰山南麓坡地上，这里是古城街区地形地貌建筑原生态保存较完整的区域，有五座明代建筑。

这些明代建筑结构和建筑形式，基本上是砖木结构的三进四堂纵向布局院落，实际上是栋与栋之间由多级落差、高大的黑瓦匡斗封火墙相隔，侧门与侧门相连构成的多排附属院落的合院式建筑。从建筑工艺、建筑特点、装修装饰等方面判断，数百年里，泰宁明代建筑兴建中师徒关系传承有序，构

图 1-14　泰宁古城核心区
明代甬道空间形态

图 1-15　泰宁古城全景

筑工艺流程基本未变，形成了杉阳建筑年代和建筑工艺上的科学序列。对尚书第和世德堂两大明代建筑群为代表等建筑体进行差异对比，各时期的建筑工艺汇集、贯连，多建筑工艺、建筑信息、建筑文化汇集一处，为福建明代古城及砖木结构建筑的研究提供了坚实的实物资料。

这些明代建筑作法大同小异：用乱毛石和河卵石做基础（埋于地下部分）；红色砂岩预制作须弥座台明、地栿、门枕石、抱鼓石等；砖砌隔心墙，砖雕"瓜果""花卉"等吉祥纹饰作门额；以木构作门上屋架、门轩顶、门檐，门脸上多安置石、木门簪；建筑内多为抬梁穿斗式混合结构；天井、台阶、墙基基本为石质打制的大型护石垂带踏跺；前檐廊做成一级落差的长廊，廊架多为人字轩和卷棚轩；柱础式样繁多，其中八棱开光式石柱础占主导地位，且雕刻精美；象鼻栱、大型浅盘式斗为泰宁县古建筑独一无二的结构，雀替、童柱装饰，其时代特征明显。

二、尚书街、澄清街明代建筑

泰宁古城明代建筑主要分布于东西向的尚书街，南北向的澄清街（胜利一街）与胜利二街之间约 5 万平方米区域，是泰宁古城及杉阳建筑的核心区，这里有一渠、三街、五井、九巷、二十多座明清建筑。渠水从北溪引流引入，流经尚书街和澄清街，注入金溪，是当时人们生活用水的水源；主要饮用水还是挖掘的水井，最大的水井是大井头井，最有名的水井是"何恩公"井。

世德堂建筑群和尚书第建筑群位于泰宁城镇的胜利一街、尚书街、胜利二街街区之中，是古城中体量最大的建筑群（图 1-16 和图 1-17），分别为第三批和第五批全国

图 1-16　世德堂建筑群和尚书第建筑群全景

图 1-17　尚书第建筑群全景

重点文物保护单位。世德堂建筑群始建于明嘉靖年间前后，尚书第建筑群始建于明天启年（1621 年）。世德堂建筑群平面呈不规则纵向长方形，尚书第建筑群呈横向长方形，均坐西朝东，总占地面积 12 700 多平方米。

（一）世德堂

世德堂是泰宁古城中现存年代最早的建筑，主门楼内石刻门额"诗礼庭训"为明嘉靖年间著名学者、书画家周天球题刻并落款，从而证明了世德堂是杉阳建筑中最早的明代建筑。粗犷的"卍字号"和"长寿花"组合的砖雕门楼、堂式门厅及厢房，大型前天井，窄小长廊庑，高阔仪仗厅，厚重内隔墙，适中的后天井、厢房，高举架的后堂，以及高大的廊轩、原木作梁枋、简洁敦厚的童柱，高弧的钟形柱础，均呈现出明代木构建筑的古朴神韵；处处"煞费心机"的设计和构建，多轴线布局的空间，成为明代杉阳建筑中早期砖木结构标杆性的建筑。

世德堂建筑群以联排形态呈现，九栋处于一个空间。第一栋位于尚书街转角处，与牌楼下井相邻，二进三落，侧门门厅与封火墙之间、东西向分二段木构二层粮仓，这是整个古城中现存保存最好的粮仓；第二栋主门脸的石雕、隔心墙、须弥座，以及中、大型栌斗与方柱承托屋檐梁架，前廊庑基座石雕地栿，正堂柱子与梁架等均庄重、典雅，且其结构比例恰到好处。第四栋最大特点是空间尺度小，梁架结构（特别是柱头补间铺作之构件）另类，填补了杉阳建筑类型的空白。第五栋为主栋，"世德堂"匾额悬挂于此。第七栋门脸比较特别，砖雕墀头山墙，竹条编制的次间门脸隔墙在杉阳建筑中仅见。第九栋别具一格的厅堂和书斋空间，显得大气、温馨。

图1-18 世德堂门脸

世德堂门脸如图1-18所示。

（二）尚书第

尚书第占地面积约5 000多平方米，建筑面积约4 500平方米，是福建明代木构建筑中面积最大、体量和举架最高、建筑模式和构造工艺另类的大型府第式建筑（图1-19）。该建筑整体规模宏大，栋栋矗立壮观，座座构建大气，内外堵堵隔墙和封火墙，以及高耸的护卫院落，形成了泰宁县独有的"九宫格"（当地称为"三厅九栋"）建筑形式。大型的石铺甬道贯通南北主、辅门，高举架的仪仗厅、温馨的书院、宜人的后花园、专用的马房、周全的辅房、中大型的厨房、隐蔽的地下冷藏库，一应俱全。兴建尚书府邸的主人是明天启年间兵部尚书李春烨，其先后在京城担任或加封都谏清卿、光禄大夫、柱国少保兼太子太师，协理京营戎政兵部尚书，主持京城兵营、故宫修缮工程，他传奇的一生，至今让泰宁家乡的人们津津乐道。"尚书第"风风雨雨数百年的建筑历史，值得我们深入探究（连小琴，2012）。

图1-19 尚书第全景（东北—西南）

尚书第南北一字排开，六栋合院式，既相对独立，又互为贯连。由南、北门楼（主、辅入口），甬道，各栋门楼、门庭、廊庑、天井、仪仗厅（前堂）、后天井、后厢房、后堂、绣楼、书院、辅房、马房、后花园等部分组成。每栋三进，栋与栋之间设内隔墙和封火墙，墙边设廊门相通。主体建筑均为抬梁穿斗混合结构、穿斗式结构、硬山顶。礼仪堂均为面阔 5 间，进深 5 柱，抬梁（前中柱上大型扛梁承托屋架）穿斗混合结构。

尚书第第二栋门楼是尚书第最重要的单体建筑，装修装饰最精华，门楼用红色砂岩雕刻，纹样丰富，有"状元出行""丹凤朝阳""包袱锦""牡丹""菊花"等纹饰，门楼正中题刻添金楷书"四世一品"（图 1-20）。其主要特点：大甬道、大台阶、大天井、大厅堂，象鼻拱、"如意"柁墩，扛梁承重普遍使用，八棱柱础开光加纹样的柱础，天井、台明、台阶、墙基一概使用红色砂岩块、条石打制、铺垫、垒砌，部分石雕雕刻工艺精致，且含有西欧古建筑纹样元素。

图 1-20　尚书第"四世一品"门楼（郭金良拍摄）

（三）进士第

位于胜利二街 26 号。为明万历年间太仆寺少卿（正四品）江日彩兴建。始建于明万历三十五年（1607 年），县级文物保护单位。内嵌式砖雕门楼（图 1-21），两侧设直角隔心墙，大型"进士"门额（图 1-22）和砖雕花卉门脸显得十分特别，这种装饰的门脸是杉阳古城中唯一见到的。其坐西向东，由门楼及下堂、大天井、大回廊、高台明、礼仪堂、后天井、厢房、后堂、后楼等组成。"进士"门额由江日彩亲自题写，迎首"万历丁未"（1607 年）题刻，明确了该建筑的准确年号，是古建筑年代鉴定的标准建筑。门楼通高 4.5 米、面阔 5.1 米、进深 3 米，占地面积 15 平方米。其以大型砖雕为主，采用石柱和石过梁枋支撑门框及墙体，用方砖对角水磨铺砌隔心墙，普柏枋（当地工匠称为"天坪"）上方刻有莲瓣花边，中间勾勒阳刻"进士"二字，匾额宽

图 1-21　进士第内嵌式砖雕门楼　　　　　　　图 1-22　"进士"门额

2.1 米、高 0.82 米，匾额左侧署款"江日彩立"，右边落"万历丁未"；额两侧大型砖雕"锦鸡""梅花鹿""戏猴""牡丹花"等图案。

　　江日彩（1570—1625 年），为明末太仆寺少卿（明代正四品官员，掌管车马、祭礼等事物），泰宁城关人。生于明隆庆四年（1570 年），明万历三十四年（1606 年）中举人，翌年中进士，万历三十六年（1608 年）任江西金溪知县，七年后（1615 年），任浙江道御史，最后官职是太仆寺少卿。天启五年（1625 年）卒于北京。他为官三任，政绩显著，参与审定了皇宫里的"册立""梃击""红丸"三大疑案。

（四）别驾第

　　别驾第为李春烨女婿于崇祯年间兴建，是尚书第建筑形态和空间构建模式的延续，与尚书第共同成为杉阳建筑体系的重要组成之一。其以内嵌式门脸、两侧设直角隔心墙、两侧柱头铺作出挑叠涩如意斗栱承托屋顶为特点，由大天井、大回廊、大台阶、双层廊轩、礼仪堂、耳门、后天井、厢房、后堂、次间房等组成。不同的是多了双层门轩及内隔门墙，后天井上安置的高大石雕柱状花架显得另类，别无他处，是古城中明代嘉靖、万历、天启、崇祯四朝杉阳建筑年代序列持续不断的典范。

　　别驾第通面阔 25 米、通进深 39.8 米，占地面积约 995 平方米，建筑面积约 875 平方米，为二进合院式建筑。砖、木、石结构的内嵌式门楼，楼底砖石须弥座，方形石柱檐柱上错层大小栌斗承接显得特别，木额梁，残存小门轩顶，斜线水磨清水隔心墙；双开木门门庭面阔 3 间，进深 3 柱，穿斗式结构、悬山顶，一重门内中部设置插屏门，门柱上栌斗支顶檩条与屋架；由内隔墙分为前、后两个门庭空间，山面墙原木月梁间设置矮胖的腰鼓状童柱，栌斗、十字斗栱组合。大块红色砂岩铺砌的前天井，天井两侧设置厢房，厢房面阔 2 间，进深 3 柱，穿斗式结构、单坡顶，内设阁楼，悬空木地板，外墙下厚条砖叠涩成大方孔以透气，上木构裙板，设置槛窗。正堂面阔3间、进深5柱，抬梁穿斗混合结构、悬山顶，轩廊分上、下两级，卷棚轩前木构高望柱栏杆；正堂前檐金柱上前出一跳斗栱、一跳象鼻栱、一跳穿枋与斗栱、一组抱云和替木承托檩条与屋架，后出一跳斗栱、一跳大象鼻栱、一组十字斗栱和替木承托檩条与屋架，此结构与短月梁组合连接扛梁上的矮童柱和主梁结构，承托局部屋架。正堂为五架梁，前扛梁支于前中金柱上，由梁上童柱连接并作为主屋架承重结构，纵向梁连接扛梁上并支于其门（正堂中后部的屏门）正金柱栌斗上，共同承托正堂整体屋架。值得一提的是，正金柱顶施十字斗栱于栌斗上，前垫变体小象鼻栱，承托檩条与屋架的做法罕见。其门额枋上一组大型漆金如意匾托亮丽悬挂其上，插屏门后设置内凹的小轩，是摆放土地爷小供桌的地方。后天井用较大的红色砂岩条石铺砌，两边厢房面阔单间，进深3柱，穿斗式结构、悬山顶，靠后堂一侧的檐金柱上设一跳斗栱、一跳象鼻栱承托檩条与屋架。后堂面阔3间，进深5柱，穿斗式结构、悬山顶，4皮穿枋间设置4柱如意形坐斗承托穿枋，正面太师壁上补间铺作设两组一斗三升。从结构判断，此处原应该有神龛，后被拆毁，龛后右侧状匡斗墙上开后门一个。堂内明间正堂用方砖对角铺砌，后堂为后条砖丁顺铺砌。图1-23和图1-24为别驾第正堂檐金柱头铺作及梁架结构。

图1-23　别驾第正堂檐金柱头铺作

图1-24　别驾第正堂梁架结构

（五）李家祖宅

李家祖宅，位于澄清街（胜利一街）38号，始建于明末，县级文物保护单位。李家祖宅坐西朝东，通面阔14.8米，总进深27.31米。合院式建筑，由门楼、门庭、天井、正厅、后天井、下厅、后楼（图1-25和图1-26）及辅房等组成。砖砌内嵌式直角八字开大门，门普柏枋上六组十字斗栱组合的补间铺作，枋下木门过梁面上用方砖和乳钉铆钉钉牢；方形门檐金柱用红色砂岩打制，上变体是石栌斗支撑额枋，下方形带榫元宝形柱础吊于半空中，下垫勒角石，这种做法很是特别。门外墙两侧设斜撑夹杆石，石间摆放如意花案几形杆座，座上放圆钵形柱础，础中间开方孔（安插木榫旗杆的设置）。天井用红色砂岩铺砌，厢房被改建；正堂面阔5间，进深5柱，抬梁穿斗混合结构、悬山顶；五架梁，檐金柱上出一跳斗栱、一跳象鼻

图 1-25　下厅梁架结构　　　　　　　　　　　图 1-26　后楼

栱、一跳穿枋承托檩条与屋架，柱顶上花边栌斗上一组十字斗栱，柱顶后部出一跳斗栱、一跳大小象鼻栱、一组十字斗栱共同承托檩条与屋架，这种组合结构非常罕见；扛梁支于前冲柱上，纵向梁支于屏门正金柱上，所有堂上立柱和童柱上都施用花边栌斗和十字斗栱，共同承托整体屋架，还有山面墙架梁上原木月梁、枋，这些结构均比较特别。后天井及厢房后期被改建。后堂，面阔 5 间，进深 5 柱，穿斗式结构、悬山顶，清中晚期改建，将明间轩廊和神龛部位分开并设楼层，侧面设纵向楼廊，正面设立柱加木栌八棱柱础的太师壁，这种空间尺度与结构显得别扭，可能是后人为了分家或增加居住空间而构架的。下部的神龛上圆框中阳雕八卦，次间轩廊梁架上的如意座斗所处的位置属个例，值得深究。地面用条砖铺砌，柱础为带木栌八棱素面石柱础，前、后进出用封火墙相隔。

（六）欧阳祖厝

古城中有十余座欧阳家族构建的房屋，其中位于澄清街（胜利一街）7 号的房屋比较特别。欧阳祖厝始建于明末，县级文物保护单位。其坐西向东，通面阔 18.3 米，总进深 34.85 米。三进合院式建筑，由门厅、廊庑、前厅（图 1-27）、前天井、下厅、中天井、厢房、中厅、后天井、后厅（图 1-28）及辅房组成。大门为内嵌直角八字开，前设卷棚轩雨披。门庭后为廊庑，抬梁式结构。天井用条石铺砌。下厅设屏门，门柱上花边栌斗与花栱组合承托檩条与屋架，厅的山面墙梁架结构上安置比较修长的"虎爪"童柱，时代特征明显，当属清初。后厅面阔 3 间，进深 5 柱，穿斗式结构、悬山顶，正厅面阔 3 间，老角柱上出两跳斗栱、一跳并列斗栱、一跳花头穿枋承托檩条与屋架，中后部设悬空式神龛，龛边透雕花卉组合挂落，龛内祭祀欧阳祖先等；地面用条、方砖工字形和对角铺砌，柱础为带木栌八棱素面石柱础和木栌柱础。

位于胜利一街 10 号的欧阳祖厝，始建于明末清初，县级文物保护单位。其门楼坐南朝北，主体坐西向东，通面阔 23.4 米、总进深 30.5 米。二进合院式建筑，由门庭、天井、正厅、后厅及辅房等组成。天井由条石铺砌。主体建筑面阔 5 间，进深 5 柱，

图 1-27　欧阳祖厝前厅　　　　　　　　　图 1-28　欧阳祖厝后厅

正厅抬梁穿斗式混合结构、硬山顶。地面用方砖斜线对角铺砌，柱础为带木栒八棱素面石柱础。北侧有小门通到朱紫巷。主体内部雕刻精细，纹饰繁多，目前已改造为书法培训基地。

（七）梁家大院及典当行

古城中有 6 座梁姓家族构建的房屋，其中位于澄清街（胜利一街）43 号和 46 号的房屋比较特别。梁家大院，始建于明末，清代大面积维修过，县级文物保护单位。大门坐南向北，主体坐西向东的双轴线布局比较另类。通面阔 11.58 米，总进深 25.23 米。二进合院式建筑，由门庭、前天井、正厅、后天井、后厅及辅房等组成。内嵌式直角八字开砖砌大门，木栒门过梁，门庭面阔 3 间。进深 5 柱，穿斗式结构、悬山顶，较弯的月梁、虾公梁上浮雕"花卉""瑞兽"等纹样，中后部设屏门；前天井用条石铺砌。后天井处设厢房，面阔单间，进深 3 柱。正厅面阔 5 间，进深 5 柱，穿斗式结构、悬山顶，中后部设悬空式神龛。后楼，面阔 5 间，进深 6 柱，穿斗式结构、悬山顶，二层楼前设葫芦柱栏杆。厅地面用方砖工字形铺砌，柱础为带木栒八棱素面石柱础。

梁家典当行（图 1-29），始建于明末，县级文物保护单位。其坐西朝东，通面阔 8.8 米，总进深 22.9 米。一进合院式建筑，由门楼、下厅、天井、后楼、辅房、二层库房、高台货柜等组成。木结构大门，檐柱上出一跳斗栱、一跳象鼻栱、一跳象鼻头穿枋承托檐檩与屋架（图 1-30），两侧砖砌墀头山墙和带砖制博风板比较特别，城内其他建筑中未见。双开板门的南、北侧开设高悬商铺台式窗栏。主门檐下中部开设田字纹样的漏窗（夜间典当吊篮收钱用）。下厅面阔 3 间，进深 4 柱，设二层楼阁，穿斗式结构、悬山顶；后楼面阔 3 间，进深 7 柱，太师壁后部设楼梯通往二层楼。地面用条砖铺砌，柱础为带木栒八棱素面石柱础。

（八）江家大院

江氏家族历史上是泰宁县的名门望族，城中各处江氏所建房屋比比皆是，其中

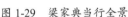

图 1-29　梁家典当行全景　　　　　　　　　图 1-30　檐檩与屋架

胜利一街 6 号的江家大院和胜利二街 28 号的江家祖屋以院落大、多轴线布局，建筑结构复杂为特点，其中 6 号院落坐西向东，通面阔 19.2 米，总进深 44.2 米，其由门庭、廊庑、前天井、内隔墙、天井、正厅、后天井、后厅及辅房等组成。门庭面阔 3 间，进深 3 柱、穿斗式结构、硬山顶，山面墙梁架结构原木雕月梁，内隔墙中部开设二重大门，门后为抬梁式结构的设卷棚轩的廊庑，其连接正厅，这种空间结构是泰宁古城中仅见的。天井用红色砂岩条石铺砌。正厅面阔 5 间，进深 5 柱，抬梁穿斗混合结构、硬山顶，扛梁长达 11.2 米，比尚书第第二栋还要长，可以说是杉阳建筑中第一长扛梁；山面墙上梁架结构为三皮穿枋，穿枋间施两组虎爪童柱支撑梁架，其中一组虎爪形态为杉阳古城中最早的一种，其特征是五爪分明，圆润、强壮、正面大弧度成形的脚蹼，中间虎爪指甲微微伸出，显示出古朴而又力拔千钧的姿态（图 1-31）；另一组童柱也是独一无二的，即柱体微胖中见修身，顶部圆弧，底部平切卷刹。中部屏门大气、简洁，正金柱上花边栌斗与花芽组合构件以承托檩条与屋架，保留明中早期风韵，后部设较大空间的轩廊。轩廊梁架上施顶弧底卷刹童柱。后天井用红色砂岩作"棋盘式"铺砌。后厅，面阔 5 间，进深 6 柱，穿斗式结构、悬山顶，山面梁架结构上皮间施 3 组"如意卷云纹"坐斗，中后部补间铺作施两组一斗三升，老角柱上前部施一跳斗栱、一跳象鼻栱承托穿枋、檩条与屋架。厅内所有地面均用方砖斜角铺砌，金柱柱础为带木楯八棱雕花石柱础，其余为素面石础。正厅屏门前摆放一超长红漆金彩三弯大型条案，全古城仅见。仪仗厅梁架

图 1-31　典型虎爪童柱

结构上敦实、矮胖的"虎爪"童柱是明末、清初建筑构件断代的"标准器",他处未见,十分珍贵。

（九）江家祖屋

江家祖屋（图1-32），位于胜利二街28号。该祖屋始建于明代，房屋多轴线布局，变化多样，梁架结构明代特征明显。江家祖屋三进四堂，坐西朝东，通面阔21.44米，总进深51.45米，是泰宁古城单体明代建筑组合群排名第二的大型民居。其由门庭、内隔墙及二重门、前天井、厢房、礼仪堂、中天井、厢房、正厅、后天井、后厅及辅房等组成。门庭面阔3间，进深4柱带前檐廊，穿斗结构、硬山顶，主门下红色砂岩如意纹门枕石，红色砂岩垂带踏跺，室内铺石。外墙角勒石，门庭内次间房扣子板裙板；二重匦斗内隔墙上红色砂岩门柱（当地称为"立人"），木槊门过梁；一重插屏门用打制地栿做底，天井用条石铺砌，一进厢房被改建；礼仪堂面阔5间，进深5柱，抬梁穿斗混合结构、悬山顶（图1-33），后被焚毁，现存天井、台基等砖石结构；中天井以大块红色砂岩铺砌，天井上一组明代石雕花架座非常精美，二重厢房改建；正厅双层条石和底石、中间水磨厚条砖错缝垒砌做台明，显得另类，面阔5间，进深5柱，穿斗式结构、悬山顶，老角柱和稍间檐柱上出一跳斗栱、两跳并列斗栱、一跳弧首花穿承托檩条与屋架。次间设前后间，双开木槊板门和腰门，山面墙梁架结构为四批穿枋，枋间（二皮—三皮、三皮—四皮间）辅以四组如意云形坐斗，中后部额枋间设两组一斗三升补间铺作，明间山面墙底部为鼓皮裙板；后厅后部

图1-32　江家祖屋

二道匡斗内隔墙上开双开木门，进入后楼，后楼面阔5间，进深5柱，穿斗式结构、悬山顶，山面墙梁架结构上施弧首平底卷刹童柱的做法与胜利一街江家大院做法一致，从此判断为同一时代兴建，同一工匠班设计和制作，厅上中后部设落地神龛，神龛面阔3间，进深2柱，高柜式，用红漆矿彩装饰。在中厅和后厅之间有过水亭连接主、辅栋厅堂。其特点：多进式大小明代民居，主门、门庭、主体建筑按鲁班尺分别确定中轴线和门轴线等方向，强调所谓的风水补救，即主门入口阶条石一个方向，门枕石一个方向，门厅梁架结构一个方向，内隔墙主门一个方向，主体建筑（中轴线）一个方向。此外，天井四围设石槛打制的围栏，后厅檐柱双层并列斗栱（图1-34），天井内明代石雕花柱精美。

图1-33　礼仪堂梁架结构

图1-34　双层并列斗栱

三、岭上街明代建筑

岭上街位于泰宁古城的西南面，炉峰山山脚下，据史料和考古资料表明，该街大约始出于宋代，是古城中地势最高的街区，总长约600米，宽4～6米，两侧辟有排水沟，除了一段约200米长的街为平直外，其余约250米都是30°左右的坡度，顶部约150米微坡，均为河卵石和条石铺砌。街两边或店面，或住宅、书院、祠堂，交接处或拐弯处设水井。

（一）江家祖宅

江家祖宅，位于岭上街11号，始建于明末。主门坐东南向西北，主体建筑坐西北向东南，通面阔24.55米，通进深45.58米。三进合院式建筑，由巷道门坪、门庭、前天井、正厅、中天井、后厅、后天井、倒座门厅、天井、辅房等组成。正厅面阔5间，进深5柱，抬梁穿斗混合结构、悬山顶，檐金柱和次间檐柱上出一跳斗栱、一跳象鼻栱、一跳穿枋加斗、承托柱上栌斗穿枋与屋架，此类结构比较少见。地面用条砖铺砌，柱础为带木楯八棱素面石柱础。江家祖屋特点为倒座的廊房与同姓小合院共用，后厅外墙右侧开小门通往岭上街。

檐金柱补间铺作和砖护墙结构（防雨、防晒、防霉变）比较少见，如图1-35和图1-36所示。

图1-35　檐金柱补间铺作

图1-36　砖护墙结构

（二）陈家祖厝

陈家祖厝，位于岭上街13号，始建于明末。主门方向33°（坐西南朝东北）主体建筑方向119°（坐西北向东南）是因地制宜构建房屋个例。通面阔22.9米，通进深31.18米，两栋二进合院式建筑。由砖砌门楼，石铺巷道、门坪、门厅、廊庑、天井、礼仪厅、后轩、后堂、神龛、后轩、外围墙等组成。

一重主门楼，沿街垒砌，砖木结构，面阔1间，进深2柱，穿斗式结构、向内单坡顶，方形柱础上边角捣圆线状门柱，石过门梁下垫雀替，门额上用"卍"符砖雕装饰，额水磨垒砌三层砖雕普柏坊，坊上出两跳"如意花"与花边斗栱组合承托门楣，木楯门过梁上薄砖封护，其上钻孔用铆钉钉牢在木过梁上。隔心墙上砖雕"如意纹"绦环板，用"卍"符组合作隔心。

二道门厅，面阔单间3间，进深2柱，抬梁结构悬山顶，左侧山面梁架上自上而下：厚瓦、望板、较稀疏的檩条、脊檩、替木、抱云、花边栌斗、童柱、月梁、穿枋、一组象鼻栱承托檐梁。从残留的柱、枋榫卯结构可以判断，原门前部装修有六扇隔扇门，现已缺失。

主门厅设有面阔3间，进深2柱，抬梁结构、悬山顶，此处空间原来是加工粮食的地方。比较特别的是，额梁两端深刻的卷刹翻卷自然，檐柱上设一跳象鼻栱承托屋架。

礼仪厅：面阔5间，进深3柱，抬梁穿斗混合结构、悬山顶。檐金柱和老角柱头补作一跳斗栱、一跳象鼻栱（安枫栱）、一跳倭角穿枋（安枫栱）、一个花边栌斗、一跳象鼻小穿枋、垫替木承托檩条及屋架。柱下垫连体磉石八棱柱础，次间钟形柱础上加木楯。前冲柱、其门柱、扛梁为整体梁架承重结构，扛梁两端施圆童柱，花边栌斗，十字斗栱。山面梁架结构的中柱前后的上皮穿枋上有四组"虎爪"童柱，花边栌斗，十字斗栱，抱云组合承托梁架。扛梁上的桃形匾托是悬挂堂匾的支点。地面工字形条砖铺砌，其门前金柱下垫八棱柱础，后轩檐柱为钟形柱础。后天井用红色砂岩铺砌成不规则棋盘状，大条石垒砌后堂台明，台明右侧设出水口，天井左侧设进水孔。厢房与礼仪厅同处一个台基，面阔1间，进深2柱。

后堂，区别于礼仪厅空间结构，实际为两栋合体，主栋面阔3间，辅厅面阔2间，组合为面阔5间，进深5柱，穿斗式结构悬山顶，明间山面四皮穿枋，第三皮穿枋上安置如意坐斗、十字斗栱，太师壁上额枋间两组一斗三升斗栱组合。后天井窄长且与外围墙紧连。

陈家祖厝的特点：门楼外临街，长甬道，主门厅、礼仪厅不处在一条轴线上，形成不对称布局。侧天井、后天井因不规则而形成梯状。甬道外围墙上的山面排柱材料颇具特色。檐金柱上双层枫栱仅见，传统方格"拐子花"槛窗、扣子板裙板凸显当地装饰特点。

（三）李家祖宅

李家祖宅，位于岭上街14号，始建于明末。其坐西北向东南，通面阔14.33米，通进深25.05米。二进合院式建筑，由门楼、前天井、内隔墙、后天井、后厅、后花台及辅房等组成。内嵌式直角八字开砖砌大门，二重门厅。后厅面阔3间，进深5柱，穿斗式木结构悬山顶。地面用方砖铺砌，柱础为带木碛八棱形石柱础，其特点为二重门，石制墙帽，后楼为"落花流水纹"檐廊栏杆。

（四）陈氏祖屋

陈氏祖屋（朱德、周恩来旧居）位于岭上街12号。始建于明末清初，现为县级文物保护单位，中国工农红军总部旧址。陈氏祖屋坐西向东，通面阔16.7米，通进深45米，建筑面积约747平方米。其由砖雕门楼、门厅及下堂，天井、厢房、礼仪厅、后堂、右侧设小门（通至炉峰山）等组成。砖雕门楼为内嵌式直角，自上而下：厚瓦、一跳方形角砖叠涩，三皮匡斗砖、一皮木过梁加铆钉，三跳"如意花""折纸花"斗栱，两跳弧线普柏枋，砖雕"雀报喜信"，回纹下缠"牡丹""菊花"，方砖组合"大丽花""牡丹"隔心墙等。其以组合的砖雕门楼为特点。

下堂，大卷棚轩、花板栱，花瓶式童柱，"香草龙纹"步梁，插屏门（缺失），后檐梁架结构上设书卷枋。明间开敞为厅，次间房设单板门。石铺棋盘式天井，中部置垂带踏跺。

礼仪厅，面阔3间，进深5柱，抬梁穿斗混合结构、悬山顶（图1-37）。比较特别的是，礼仪厅前卷棚轩梁架前部直接在厢房方柱上出厚穿枋，上托垂莲柱，倒角方柱上雕花月梁，上厚花板，脊檩、卷棚。厅地面工字形条砖铺砌；次间前后双开门；后轩、后天井砖砌台明。厢房单间，面阔2柱，进深2柱。

后堂，面阔3间，进深5柱，穿斗式结构、悬山顶（图1-38）。老角柱上一跳象鼻棋，一跳雕花穿枋。后设太师壁和悬空神龛，龛后小天井，后单间双开门。值得一提的是，后堂前檐轩廊两侧设小门进辅房，右侧天井直接与围墙相连，由此可见原房东是根据地形来布建堂屋的。1931～1934年，此处为中国工农红军中央政治部旧址，是朱德时任中国工农红军总司令、周恩来时任中国工农红军总政治委员在此工作、生活的主要住处。

图 1-37 礼仪厅梁架结构

图 1-38 后堂及隔扇门

（五）李氏祖屋

李氏祖屋，位于岭上街58号，始建于明末，县级文物保护单位。二进合院式堂屋，坐西向东。通面阔22.31米，通进深32.5米。由门楼、门厅、轩廊、天井、厢房（已改建）、礼仪堂、其门、后轩、后堂、后花台、围墙、辅房等组成。礼仪堂和后堂，均面阔5间，进深5柱，穿斗式结构、悬山顶，地面方砖勒边，对角铺砌。"莲瓣纹"八棱形柱础上垫木梽，后堂却是钟形柱础。

门厅轩廊抬梁结构，月梁上花边坐斗，斗上抱云，替木托脊桁檩形成人字轩。礼仪堂梁架结构显得小巧些，三皮穿枋联5柱，中柱中皮两边等分安插两个虎爪童柱，柱顶花边栌斗，斗上十字斗棋，所有桁条下替木与一跳斗棋承托屋架。老角柱上出一跳斗棋、一跳象鼻棋、一跳并列斗棋承托象鼻穿枋承托屋架。屏门柱上花边栌斗，斗上十字斗棋承托檩条及屋架。后堂为穿斗式山面梁架结构，即四皮穿枋，在三皮穿枋上安装"如意"坐斗，托十字斗棋，承托替木檩条及屋架。厢房，面阔单间，进深2柱，穿斗式结构、硬山顶，檐柱上斗棋铺作如同礼仪堂做法。后堂太师壁处设落地高柜式神龛。龛后轩廊空间结构，河卵石垒砌后花台。

四、大田乡明代建筑

大田乡位于泰宁县西北部，是南来北往的交通要道，这里是明、清时期的主要集镇、圩场，各村庄明代建筑格局和现存的明代砖木结构民居基本未变，其中郎官第、太和堂最具代表性。

（一）郎官第（图 1-39～图 1-42）

郎官第，位于大田乡八十坵村，据当地《廖氏族谱》（清光绪版本）记载，该建筑为明中、晚期廖氏始主鼎星公所建，迄今已有 400 多年的历史。该建筑坐南向北偏东 5°，平面呈纵向长方形，通面阔 23.7 米，通进深 32 米，建筑面积约 1 700 多平方米，其包括前半月池（又称泮池）、门庭（门楼）、内空坪、下堂（门厅、廊庑）、前天井、中堂、后天井及厢房、后堂、后楼、护厝、辅房、书房、花房、厨房、粮仓等，以及主体建筑与附属建筑间的封火墙、闭合庭院的合围外墙等。环绕半月池为夯土矮围墙，进屋通道用卵石铺砌，石雕底座旌表，卵石基础，砖砌作角墙、夯土墙门亭，宽敞的内禾坪、石踏跺显示出建筑个性。

图 1-39　下堂梁架结构

图 1-40　中堂立面结构

图 1-41　中堂梁架结构

图 1-42　中堂（礼仪堂）梁架结构

门亭八字开，面阔 1 间，进深 3 柱，抬梁结构，两边设栏凳。额枋上铁制如意形匾托（悬挂"郎官第"匾额）。书斋面阔 3 间，进深 3 柱，槛窗下设鼓腹状裙板；双排辅房，均面阔 3 间，进深 5 柱，明间双开门，次间单门并开设槛窗。主门左、右两边安置抱鼓石，面上浮雕"如意""莲花""四季菊"等纹饰；主门前左右两边约 5 米处耸立红色砂岩打制的旌表，杆边用素面如意头装饰的夹杆石稳固旗杆。

下堂主门前三阶垂带踏跺,木枢双开门,面阔3间,进深4柱,穿斗式结构、硬山顶。明间柱梁间垫有硬木透雕"牡丹""如意""夔龙"纹饰组合的雀替和寿纹组合的柁墩。靠天井一边的明间檐柱上圆雕"凤凰"斜撑,并以石绿、粉白、朱红、黑漆彩绘装饰,形态栩栩如生。次间边设内通道(当地称为"子孙道")通往房内各处。

前天井用花岗岩条石纵向铺砌,中部用一块1米×1.75米方石作祭祖拜石,这在杉阳建筑中仅见。天井两侧的庑轩面阔2间,进深2柱,柱梁间用透雕"折枝牡丹"作雀替,檐柱上用圆雕、浮雕、彩绘装饰的"云龙"作斜撑,这存有法式建筑禁忌的龙饰式样,存在"僭越"行为。上三级台垂带踏跺可至正堂前檐廊,廊边用条石铺砌,次间设瓜棱形柱础的木栏杆作隔断,这是杉阳建筑的一大特色。廊顶屋架为卷棚轩,轩顶设脊桁,柱梁间用彩绘圆雕"飞马""山羊""猕猴""乌龟""仙鹤""寿桃""松树""桑叶"等纹样的斜撑装点,给人一种目不暇接的美感。

郎官第正堂功能设置主接待的官厅,主嫁娶的喜厅,主白事及祭祀祖先的祭堂,次间居住该房的长辈。其面阔5间,进深5柱,抬梁穿斗混合结构、硬山顶。堂的台明以宽大的阶条石镶边,金柱柱础为八棱开光式,其上木枢柱为杂木圆柱,柱上为杂木梁架,一改杉阳建筑用杉木的做法。明间随脊檩上用银制彩绘"八卦""太极",梁架间以楠木圆雕的历史典故、人物、花卉作雀替、斗栱和柁墩。明间后部设四扇屏门,屏上枋间安置金彩"牡丹花"纹样的匾额。山面墙梁架结构的柱与柱之间用上平下弧月梁连接。正堂后轩明间处设砖砌内围墙,墙外为双开门,铁制门轴,门梁上用方砖加铁制铆钉铆牢,其面上用圆边条砖作框,框内灰塑加墨色楷书"贡院"二字,显得别有一番风韵。由此门进入中天井,其做法与下天井基本一致,东西两侧为厢房,面阔单间,进深2柱,槛窗为双开拐子花装饰,上堂檐廊一侧檐柱上出二挑象鼻栱承托屋架。堂上装饰精美,彩绘雕刻历史典故,以及"夔龙""凤凰""飞马""猕猴""松""缠枝花卉"等,显得富丽堂皇。

后天井地面用河卵石铺砌,正中部用黑白卵石拼铺太极图案,井边一侧安置"钱纹"装饰排水孔。天井东、西两侧的厢房底层为婚房,二层为阁楼。上三级踏跺至后堂(当地人习称祖堂),面阔3间,进深5柱,穿斗式结构、硬山顶。明间中后部用方格纹槅扇作隔屏,屏两边设门进出。明间山面的架梁上用大朵如意坐斗承托屋架,后部中间做神龛,神龛上、下两层,上层面阔3间,以月梁牵连,用挂落式加绦环板、栏杆装饰,龛内以四组如意斗栱承托龛顶,此龛主祭祀远祖、先祖、近祖;下层设一小龛,主祭祀土地。

朗官第建筑特点:屋面为蝴蝶瓦铺设,正脊用瓦片分两段堆砌,做成宋代长翅官帽脊。柱头铺作出四层斗栱、一层象鼻栱托大型的扁矮方斗并承托扛梁、檩条及屋架、屋面。抬梁与穿斗结构上的梁架上安置花纹瓜柱。堂上明间空间特别高大、宽敞。带木枢的柱础和钟状柱础都是泰宁明代建筑中典型柱础的风格。郎官第先后出过3位进士,5位司马。

（二）太和堂

太和堂，位于大田乡上墩自然村，县级文物保护单位，是杉阳建筑中唯一具有类似土堡防御功能的建筑，也是福建土堡建筑系列中唯一用砖、木、石、土结构的防御性建筑。根据上墩村《杨氏族谱》记载：太和堂上匾额题记，该建筑始建于明末，为三进四落。主体建筑坐南向北，通面阔45米，通进深51米，建筑面积约2 262平方米。其由半月池及矮围墙、双重外围墙及门楼相隔的变体"瓮城"空间、内空坪、耳房、下堂、前天井、廊庑、正堂、后天井、厢房、护厝、碉式角楼、水井区等组成（图1-43～图1-46）。

图1-43 太和堂下堂、天井、正堂空间结构

图1-44 太和堂厢房与正堂转角柱上铺作

图1-45 太和堂主架梁结构

图1-46 太和堂正堂空间结构

太和堂建筑特点：方形圆角的粗壮柱梁，带木榍的八棱柱础，柱顶铺作做法是杉阳建筑中仅见的，其前、后以粗壮的象鼻栱和斗盘承托、斜撑屋架；硕大的方斗（横×纵×高）（0.45米×0.42米×0.2米）独一无二。这种用粗壮的象鼻栱组合承托屋架的结构形式，以及带花边的童柱在泰宁明代建筑中十分罕见。泰宁的防御设施也很有特点，即外围墙的四角都设置砖土结构的碉式角楼，其一层内墙一周连接开敞式的跑马廊，墙上设置斗式条窗和竹制枪孔，二层局部位置设置楼梯和跑马廊，并在关节点与碉式角楼二层连接，隐蔽处还设置遇险时用的逃生窗；内大门两侧隔心墙

前设置伪装的砖雕枪孔，以迷惑靠近的匪寇，上述凸显地方特色的防御性设施，显得个性十足。太和堂涵盖府第式、客家民居、徽派建筑、赣南围屋等建筑元素，是多种建筑文化元素集合的特色民居，也是福建土堡、庄寨、土楼等防御性民居类型的重要补充。

五、大龙、上青、梅口乡明代建筑

（一）耕读堂

耕读堂，位于大龙乡善溪村，始建于明末。耕读堂为县级文物保护单位。从当地《李氏族谱》和正堂上悬挂的堂匾"耕读堂"及落款"完素"二字可以得知，"完素"为明代万历三十五年（1607年）进士、太仆寺少卿江日彩的号，因此，判定该建筑为明代晚期是无可非议的。其为二进三堂院落，上堂面阔5间，进深6柱，为抬梁穿斗混合结构、硬山顶，设前轩，中后部为太师壁。其架梁结构上的短矮瓜柱，粗壮的月梁，带木楯的八棱柱础，简约的装修和装饰等，都具备了泰宁明代中晚期建筑的特征（图1-47～图1-49）。

图 1-47　正堂梁架结构及太师壁

图 1-48　正堂檐金柱上铺作

图 1-49　中堂

（二）树德堂

树德堂（图1-50），位于上青乡崇化村，为江氏府第，始建于明中晚期。为五进六堂（现存三进四堂），主体建筑为抬梁穿斗混合结构。平面布局与泰宁古城明代传统民居风格和建筑结构相近，架梁上以矮状瓜柱支撑、素面八棱红色砂岩柱础为特点。

图1-50　树德堂天井与正堂

（三）李氏祖屋

李氏祖屋（图1-51和图1-52），位于梅口乡梅口村，据《李氏族谱》记载，该建筑始建于明代中晚期。其为一进二堂。上堂面阔3间，进深4柱，由前空坪，前檐廊，上、下堂，厢房，书斋等组成。悬山顶穿斗结构，如意形柁墩、带木榍的石柱础，均为泰宁明代建筑的风格。

图1-51　李氏祖屋外观

图1-52　李氏祖屋梁架结构

上述明代建筑的风格大同小异，平面布局、空间结构、建筑艺术、中轴线对称布局，抬梁结构的廊庑，抬梁穿斗混合结构的仪仗厅，梁架补间铺作以多枋梁组构，其上安置瓜状童柱，童柱上花边坐斗；柱上铺作特征明显，檐金柱和次、稍间檐柱前后施大小组合的象鼻拱，双层轩廊踏跺的地面，天井铺砌形式等建筑符号及手法都属于典型的明代杉阳建筑元素，可见，传统工艺和建筑文化是一脉相承的。

六、清代建筑及特色

古城中成组、成片的清代建筑主要集中在岭上街及北片民居群中，而尚书第和世德堂周边零星存有的清代建筑，主要原因是清代此地发生火灾后重建，这从判断天井铺石、台明上阶条石、踏跺被火熏烤开裂情况而得出，再就是自然损毁重建，或是家族居住空间不够而改建等情况所致。

各乡（镇）村，清代建筑继续延续了明代的构筑工艺，随着时代的变迁而由简变繁，其平面布局，架梁结构，装饰、装修等也有所变化，但杉阳建筑传统技艺及建筑文化仍一脉相承。现存各乡村的清代建筑的平面布局、构筑形式与明代杉阳建筑大致相同，即都采用砖木结构的合院形式，遵循中轴线对称构架。不过空间尺度比明代建筑略小一些，举架也矮些；建筑用材，尤其是柱梁围径小多了，还大量出现门罩、简单的木构斜撑门楼，山面架梁结构出现了"虾公"穿枋，部分建筑外檐多加了木制吊脚楼；砖雕、彩绘普遍使用。这些清代建筑中最具代表性的是朱口镇龙湖的童家大院、黄家大院、福善王庙。

泰宁清代建筑大致可分为以下几类，即寺庙、道观、祠堂、民居、书院（书斋、书楼）、桥梁等。年代可分清早期、中期、中晚期及清末民国初期四个阶段。清代建筑多为纵向二至三进合院式，立面形式为：内嵌式直角八字开牌楼、木构平面式门脸、带墀头的隔墙或封火墙、内围墙；下堂多设置次间，主体建筑基本上是面阔3～5间，进深5柱或7柱，中堂以穿斗式结构为主，抬梁与穿斗混合结构为辅，中屏门前摆放长条神案，一改明代做法；后堂基本上是穿斗式结构，太师壁处常常是内嵌式门柱式神龛，亦见橱柜式神龛，个别出现桥形神龛。处于街道两侧的建筑因成片联建，以封火墙隔断，故而屋架与屋面多为硬山顶；而处于山区的建筑，用地面积比较宽阔，且飘雨容易打湿墙体，因而屋架与屋面多为悬山顶。

现存的清代建筑梁架上比较多出现"细秀"的"虎爪"童柱，年代越晚，"虎爪"童柱长度也越长；柱头铺作，一般出现在檐口的柱枋间，清初遗留少量的象鼻拱、枫拱、并列斗拱装置，清中晚期不见此类装置。金柱方中带圆的样式基本未见，木楯改为石楯或基本不用，八棱形素面柱础普遍使用，铜钟形的石柱础和八棱开光花卉纹石柱础也基本不用，同时出现不少杂木柱础，可见装修和装饰由简洁向繁缛发展。

泰宁县清代建筑遍布各乡村，主要集中在泰宁古城、朱口镇、新桥乡，大约100多座。其砖木结构占主导，土木结构次之，高山地区多出现木结构，极少部分是土坯砖与木结构。

古城中清代建筑，大约有 50 余座，主要分布在红光街、邓家巷、戴家巷、卢家巷、肖家巷、胜利一街，为李、卢、陈、江、何、饶、欧阳等姓氏祖屋。清早期约占五分之一，清中期约占五分之二，清中晚期至民国时期约占五分之二。上述建筑多数是坐西向东，少数坐西北向东南；纵向长方形；一进合院式居多，两进合院式次之，三进合院式较少；通面阔在 11～17 米，通进深在 15～27 米，由门庭、天井、正厅、偏厅及辅房等组成。条砖垒砌的主门，多为裸露的木过梁，一改明代木过梁面上遮盖方形望砖并用铁钉铆牢的做法。正厅面阔 5 间，进深 5 柱，穿斗式木结构、悬山顶。柱础多为八棱素面木榍柱础；前厅地面多用条砖工字形铺砌，后厅多用条砖方砖直角形铺砌，天井用大块的红色砂岩条石铺砌，亦出现条石与青条砖铺砌。在装修装饰方面清代建筑常常在月梁表面浅刻"香草龙""雀鸟""宝瓶"等纹样。

明、清时期朱口镇的地理位置相当重要，陆路、水运发达，有八坊、七街、四十九巷之说。这里的清代建筑比较多，且集中。镇周边知名的宋代绍兴年间建造的宝盖岩，明代崇祯年间营建的青云塔是远近闻名的历史景观。清代中期镇区发展进入黄金时节，街巷内数十座砖木结构建筑鳞次栉比，种类有街巷、寺庙、道观、祠堂、祖屋、大厝、水井、社仓、桥梁等。此外，朱口镇还是闻名遐迩梅林戏的发祥地，所以这里的戏台比其他乡村要多。

中山街是清代建筑最集中的地方。肖氏、黄氏、朱氏、童氏祖屋和谐相处。大部分房屋坐东南朝西北，一部分坐东向西，坐西向东、坐西北向东南的房屋被各姓祠堂、大户人家占据。这些房屋通常通面阔 10.3～29.2 米，前部多为商业空间，中部多为居住空间，尾部多为厨房和祭祀空间。主体建筑基本上面阔 3 间，进深 5 柱，穿斗式结构、悬山顶。其由砖雕内嵌式门楼，门厅、下堂、天井、中堂、上堂、厨房、辅房等组成。石榍门过梁，梁下插入墙体的石门雀，石过梁上安置砖雕普柏坊，枋面上多砖雕，枋上两组人字斗栱组合作补间铺作，出两皮砖砌墙，墙上堆瓦翘脊，正中用砖堆放山形脊，翘脊尾下镂圆孔，显得别具一格。柱础为圆形倭角木柱础（图 1-53～图 1-56 为肖氏祖屋建筑结构）。

少数三进合院式建筑，通面阔约 21 米，通进深约 6 米。由门前空坪、门楼、廊庑、天井、厢房、下堂、中堂、后堂、辅房、过水亭等组成。三楼式砖砌门楼比较特别，三合土地面，砖石铺砌的天井，中后部的太师壁壁柱上施圆雕插耙，檐金柱上前后施象鼻栱、枫栱组合的柱头铺作，梁架上施棱线瓜形童柱和花边栌斗，明代遗风浓重。个别四进院落，通面阔 10.65 米，而通进深达 40.35 米，这种比例失调、超常规的做法，也许是受祖传用地局限所致。

值得一提的是，朱口镇龙湖村现存童氏宅院群（童家大院）（图 1-57～图 1-62），砖雕门楼、木雕隔扇、檐下彩绘精美绝伦，其中几座民居门额用黑色页岩浅刻金彩门额"大夫第"装饰，显得庄重大气，其两侧砖雕"喜鹊登梅""松鹤延绵"呈现出喜气盈盈之场景，门额之下四个砖雕门簪，表明了建筑规格较高。这些建筑都在清代嘉庆年间建成，基本是二进合院式，坐西向东，通面阔在 32 米，通进深 47 米左右；正厅面阔 5 间，进深 5 柱，穿斗式结构、悬山顶，由砖雕的门楼、

图 1-53 长寿巷肖氏祖屋梁架结构

图 1-54 肖氏祖屋中堂梁架
结构上的前后象鼻棋组合

图 1-55 肖氏祖屋单门三楼门楼

图 1-56 肖氏祖屋院落围墙

高敞的门厅、较小的天井、隔扇门的厢房、进深较大的正厅、适中的后天井、近乎方形的后厅，以及偏厅（或书楼）、辅房组成。内嵌式直角八字开砖雕门楼，主次纹样分明，主门两侧隔心墙上有气势磅礴的大型圆形砖雕"伯乐"与"八骏图"，有"松鹤""梅花""鹿纹""喜鹊"等纹样组合装饰；门楼上砖贴钉铆额枋显得异常坚固，下额枋变体夔纹框内的"桂花"与"玉兔"、"紫竹"与"梅花鹿"、"蝙蝠"与"葡萄"、"虬松"与"仙鹤"、"喜鹊"与"梅花"五组镂空砖雕，灵动不已；枋间两跳砖雕花栱补间铺作规制古朴，其两侧配以砖雕"旭日东升"、门簪头"麒麟送瑞"，周边围饰博古花卉；木雕"麒麟""白象""狮子"等；门两侧院墙次间位置安放砖雕木蕊千孔"凤眼"窗。梁架结构上高浮雕刻有"龙""凤""狮子""麒麟""仙鹤""仙草"等纹饰。门楼屋顶黑厚堆瓦堆砌正脊，其上再堆砌官印状脊柱，脊柱两侧堆瓦起翘，尾翘脊下灰塑钱造型承托，此类屋脊别无他处。墙檐下砖砌3层叠涩，其下灰面上墨绘点彩"凤穿牡丹"，黄彩代表春、夏、秋、冬的牡丹、莲花、菊花、梅花，以及文气昌盛的紫薇树、桂花树、玉兰树和柳树。厢房四扇隔扇门杉木作框，楠木雕"四季如意"纹窗芯。后楼二层前廊设变体寿纹组合扶手栏杆。

图 1-57 童家大院门楼

图 1-58 童家大院门楼砖雕（一）

图 1-59 童家大院门楼砖雕（二）

图 1-60 童家大院门楼砖雕（三）

图1-61　童家大院檐口墨绘黄彩瑞兽檐下装饰　　　　图1-62　童家大院厢房四扇隔扇门

第三节　其他历史建筑

　　经分析《泰宁县志》（嘉靖版本、乾隆版本和民国版本）记载和实地考察现存历史建筑及遗址后发现，古时的泰宁县建筑类型繁多，地域性较强，建筑文化内涵丰富，近500平方千米的县域里，汉、唐、宋、明、清建筑和遗址分布城乡各处。明嘉靖前泰宁县城无防险城池，旧府是"据险立寨"，时不稳定；明嘉靖四十五年（1566年）泰宁各乡、镇、村规模扩大，古城营建了城墙，县衙、县学、城隍庙、孔庙、庙宇、文昌塔、宫庙，各乡镇村里的寺庙、道观、民居、牌坊、塔等按一定规律坐落在各个区域。

一、县志记载的公共建筑

　　城墙内南、北向大小街巷有：山下岭（街）、朝京门前街、澄清街、后坊街、嘉□街、炎□街、中街、下街，周家巷、蔡家巷、陈家巷、江家巷、圣庙巷、余家巷、保安巷、杜家巷、卢家巷、丁家巷、肖家巷；东西向街巷有：十字街、岭上街、西胜街、北腊街、驴家巷、裹畴街、大井头、杨柳巷、公阳乡、邹家巷、小巷、大巷、朱紫巷、下朱紫巷。县治（县署）处于朝京门大街和周家巷转交处的二级阶地上，门前是炎□街，县衙右侧前为三贤祠，三贤祠右前为圣祠庙，卢家巷口文庙，西右义门内为闽王庙，大巷与澄清街间为城隍庙，下街后为节孝坊，岭上街与杜家巷间为天后宫，保安巷口为三官庙；东城外建有木构"东桥""迎恩桥"，南城外建有一座石构"利涉桥"，西城墙外建有一座木构"杉城桥"，桥边建有神农庙；西城外有鬲岭隘口及路亭，西北角建有社稷坛、演武亭、文昌塔。

（一）古城墙、古码头

古城墙、古码头整体形态大致为椭圆形，周长七百有九丈（约 2 127 米，1 丈＝1.33 米），高一丈六（约 4.8 米），厚八尺（约 2.4 米），原总长 2 363 米，现残存 300多米（"昼锦门"至"左圣门"一段），厚 3 米左右，现遗留有"昼锦""菽仁"两座城门和城楼脚下的洗衣埠。从宋代建城以来，到明中晚期匪寇横行，民不安宁才思虑防御性城墙事宜。据史料记载，明嘉靖三十八年（1559 年），担任泰宁知县的南昌举人熊鹗上书邵武知府邵德久，请求提取库存钱粮 1.18 万两白银作为营筑城墙的费用，邵德久批复了他的计划，还亲自到泰宁县与熊知县一起堪察地形，丈量尺寸、设计施工：城墙东、南、北三面沿金溪河岸边挖基槽，西边沿炉峰山东麓挖基础，沿河一面的城墙全部采用红色砂岩条石错缝垒砌，墙内采用专门烧制的城墙砖错缝绵密砌置，石砖之间用掺和土夯筑。城墙上设女儿墙。开大小城门八个，东为"左圣门"，西为"右义门"（民国年间改为"共和门"），南为"泰阶门"（民国年间改为"中山门"），北为"朝京门"（民国年间改为"中正门"），东北"青云门"，东南"昼锦门"（旧名"来凤门"），西北"靖远门"，西南"菽仁门"，分别建有城门楼，楼内设有卫兵驻防间，墙顶面宽 4～5 米（含跑马道），供防御兵骑行走马用。八座城门外均与古驿道或官道、古街贯通。

后因经费不足，知府邵德久又从府库中拨出部分银两补助城墙工程费用。嘉靖三十九年（1560 年）开工，采用全民动手，分段实施，包干到人的办法进行，历时五年有余，至嘉靖四十五年（1565 年）竣工。清乾隆《泰宁县志》和县令熊鹗碑记有明确的记载："……始自去冬十一月，至今年四月，城悉告成。"

据《泰宁县志》记载，明万历二十一年（1593 年）、万历三十七年（1609 年）、清康熙十八年（1679 年）三次特大洪水的冲击，墙体局部被冲坍塌，损毁最宽的地方有数十米。乾隆二十四年（1759 年），对东至东南一段约 400 多米长的城墙采用河卵石垒砌护坡进行加固，民国二十一年（1932 年），国民党驻军第五十六师某团为抵抗工农红军攻城，将炉峰山麓一段长约 400 米的城墙拆除，移建炉峰山顶。

靠金溪河边现遗存的"昼锦门"码头处的石砌墙上还有一方明代阴刻题记：溪埠上下不许堆积，违者罚钱六百（图 1-63 和图 1-64）。

从县志记载和县城地图可以得知，泰宁县城格局大致是金溪河环绕南城墙边而过，城内衙门等公共建筑基本上是坐北向南，坐西向东基本上是民居；自北向南的街道沿线建有县治、学宫、三贤祠、城隍庙、杉阳书院、恩荣坊等。

（二）县治（县署办公地点）

几经焚毁、破败而后再建的县署现位于文化馆附近（图 1-65），为 5 进院落，中轴线上设有：门前广场（衙前）、监狱、旌善亭、申明亭、申诉击鼓堂、仪门、天

图 1-63 "昼锦门"码头

图 1-64 码头碑刻

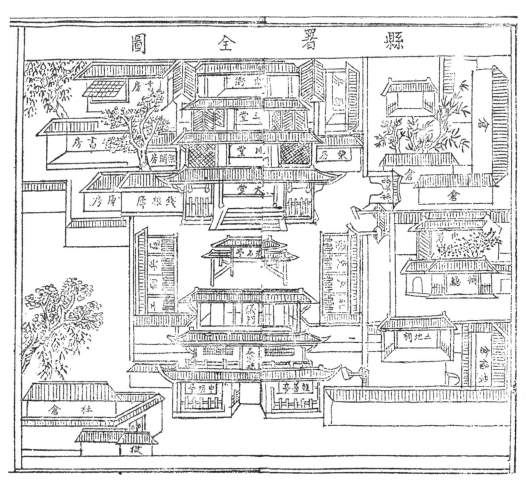

图 1-65 县署全景示意图（影印件）

井、石亭、内空坪（天井）、左礼户吏厅、右工刑兵厅、大堂、川堂、三堂、后衙等。附属建筑有：衙前矮围墙、内空坪；左边设置储备仓、土地庙、捐厅、天井、内署、常米仓、大型粮仓等；右边设置社仓、花园、内空坪、库房、钱粮库、曲折甬道及空坪、架阁房、小花园、书房等。

（三）学宫（县学、孔庙）

学宫位于现泰宁县一中附近，建筑规模、装修装饰要比县署"豪华"得多，学宫全景示意图见图1-66。学宫按中轴线对称布局，分中、左、右三列构筑。中轴线上由前向后分别建有宫前街、矮围墙"宫墙万仞""下马碑""圣仪"，三组"棂星门"、泮池、大成门、名宦厅、乡贤厅、内空坪（花园）、东庑、西庑、先师庙、内隔墙、内空坪、明伦堂、更衣所、土地祠。左边设置：内隔墙、外空坪、忠义祠、诸公祠、省牲所、内空

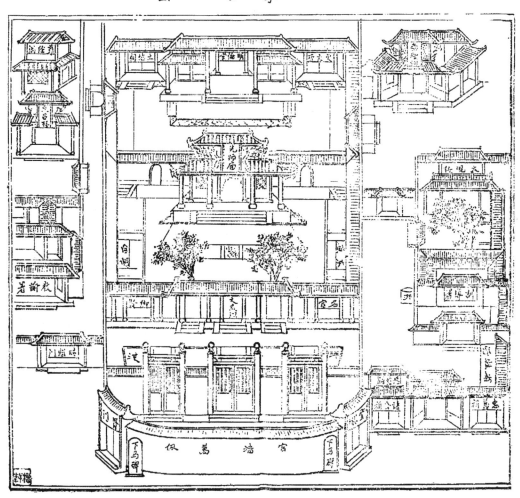

图 1-66 学宫全景示意图（影印件）

坪、训导署、小拱门、内花园及连廊、文观楼、奇圣统；右边设置：前空坪、时烬门（矮围墙）、收谢署、天井、连廊、内空坪、文昌楼、藏经阁。前门半弧形宫墙上楷书"宫墙万仞"，两组下马碑，左小门刻字"圣"，右小门刻字"贤门"。半弧形内空坪，坪上三组石雕冲天式牌楼，其边半月形泮池。大成门，面阔5间，进深3柱，穿斗式结构、单檐悬山顶，明间立"大成门"，左边立奉"名宦"空间，右边立奉"乡贤"空间。大成门内空坪上种植桂花，左右两边设"东庑"和"西庑"空间。先师庙石砌高台明，面阔3间、进深5柱，四檐回廊，抬梁穿斗混合结构、重檐歇山顶，内加藻井，外二层檐下5组如意斗栱补间铺作，两侧设小拱门出入。明伦堂，石砌台明，面阔5间，进深6柱，抬梁穿斗混合结构四面坡。

（四）三贤祠

三贤祠全景示意图见图1-67。三贤祠位于县衙的右前方，是当时泰宁古城的核心位置，是外围墙合围的三进院落，祠前面对"马路"，按中轴线对称与不对称组合布

图 1-67　三贤祠全景示意图（影印件）

局，由祠前碑廊、下堂、天井、厢房（前书斋）、中堂（礼仪厅）、天井、厢房（后书斋）、三贤堂、左右连廊、花园（芭蕉园和紫竹园）、轩廊等构成。前碑廊内立有四通《重建三贤祠碑记》《家姓捐田碑》等。下堂面阔3间，进深3柱，单檐悬山顶加鹤颈昂首翘，明间敞开；次间棋盘裙板墙和贯套回文花窗。中堂面阔3间，进深5柱，抬梁穿斗混合结构、单檐悬山顶加鹤颈昂首翘。三贤堂面阔3间，进深7柱，抬梁穿斗混合结构、重檐悬山顶加鹤颈昂首翘，一、二层间补间铺作5层如意斗栱组合，上立式"三贤堂"堂额。堂前设轩廊，次间设凤眼窗，堂内设神龛，摆放祭祀条案。前天井中种植紫薇，中天井左边植紫竹，右边种植芭蕉。

（五）城隍庙

城隍庙位于现尚书第宾馆附近。三进院落，由山门、玄鉴楼、显佑殿、月台、配殿、照壁、正殿、神乐楼与戏台、卷棚、礼仪堂、天井、辅房、厨房等组成。从残存的古建筑构件大型柱础可以判断，该庙始建于元初，规模大，用材大（柱础直径90厘米）。戏楼为抬梁穿斗混合结构、重檐歇山式建筑，坐西向东，面阔5间，进深3间，一层设三个栱券门洞，二层为戏台，两侧有踏步从背面可直通二层。灰筒板瓦屋面。柱头科与平身科皆为单翘三踩斗栱。

（六）杉阳书院

杉阳书院全景示意图见1-68。杉阳书院为泰宁古城中最大的书院，平面接近正方形，两进院落，中轴线对称与不对称组合布局，由院前街道、半弧形矮围墙、门楼及下堂、天井、内隔墙、讲堂、内空坪、东书房、西书房、文昌阁、藏书楼、贤祠、侧院、墨池、八角亭、侧花园、后花园、厨房、厕所等组成。砖木结构门楼，单门五楼八字开，下堂面阔3间，进深5柱，穿斗式结构、重檐悬山顶。讲堂高台明，面阔5间，进深5柱，抬梁穿斗混合结构、歇山顶。文昌阁，方形，三层（逐级收分），一层面阔3间，进深5柱；二层面阔单间，进深5柱，明间施藻井；三层面阔单间，进深3柱，抬梁穿斗混合结构、四面坡攒尖顶，内供奉魁星点斗。贤祠，处于书院左前侧，一进院落，前堂一层，面阔5间，进深4柱，穿斗式结构、悬山顶。主楼，面阔5间，进深6柱，抬梁穿斗混合结构、重檐歇山顶。

（七）恩荣坊

恩荣坊是经天启皇帝批准，为褒扬李春烨功绩而建立的。用泰宁县特有的红色砂岩打制的石构件牌坊，横跨在泰宁县城旧时的通衢大道衙前街与炉峰街的十字路口处（即今泰宁一中校门前），坐北朝南，面阔8米，进深3米，最高处约12米，是四柱、三门、五楼的明代风格的传统牌楼式建筑。其特征是中部高耸、两边略低，明间大门高而宽敞，作为进出南北的主要通道，一般是有一定身份的人出入，或举行重要活动的所用的空间，次间两披门稍矮稍窄，主要是平常人家或平时往来使用，但亦可通过车马等。牌坊顶部为整体石琢打造的五组歇山顶屋盖，实为五楼，正脊上中心处安置

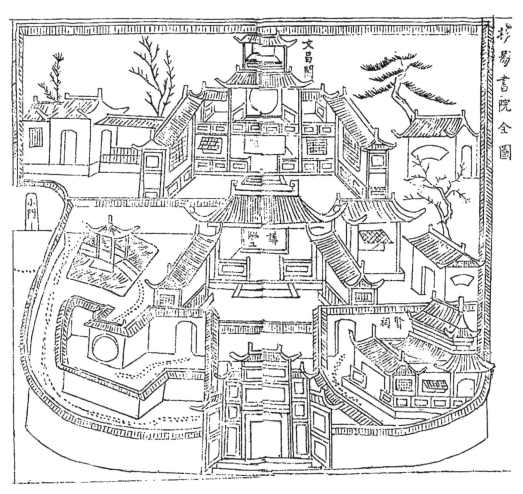

图 1-68　杉阳书院全景示意图（影印件）

一双鼓腹的"长蒂葫芦"，两端安置嘴衔"脊端""尾搅云天"的吻兽，吉祥灵动，其两边各有一雄一雌座狮背对背昂首挺胸，注视远方，把守"家园"，其余四楼屋顶各有一狮尊座面向外放镇守"雄关"。每楼四个屋脊翘角指向天际，犹如飞天的祥云。大圆头、长身段、粗壮爪的"蹲狮"高大矫健，具有典型的明代风韵。檐口下的普柏枋上安置数组粗犷的一斗三升补间铺作，显得敦厚异常。远远望去，整体牌楼飞檐翘角、斗栱层叠，气势不凡（图 1-69）。

　　牌坊的结构是由四根 0.5 米 ×0.5 米、高 6 米的整块条石打制而成，其坚固有力地连接着牌坊的整体的大小枋十四道穿枋、额枋，主楼上方两条额枋间竖列 7 块素面石板，中心立石楷书阴刻"恩荣"坊额，"恩荣坊"冠名由此而来，坊额两侧石板上浮雕"双龙戏珠"和透雕花窗格扇纹样。下层 4 根额枋上各浮雕两组历史典故，以及"状元出行""亭台楼阁""远山近水""缠枝花卉"等纹样，尤其是"状元出行"纹样表现得活灵活现，他们或坐于石上、或立于路旁、或骑马、或驾驭；头戴官帽、身

图1-69 恩荣坊

披绶带的状元跨骑高头大马、双手合拱，仪仗队伍出行于山川、楼台之间，好一派欢天喜地、荣归故里的热闹场景。柱底南北方向铆贴一组高大的抱鼓石，鼓石双面浮雕"如意云纹"和"忍冬草"，鼓顶堆贴近乎圆雕的匍匐欢腾的石狮子，好是灵动。南面梁枋上镌刻楷书"都谏清卿"，北面梁枋上镌刻楷书"恩隆三代"，两边辅梁面上小楷阴刻"抚院南居益，将军姚应嘉""布政使茅瑞征，按察使贺万祚"。主梁枋正面上镌刻"万历丙辰进士、北京刑科都给事中，奉旨特授太仆寺少卿，前历吏、户、工左右给事中李春烨"。背面"诰赠中大夫湖广布政使司参政祖李富，诰赠中大夫前历赠文林郎刑科都给事中父李纯行，赐进士升授中大夫前历授文林郎刑科都给事中李春烨"。左右掖门上方各有两条雕刻人物故事和花草图饰的横额，其中一条石刻题记的左侧镌刻"邵武知府同知朱怀英、通判张立达"。右侧镌刻"泰宁县知县伍维屏、主簿郑奎芳、典史王日新"。横额下面与石柱交接处各饰有透空石雕凤穿牡丹等纹样的雀替。

据《泰宁县志·坊表》记载："恩荣坊在县前。天启五年（1625年），令伍维屏为万历丙辰进士、都谏李春烨立"。伍维屏，陕西人，全州（今属广西）人，以举人授知县职，天启五年至七年任泰宁县令。

恩荣牌坊用巨大的红色砂岩打制建成，梁柱与梁枋之间、抱鼓石与立柱之间用熔化的生铁水浇灌焊接，结构十分坚实牢固，历经几百年的风雨剥蚀，却依然完好无恙。该牌楼造型雄伟，结构均衡，图案组合华贵典雅，石雕工艺细腻精巧，实为我国明代石雕艺术中的上乘之作，是研究明代社会人文、建筑工艺的珍贵资料，但其20世纪60年代中期被人拆除，令人扼腕叹息！

二、现存古代公共建筑

历史上泰宁县的公共建筑比较多，涉及水利、农业、交通等设施，以及宗教建筑、教谕设施、街巷市井建筑、祠堂等，具体体现在水碓、水枧、浮桥、盐仓、社仓，儒、释、道三教的庙、寺、观、庵、坛等。此外，还有叶、邹、李、江、何等宗族祠，以及各类亭、台、楼、阁、社等公共建筑。然而，由于种种原因，现存杉阳建筑中公共建筑部分数量有限，仅存的一些公共建筑及遗址和遗迹十分珍贵。

（一）寺庙道观

（1）醴泉禅寺，位于梅口乡醴泉岩窟中，岩前环境幽雅，翠松虬劲，庙堂建在高约30米、宽约15米、深约18米的岩穴中，由门楼、正殿（图1-70和图1-71）、辅殿、膳房、经楼、辅房等组成。前沿为大面积干栏式结构的木铺大楼坪，内沿为正殿等建筑。两层门楼与正殿相连、抬梁穿斗混合结构、重檐歇山顶，不施片瓦。醴泉禅寺始建于南宋绍兴二年（1132年），毁于元代兵乱，明代重建，"文化大革命"中被拆毁，残留明代正殿明间梁架结构，1982年在原有的基础上按明代形制复建。该寺原有两重山门，门柱上阴刻对联两副。第一重山门门额楷书"醴泉禅寺"，配以对联：天洒岩涧雨，洞波风壁水。第二重山门楷书"巢云古刹"，配以对联："石隐天开面，泉流月有声"。寺庙内可见到宋、元、明时期的建筑遗址和部分木结构，历史传承清晰可辨。

图 1-70　醴泉岩正殿

（2）宝盖岩，位于朱口镇西数里路的丹霞岩穴上，仅有一条沿崖壁凿成的崖路进出，地势十分险要。穴通高5.2米、面阔50米、进深32米。"漱玉泉"，终年不涸，从穴内一角流淌至洞前，建寺者恰巧用作"放生池"，池边千百年古木郁郁葱葱，一派佛教生机盎然之地。宋庆元二年（1196年）泰宁籍状元邹应龙有感而发的诗文将该股山泉描绘的有声有色："夙有斯岩约，今晨得践

图 1-71　醴泉岩正殿明代梁架结构

图1-72 宝盖岩中"舍利塔"群

盟。路从支洞入，人在半空行。六月如霜候，四时长雨声。愿求容膝地，着我过浮生。"该寺为后唐同光元年（923年）蜀僧定慧选址，宋绍兴八年（1138年）建造落成，态势若悬空寺。现仅见宋代建筑基址和部分石构件，以及部分清末辅殿木构架。目前佛殿为1980年依旧址重建。该寺东侧岩壁上所刻的"修仙洞"——宋人曾在此从事宗教佛事。西侧横向洞穴内安放明末及清朝历代"舍利塔"10余座（图1-72），远远望去蔚为壮观。塔刹、塔身、须弥座塔基，均用红色砂岩雕琢而成，两层至五层方形重檐楼阁式，面阔单间，进深3柱，抬梁结构重檐歇山顶。塔刹有葫芦顶、火珠顶、如意顶；塔身有多层四面坡飞檐翘角，檐下出跳斗栱组合的补间铺作，圆形前檐柱，圆形栌斗，柱下覆盆式柱础。塔座阶级式须弥座，上浮雕莲瓣纹样，主体纹样浮雕有"仙鹤""麒麟""飞鹿""忍冬草"等花卉图案。塔碑阴刻和尚法名、生卒年月、师传等字样。塔群前中间摆放一方形葫芦顶焚纸炉。该岩穴另一侧存有"谷仓岩"，系寺庙僧人储藏谷物之处。

（3）福善王庙（图1-73），位于朱口镇龙湖村，现镇水泥厂边，始建于明末，清康熙、雍正、乾隆三朝续建，现主体建筑为清乾隆年间，砖木结构，总体平面布局呈横向长方形，由外围墙、门厅、内空坪、门楼、前殿、中天井、正殿、辅楼、观音堂、辅房等组成。主殿面阔5间，进深5柱，抬梁穿斗混合结构、歇山顶。前殿明间梁架上设带轩廊的悬空藻井（图1-74），与他处藻井有所区别，从次间与稍间中间的楼梯可上至前殿二层楼。该殿供奉当地山神、门神。正殿中后部设主、副龛，供奉释迦牟尼等佛造像。从左隔墙（与轩廊相连处）上的小栱门可出入观音堂。观音堂面阔5间，进深5柱，抬梁穿斗混合结构、歇山顶，外设春亭，柱间设"美人靠"，体现出寺庙的世俗化。

图1-73 福善王庙门楼屋顶

图1-74 轩廊及藻井

砖砌门楼精美绝伦，一门五楼八字开歇山顶，舒展的灰塑翘角，适宜的葫芦中脊。主楼檐下三层砖雕叠涩出挑的如意斗栱屋架，一层"莲瓣菱角花"组合砖雕的花枋，枋中部正面"云海腾龙"，枋下"云鹤""云凤"组合的砖雕四立柱，立柱中间黑色页岩碑刻"福善王庙"，两边为"福寿星""拐子花"与"蝙蝠"砖雕，两侧花边雀替。一层长花枋，枋下三层"福禄寿"三星及"云鹤""狮子戏绣球"等纹饰的砖雕。一层"花篮"垂莲柱和槛窗，最下层为素面砖枋，砖门框、门柱、门楣。八字开砖雕门的两侧，即辅楼亦为六层砖雕，隔心墙用水磨斜线方砖和龟背纹砖拼砌。门前安置花岗岩雕素面抱鼓石。

（二）戏台

戏台一般处于街口中心位置，建造时依十字街、丁字街构筑，砖木结构，占地面积 100～200 平方米，由戏台、厢房、候台、化妆间、神龛等组成；戏台为抬梁结构歇山顶，其余空间结构为穿斗式结构悬山顶，戏台檐柱上雕刻的"东方朔摘桃""刘海戏蟾"活灵活现，别有一番趣味（图 1-75 和图 1-76）。祠堂戏台，都位于各姓祠堂的前部下堂明次间，以木结构为主，由戏台、藻井、候戏厅、化妆间、看台组成。戏台台面中部采用活动楼板平铺，两边台面相对固定，祭祖时打开，方便祭拜活动，演戏时铺上。

图 1-75 戏台檐柱上的"东方朔摘桃"

图 1-76 戏台檐柱上的"刘海戏蟾"

（三）祠堂

泰宁县各姓都有祠堂（图 1-77～图 1-79）。大的家族和人丁兴旺之族有祖祠、分祠之分，族人根据风俗习惯于祠堂内对祖先或先贤进行春祭、秋祭、冬祭。除此之外，祠堂也是各房子孙平时的婚、寿、喜、丧，添丁，以及族亲们商议族内重要事务的场所。泰宁祠堂以砖木结构为主，一层居多，由祠前泮池、禾坪、门楼、辅门、戏台、中天井、正堂、神龛、辅房、厨房等组成。祠堂以八字开或内嵌直角开门楼，单门三

图 1-77　大源村严氏宗祠

图 1-78　洋坑村廖氏宗祠

图 1-79　李氏宗祠

楼为主，单门五楼少见，灰砖错缝垒砌，"龟背""花瓶""蜂窝"等形状的水磨砖隔心墙，楼檐口砖雕人物、瑞兽、花卉，个别姓氏的祠堂还出现整堵正立面外墙的大型砖雕装饰，显得非常大气和吉祥。戏台三开间组合，中部戏台采用活动楼板，平时拆卸存放他处，举办活动时再安装铺上；戏台底部悬空，台顶部设置繁缛或简洁的藻井，含有古朴的吸声效果，以提高唱腔的真实度。天井一般用红色砂岩铺砌，中部设垂带踏跺上至正堂（祖堂），正堂一般面阔5间，进深7柱，次稍间开敞，抬梁穿斗混合结构、悬山顶，其门（太师壁）处设神龛（大部分神龛为落地门楼式，一部分为隔扇窗门式，少部分为桥式）上摆祖先牌位和大型香炉。值得一提的是开善乡洋坑村一座廖氏宗祠非常特别，正立面的主门楼和砖砌围墙上用大型砖雕的"吉祥飞凤"和"瑞兽"组成的文字"福"装点，这在福建其他类似宗祠上是罕见的。其自上而下分四个层次垒砌装饰，最上层的檐口用形态各异的"鹿"与"灵芝草"做额枋，枋下红色砂岩勾勒阳刻"廖氏宗祠"匾额，额抱框用"缠枝菊"装点，框两侧垂莲柱上"花瓶"内安插"牡丹花"，柱两边是大型的"金鸡独立"状"丹凤对视"，以及"朝阳"与"牡丹"组合砖雕。

第四节　特色古村落

（一）老虎际山地古村

老虎际山地古村（图1-80和图1-81）位于大龙乡，从村口至村顶风水林，前后落差约200米，分10余级"台基"构筑。一条长长的山岭贯穿整个山脊，山脊两边窄小的空间里布局大小建筑30多座，用干栏式结构做一层梁架结构，或悬空于悬崖峭壁处，上用穿斗式结构构筑房屋，房前几乎没有空坪，只有较宽的山岭石阶，层层叠叠的房屋远远望去，蔚为壮观，屋前屋后虬松耸立，犹如盆景山石，山石、树木、房屋，

图1-80　老虎际山地古村

图1-81　老虎际村中的交会石岭街

好似一幅远山高岭人家的巨幅画卷。

（二）大源村

大源村位于新桥乡，是多境交会的山乡特色古村落，始建于南宋，发展于明代，清代进入繁盛时期。至今遗留下各类文物点 41 处，其种类较多：有廊桥、寺庙、文昌阁、祠堂、古道、街巷、民居、古墓葬、隘口等，村中的戴氏宗祠、严氏宗祠等建筑特色明显，特别是金属镏金的脊桁装饰让人过目不忘。明、清民居多是依山坡构建，一进、二进都有，设有风水门亭、内空坪、下堂、天井、厢房、正堂等。主体建筑抬梁穿斗混合结构、悬山顶，亦有穿斗式结构、悬山顶，正堂太师壁处设悬空式神龛，或落地式神橱，后花台多为半圆形，含有闽西北客家建筑元素。村尾的戴氏官厅，始建于明末，是村内现存规模最大的古民居。南溪庙、文昌阁、三圣庙、隆兴庙、永安殿、魁星阁等形成了古村中的宗教建筑群。2010 年 12 月，大源村被住房和城乡建设部、国家文物局认定为中国历史文化名村。

上大源严氏祖屋位于上大源自然村，始建于清末。其为二进合院式建筑，坐北朝南，通面阔 23.7 米，通进深 26 米。中轴线上由南向北依次建有前坪、大门、下堂、天井、厢房、后花园、附属房等。主厅面阔 3 间，进深 5 柱，为穿斗式结构、悬山顶；木楯柱础、斗栱、墩柱雕刻精美。

上大源严氏州司马第位于上大源自然村。奠基石记文"乾隆三年（1738 年）戊午岁戊午月戊辰日戊午时福塘续公第三十代孙严永玉 / 春鼎新建"，门楼（图 1-82）上镌"州司马"三字。主厅面阔 5 间，进深 5 柱，为穿斗式木结构，通面阔 39.1 米，通进深 25.8 米。由门楼及左右两座并列建筑构成，主体建筑共上、下两厅，上厅穿斗式结构、悬山顶。

图 1-82　上大源严氏州司马第门楼

第五节　杉阳建筑基本特点

　　泰宁县（古称"杉阳"），城内每组建筑基本上是"三厅九栋"大厅堂格局，以纵向布局，横向扩展为主要形式，即进深三个大厅（堂）（门厅、礼仪堂、后堂），横向三个偏厅，屋架和屋面上建有九条脊檩和宋代官帽长翅屋脊（当地工匠们称之为"栋"）。其空间形态特征明显，大甬道、大台阶、大天井、大廊庑、大厅堂、高举架的空间尺度，抬梁穿斗混合结构、硬山顶；柱头铺作普遍使用象鼻栱、枫栱。建筑特色地域性鲜明，没有可比性，由于地处杉阳古城，为了区别其他建筑，故名为"杉阳建筑"。

一、杉阳建筑总体印象

　　古城风貌及建筑气势恢宏、端庄素雅，注重自然环境与古城、建筑的协调关系。古城选址的地形、地貌、水流、风向等因素均统筹考虑，将西北部的炉峰山作为整个城市的主靠山，沿山边分三级台基构建，南北、东西向两纵三横街道，十几条巷道贯连各街坊、民居，衙署、孔庙、民居等区块分布有一定的规律。

　　堂屋"合纵连横"聚建，即3~5级落差的封火墙相隔成九宫格空间的房屋连片聚建。红石基座、白灰勾缝、深灰色匡斗墙古朴典雅，磬形如意墙头高低错落、叠涩有致。内嵌式门楼的门墙上悬空的石柱与柱础结构，特制的门额和门簪，显得别具一格；须弥座，门楼上的砖雕、石雕、灰塑，简洁干练；槛墙上的槛挞衣窗扇，堂内其门顶悬挂的大型堂号匾额，天井内形态各异的水缸、花柱，配以黑、朱相间的漆饰，外檐下的墨绘花卉无不显现出杉阳建筑的特色风韵。值得注意的是，部分淡雅、大气、奢华、"僭越"行为的雕刻、彩绘装饰多放在建筑内部，不显山露水，符合明代的审美意识。

二、杉阳建筑工艺特点与材料特色

　　杉阳建筑材料与特色构件，即所用梁架结构的柱、梁、枋等需要的木料，多采伐自各乡镇原始森林中百年以上的杉木；所用的编竹墙、竹丝、竹钉多源于深山中生长5年左右的毛竹；用于地基、天井、踏跺、台明、轩廊的石材，都是红色砂岩；眠砖、匡斗砖、望砖、地铺砖、地下排水系统所用的砖，多是采集于去掉耕土层约0.5米深以下田地中的"膏泥"进行捣练、陈腐、还原烧制而成。杉阳建筑中梁架间的补间铺作、柱顶铺作、槛窗和隔扇门等构件多采用几百年的老红杉和楠木，杉阳建筑用料的考究程度，可见一斑。

（一）杉阳建筑"瓦"与屋面特点

明代瓦片，色青黑，体厚重（厚0.8～1厘米），形态古朴、大气。瓦陶土选择、掺和料配置、捣练堆放、陈腐发酵、制作成形等都比较精道，入窑烧制火候高、色青黑、吸水率低，属还原焰烧制，虽历经600年的风吹雨打但至今仍完好如初。瓦屋面铺置的时候，覆瓦中心一垄必须吻合建筑的中轴线，一般是仰瓦（沟垄）两片铺盖，覆瓦以五片覆盖，四片次之，六片少见，檐口不施灰浆封护，看上去瓦沿曲线是厚实、平缓、均匀的波浪状。瓦长30厘米左右，宽23厘米左右，厚1厘米左右，质量一般在1 500克左右。清代，分清中早期和中晚期，中早期延续了明代瓦的形制和特征，但含砂率渐渐多了，截面成色为青灰，弧度、厚度略变直和变薄（0.8～0.9厘米），体量也变轻了。清中晚期大小、厚薄都小一号，色灰白，有些还出现氧化焰烧制的含红色瓦片。

杉阳建筑瓦屋面的做法。①屋面铺法：基本上是"压七露三"，覆瓦6层对齐叠压，仰瓦2层对齐叠压，这种做法是为了确保屋面不漏，同时也是为出现风雨摧毁、猫上屋顶抓挠等检漏、维修时备用。檐口一般压有4～5片，以减缓雨水冲刷太快，导致雨水惯性冲入侧面瓦垄，渗透至木结构产生霉变和糟朽，另外也是考虑举折做法问题。②屋脊做法：一种做法是量出正脊中心点，先用砖、瓦和砂浆堆砌成屋脊基础，用瓦片于屋脊中心点覆堆成一定高度的"官印"形态，围绕此"印"屋脊两侧渐渐伸展，斜堆侧立瓦，在接近尾部约15°的地方，覆瓦逐步起翘至脊尾成约45°指向天空（犹如宋代官帽长翅），瓦与瓦之间的瓦芯，其表面用白灰面封护成翘脊"堵部"，这种做法地域特点鲜明。杉阳古建筑屋脊处理成宋代官帽风格的官印加帽翼长翅的做法，简洁古拙，寓意文风昌盛，连连科举高中。另一种做法是官印长翅翘角、"堵部"灰塑"折枝牡丹花枝"翘的正脊，但起翘的"牡丹花叶"，则是用麻丝石灰陈腐捣练，制成精致、可塑性、黏合性强的泥块灰塑而成的，这种正脊意寓文风昌盛，富贵绵绵。③墙帽及墙头做法：墙帽有两种做法，一种是用瓦做成的墙帽，其具体做法是在墙顶抹敷上砂浆→在匡斗墙顶部用三皮砖叠涩出跳→用瓦和砖成脊的基础→用仰覆瓦铺砌出檐→用覆瓦盖脊→用条砖压脊→帽头用砖瓦铺砌成如意磬状→上抹敷白灰面，这种墙帽一般用于纵向隔墙上；另一种做法是用红色砂岩成型的墙帽，顶部弧状，底部平面，直接压于匡斗墙顶部，块与块之间用"7"字形榫扣牵拉稳固，这种墙帽一般是用作横向内隔墙上。墙头的做法是将墙头做成磬状，其面用白灰抹平，最后用矿物墨楷书"天官赐福"字样，赋予吉祥用意。④檐口做法：檐口一般是用三层方砖错缝叠涩出挑形成，富有明代风韵。栋与栋之间的封火墙墙帽帽檐、堂屋的檐口、廊庑的檐口，占据各自应有的空间，形成高差不等、交错叠压组合的檐口空间，加上承托檐口水枧勾头动感的鸽子帽，可谓一幅屋面、墙帽、檐口的美丽画卷。

（二）杉阳建筑用砖与墙体的特点（图1-83～图1-85）

明代杉阳建筑用砖块大、厚重，大致有六种：①类似望砖的薄砖，长0.28米、宽0.17米、厚0.06米，色青、质坚，多用于合围外墙；②眠砖，作为露出地表墙体的第一层承重部分，主要作用是稳固墙体，使其受力均匀；③作为眠砖顶层的垫砖，长0.3米、宽0.13米、厚0.08米，色青、质坚，为墙体主承重砖部分，砌置高度一般在1米左右；④大小、厚薄适宜的望砖是匡斗墙的重要用材，规格0.25米×0.25米、厚0.04米，色青灰、质较硬；⑤近乎城墙砖厚度的条砖作墙体顶部的压脊砖，长0.27米、宽0.12米、厚0.08米，色青灰、质坚硬；⑥铺地用的方砖，0.26米×0.26米、厚0.08米，色青、质坚；⑦垒砌城墙的专用砖，长0.32米、宽0.19米、厚0.12米，长边一侧印有"泰宁县"。值得一提的是，不少民居合围外墙、内隔墙上砌砖的侧面模印"某某宅"，主要是表明与邻居之间隔墙的分界。

图1-83　江家宅界砖

图1-84　泰宁古城城墙砖

图1-85　墙体砌法

城墙砖特别厚重，呈青灰中带米色，内含细沙，比较细致，烧制透彻，属还原焰烧制；望砖为细腻的米灰色，质地较疏松，大部分是氧化焰烧制。杉阳建筑使用的砖也有专门的窑口烧制，其陶土选择、石英砂掺和、捣练陈腐方法等，比瓦片做法和烧制略有不同，其中颜色米灰中偏淡黄的砖，可能是还原焰烧制时时间把控有特殊要求，也可能存在还原焰和氧化焰技巧交互使用的做法。

杉阳建筑中封火墙垒砌尤为精道，都是当地产的红色砂岩作基础，并用大块石错缝垒砌出露地表一段（1米左右），其上是眠砖错缝砌置，再上就是匡斗砌置主墙体，将特制的米灰望砖垒砌"丁顺"的匡斗墙（有一丁一顺、一丁两顺、两丁一顺），"斗"中添置红土泥浆和河卵石、废砖瓦等建筑垃圾，有稳固墙体、加强墙体整体性和环境保护的效果；此外，其还有隔热保暖、冬暖夏凉的作用。此类墙体都比其他墙体高

图 1-86 "黑瓦匿斗吉庆墙"

大，且长，墙头叠涩出跳三层，立面斜贴的长砖，犹如古代乐器"磬"的形态，远望好似古磬悬空，余音缭绕，有吉祥如意之音跃墙头的意蕴。多数墙头的白灰面上墨书楷体"天官赐福"等吉祥用语，这是杉阳建筑外部最显著的特征，被当地人美称为"黑瓦匿斗吉庆墙"（图 1-86）；匿斗墙结构和墙屏见图 1-87 和图 1-88。

图 1-87 匿斗墙结构：红色砂
岩 - 眠砖 - 匿斗墙 - 墙帽

图 1-88 匿斗墙墙屏

第六节 杉阳建筑特点

　　杉阳建筑各空间节点、结构都可以用"大"来表示，无论是台阶、轩廊（双重台阶式）、后门或其他门前的台阶，还是厅堂、房间等，如通面阔宽的台阶，一进门的大天井，天井一周贯通的大廊庑，正堂（主厅）上大型的抬梁穿斗混合结构与高举架所形成的礼仪活动的大空间，居住的房间前后基本贯通，呈现出高大的空间，就是书院、厨房、花房都设置于宽敞、无隔断的较大空间里。

　　杉阳建筑结构方面独具风格，内嵌式主门楼，厚重的双开大木门，主门内的门厅，天井三边抬梁结构的廊庑，礼仪堂（或称下堂）设置的卷棚轩廊，堂上明间的抬梁穿斗混合结构（扛梁为特征），后天井和厢房的变体抬梁穿斗混合结构，后堂及主住房，厨房、书斋（单独的房间）等穿斗式结构及枋间一斗三升和较大如意形柁墩，形成了杉阳建筑特色的结构体系。

杉阳建筑门脸、门楼形式多样：有街巷口门楼，民居主门楼、侧门、后门、便门门脸，栋与栋之间的连门，堂屋内的房门等；门楼结构有砖结构、砖石结构、砖木结构几种。根据功用的不同，按鲁班尺设置尺寸不一的门脸或门楼。街巷口门楼（门亭）一般是木构，民居主门及门楼大多是砖雕水磨砖砌，有一部分是砖雕和水磨砖砌门套，而门檐则用木构门轩、门额枋、一斗三升组合，其间用白灰面抹底上彩绘或墨彩花卉；主门几乎是双开板门，侧门有单有双，以长方形门洞为主，侧门则有栱、有方。主门、侧门基本上是石制门过梁结构，门外出挑屋架或单坡披檐，内部悬柱单坡披檐，大多是门楼内侧屋架与下堂屋架共处一个空间。门洞 90% 采用石制梁加 "立人" 门柱承重，门梁前平直，梁后两侧打制莲瓣形石过梁，梁上用铁制海窝（门顶部固定的圆形轴洞）、门纂（门轴下端石窝），石质打制的海窝深直径在 0.05～0.07 米，其表面用高温铁水浇盖一层，待冷却后磨光形成坚硬光滑的轴面，门扇开关、转动时十分方便。侧门之类的门有石过梁结构，也有的是木过梁结构。小栱门一般用砖砌成券。堂屋内部的门几乎是木制长方形，门外板平整，内部可见门框等结构。

一、明代门脸（门楼）

在泰宁县一百多座历史建筑和传统建筑中，大大小小的门脸（门楼）不计其数，如高规格府第的大型门脸、大户人家的门脸、平民百姓人家的门脸、书院的门脸、祠堂的门脸、街巷口的门脸；有些杉阳建筑中的门脸（门楼）还是独一无二的，值得详细描述。

（一）街巷口门脸

街巷口门脸（或门楼）和入户门脸（或门楼）。街巷口门脸（或门楼）类似亭类建筑，入户门脸及门楼大多是石制门过梁、厚条形的门柱组成的长方形门洞和砖砌的隔心墙组合。据当地老工匠回忆，古城原来所有的街口、巷口门楼、门亭、牌坊各置其位。街巷口门亭除了体现空间节点界限外，还是夏季纳凉、雨季避雨、闲时聊天的好地方。目前仅在狮子巷支巷口残留一处明代木构门亭，该门亭面阔 1 间，进深 3 柱，单檐穿斗式结构、悬山顶，檐柱顶设置象鼻栱铺作，从形制和工艺特点应属明代遗作。

（二）民居主入口门脸

主入口门脸基本上是直角内嵌式门脸或门楼，砖、木、石结构或混合结构均有，大致有以下几种类型：①高规格、大进深的大型门脸或门楼，如尚书第的门脸，这也是泰宁古城建筑中尺度最高、宽度最大、进深最深，且多层次石雕和补间铺作，精致的隔心墙，豪华的须弥座，杉阳建筑中唯一的府第式门脸。②中型门脸或门楼。面阔 1

间，进深 1 间的砖石结构带隔心墙、砖雕、门额的门脸，如世德堂、别驾第、进士第。③中小型门脸，内嵌浅凹式。其做法采用砖木结构、点缀式的装饰的门脸。单坡屋架类浅直角门脸，其做法是简单的木榇门屋架、架下悬空垂莲柱。④单坡斜撑式门脸。⑤简洁型门脸。⑥商业性质的门脸。

下面具体介绍一下泰宁古城的几类门楼（门脸）。

（1）大型门楼。尚书第共有木构、砖石结构等大小不同的 7 个主门或门楼，含有类似京城府第式门脸（门楼）元素。此类门脸带有须弥座，是杉阳建筑中规格最高、规模最大的门楼，其宽度、高度、进深尺度超乎其他杉阳建筑，均为石、砖、木结构。主构件和石雕装饰使用的材料，均采用质地坚致、颗粒均匀、可塑性较强的细面红色砂岩条石，可作门柱、门枋、墙角勒石、门过梁、须弥座等。门楼整体满是石雕、砖雕，且制作精美，门枋上配以四根雕花门簪，安置大型石刻门额，门柱前摆放大型抱鼓石等；水磨砖砌工艺用于隔心墙、山面墙。门楼从上至下结构及装饰：匡斗墙门脸外框，门檐用钻贴乳钉维护木榇门额的干挂砖砌体，三组左右的一斗三升斗栱组合，石或砖砌的普柏枋，枋下门额、匡斗墙，门柱及门扇、石门槛。

尚书第南门门楼（图 1-89），原本为尚书第早先出入的主门，或是因为门前回旋空间小，而再开辟北门庭作出入口。南门楼以砖雕为主，门额、门簪、门框（门柱）均为红色砂岩雕刻，木榇门楼过梁面上用望砖与铁铆钉密贴加固，顶部中间设铁制灯挂，石额枋上双层砖雕一斗三升补间铺作；隔心墙采用洗磨条砖绵密垒砌成直角内嵌式空间。

由于受门外空间的局限，门坪小，门脸面阔、进深、体量反而比第二栋门脸小得多，但为了体现气势，在高度上略加高 1.6 米。外空间为不规则、不对称的"7"字曲折形，面阔 1 间，由门檐、内嵌式补间铺作、立式尚书第门额、四柱门簪、石门枋、门柱、门枕石（当地称为门墩）、门槛、门阶、门墙构成。其自上而下分布为：砖砌三叠涩门檐，檐下匡斗墙，墙下三层眠砖，上层木榇门过梁上薄方砖粘贴其表，并用铁制乳钉梅花形铆牢，梁下和石制普柏坊间二层六组一斗三升补间铺作，红色砂岩勾勒阴刻楷书"尚书第"大字，其下石制下层门过梁（当地工匠们称之为"天平"），梁下浮雕重莲纹门雀替，"门墩"下为石门槛及小门坪，三阶石阶。

尚书第北门厅（图 1-90），为明末清初改添建的。北门厅全木构，面阔 3 间，进深 4 柱，抬梁穿斗混合结构，硬山顶。前设轩廊（人字轩形），外设八扇隔扇门（明间四扇，次间各两扇），四根檐柱上一跳象鼻栱承托一穿枋、承托桁条与屋架和屋面，架梁上一花座与一跳斗栱组合承托脊桁檩，柱枋间设透雕雀替。庭内五架梁，山面墙架梁施牛形月梁（当地称为"虾公梁"）。庭内中后部设插屏门，插屏门上悬挂"大司马"横匾，两侧设侧门出入（图 1-90）。

值得一提的是，尚书第南、北向进出各栋间的大型甬道上的隔门，即三道内隔门，第二栋的两道门楼相夹的敞开空间，以不设板门为特点，这几道内门楼的门过上双面阴刻"礼门""义路"（图 1-91 和图 1-92），含有"礼义界门"性质，二栋右侧外的一道隔门，后设双开门，原始功能应该是分隔二栋与其他栋之间，为主、次

图 1-89　尚书第南门门楼　　　　　　　　　图 1-90　尚书第北门厅

空间的门界，以体现主人与从属身份、地位的区别。甬道上各门楼檐下砖雕与拱间的灰面小空间内墨绘百花纹朵花，从形态、色彩及明代人善黑的特点判断，应该都是明代工匠们绘制的。此外，第五栋主门楼的空间结构非常特别，即门楼套门楼，充分体现了房主人的身份地位，门额上褒扬自身功绩的"柱国少保""都谏"题刻，醒目又精致。

图 1-91　尚书第"礼门"门楼　　　　　　　图 1-92　尚书第"义路"门楼

（2）中型门楼。规格大小居中，多为大姓、旺户人家门脸。集中在世德堂建筑群一线。均为砖、石、木结构，面阔1间，进深适中，宽度、高度、进深数都比府第式门脸小了许多，精美程度也低得多，但显得古朴、简洁、大气；几乎所有门楼都带窄小的门楼卷棚轩，檐口加较粗大梁式门额枋，枋两端卷刹部位是深刻的弧面和弯弧线条，其特征自上而下分别为：砖制普柏枋上安置5组砖制的一斗三升补间铺作，枋下一段匡斗墙面，设红色砂岩门过梁，梁下"莲瓣"形门雀替，门梁上安置石制"如意花"匾托，石门柱，石门槛，方形石门础，水磨方格纹和篾纹隔心墙。石制外门柱，顶部栌斗与额枋对接，中部为双层"洋莲"和"如意花"纹样的大、小悬空栌斗组合结构，显得另类，如世德堂建筑群中第一栋和别驾第门脸墙上的"悬空"石栌斗、仰盆柱础与石柱组合门楼，柱下"莲纹如意花"须弥座，体现了屋主人和当时工匠们独具匠心的设计。

世德堂正栋门脸，是泰宁古城中现存年代最早的门脸，整个体量略小于尚书第第二栋门脸，虽然顶部几经修缮略有改观，但主体形态和砖、石、木结构、红色砂岩门柱、砖雕隔心墙犹存，比较特别的是，门脸外墙两侧次间位置用红色砂岩条石"凸"字形砌置墙体承重框架，这种红、灰相间的门墙显得典雅、大气。门脸额枋上用砖雕的"卍""牡丹花""寿桃"组合作主题纹样，其形态符合明代中期建筑装饰纹样特征。该门脸内门额上用巨大红色砂岩勾勒阴刻"诗礼庭训"横匾，落款者为明代嘉靖年间著名书法家周天球。周天球（1514—1595年），长洲（今江苏苏州）人，善大、小篆，古隶，行，楷，当时丰碑大碣，无不出自其手。该匾迄今已有几百年的历史，为什么门脸外砖雕花卉装饰，门脸内反而使用"门额"性质的装饰？这是一个值得琢磨、研究的课题。

（3）中小型门脸。内嵌浅凹式，体量又小了许多，顶部一般不设门额和门簪，极少部分厝屋可见石、木匾托，可能是安放活动的门匾用，其均为砖、木、石结构。隔心墙面多为眠砖加雕刻线条纹样条状砌置，有的隔心用方砖对角斜线拼接成面，有的用砖、石作门脸的普柏枋，枋上的斗栱与斗栱之间以白灰面衬底，大多数以墨彩花卉纹样装饰其面，少数以墨彩加绛彩各种花朵纹样加以装饰。

（4）单坡斜撑式门脸。整体体量不大，砖、木、石结构。有石门柱和木门柱之分，不落地的披檐构架居多，石过梁和木过梁各占50%左右。单坡门脸屋面的雨披多为歇山顶，比较讲究屋架就用楠木圆雕"夔龙""鱼化龙""花卉"作斜撑，挑檐承重雨披屋架；还有一种就是砖砌栱门，门上悬设穿斗式结构单坡雨披（当地称为"派子"），一般没有安置门簪。一些书院的门脸也用落地梁架结构披檐门脸，如邹家书院。

（5）简洁型门脸。砖墙，或夯土墙上预埋木质门过梁，砖砌门柱，一般不设雨披或其他屋檐，这类门脸有作为主门、辅门、便门，少部分为巷口门脸。

（6）商业性质的门脸。澄清街上的典当行，实际上是杉阳建筑传统店面的做法，前店后寝室、厨房、餐厅，二层货物储存，前中部专设活动方窗供夜晚商业活动，一层店面，中部以串拼板门关启，两侧砖墙上开高悬的窗柜，方便典当，没有严格意义的门脸。

二、特别的门脸（门楼）

　　尚书第内五座院落门楼，除了"四世一品"门楼（图 1-93）特别豪华外，第五栋的"柱国少保"门楼门额和普柏枋上出现的含有西洋风韵纹样（图 1-94），可能与李春烨借鉴京城一些洋建筑的纹样装饰己家的房屋有关。"四世一品"门楼前坪空间特别宽敞，还砌置了超规格的须弥座照壁墙，可能是为了显示主人的显赫地位。门楼额枋上石雕状元出行组图、"五福堂"，含有"状元及第""荣归故里"，以及"福""禄""寿""喜""德"的意喻，门柱上圆雕的"天官赐官帽""天官赐白鹿"组雕，门柱边大型抱鼓石，高达 1.80 米。门楼顶部两侧安放大型砖雕垫板栱结构，这在福建明代建筑中是非常罕见的。

图 1-93　尚书第门楼门柱边大型抱鼓石

图 1-94　尚书第第五栋门楼
（"柱国少保"门楼）

　　此外，世德堂门楼，明嘉靖年间兴建，进士第门楼，明代万历丁未年（1607 年）江日彩题刻，是有翔实纪年的门楼，为杉阳建筑提供了古建筑年代鉴定的"标准器"。胜利二街处的江家大院门脸，在设计和构架方面可谓"处心积虑""别出心裁"，其最大的特点是三层门套，"歪门邪道"的多变轴线布局成为杉阳建筑中仅见的一例。岭上街陈家双门脸设置是因空间变化而变化的，其特点是院落位于主街道的内侧巷道顶部，这就产生了入口处门脸和巷道入户位置成为两个独立的院落门脸，门脸与门脸之间用十多米错层甬道连接，使空间变化产生了另类的美感（图 1-95）。

　　杉阳建筑主门门板形态相似，均用的是木纹细腻、纹路扭曲、难以点燃的杂木，以及双数板料串拼而成的双开板门。门上大部分用较厚的铁皮箍牢，双开板门正面的开启部位安装寓意"莲莲有余""旭日东升""长寿富贵""连珠八卦"等纹样的圆形门扣（由铁销、铁环、铁裆构成），均用铁制门栓穿透门板，长出的部分反钉于门板内，达到难以撬锁破门之目的（图1-96～图1-99）。

此外，几乎所有门脸朝向的左下角，都设置石雕"莲瓣"的狗、猫出入洞口，体现了先人的人性化设置（图1-100）。

图1-95　陈家大院门脸

图1-96　"莲莲有余"门扣

图1-97　"旭日东升"门扣

图1-98　"长寿富贵"门扣

图1-99　"连珠八卦"门扣

图1-100　"莲瓣"形猫狗洞

三、清代门脸（门楼）

杉阳古建筑清代门脸（门楼），延续了内嵌式格局，但亦派生出八字开式门脸，结构越来越复杂，形式越来越多样，寺庙、祠堂门脸出现了民居化的特点，装修装饰题材越来越俗化，越来越精美、繁缛，意喻更加丰富。其基本上是以砖雕为主，石雕为辅，一改明代门脸（门楼）以石雕为主，砖雕为辅的格局。

（1）梁家大院门脸（图1-101）。始建于清中期，除了门柱、门过梁、门槛为红色砂岩打制外，其余门脸部分都是用比明代小一号的青条砖垒砌，同时点缀式装修装饰砖雕艺术。与明代门脸对比，面阔变小，进深变浅，高度略矮些。自上而下依次为：瓦屋面，青砖叠涩出挑门檐，檐下出挑砖制栱，栱下门过梁及乳钉方砖封面，其下出三跳砖制斗栱组合，单砖铺就的普柏枋上置放大型坐斗，其上灰塑意形开光龛，龛内墨绘花卉，再下砖制额枋，其两边竖立童柱，童柱上斜插花型挑栱，柱两边安置砖雕"丹凤朝阳"组合图案，石制门过梁，门柱、矮匡斗墙、高眠砖墙、门槛、台阶，门前巷道。

（2）童家大院砖雕门脸（图1-102）。始建于清中期。该门脸是清代杉阳建筑中砖雕最精美的民居，除了门柱、门槛、勒角石用细面红色砂岩打制外，其余门脸都是用细腻的青白浅灰条砖水磨垒砌而成，同时大量使用砖雕的传统历史典故、"瑞兽""骏马"，精美程度无与伦比。整体门脸与明代门脸对比，面阔略小，进深相近，高度相近。自上而下依次为：瓦屋面及官印脊柱，青砖叠涩出挑门檐，檐下出挑砖制栱，栱下门过梁及乳钉方砖封面，其下出三跳砖制斗栱组合，单砖铺就的普柏枋上置放大型坐斗，其上灰塑意形开光龛，龛内墨绘花卉，再下砖制额枋，其两边竖立童柱，童柱上斜插檐下灰塑叠涩挑檐，檐下墨绘黄褐色点彩人物、瑞兽花卉、庭院，超长的木制门过梁被密封方砖与乳钉封护得严严实实，梁下上层普柏枋间出挑砖制花栱，门额上两组精细的砖雕"状元出行"等组雕，其两边各施花卉枋角，石制门过梁与雀替，石门槛、石隔心墙基座和勒角石。隔心墙上栩栩如生的八骏组图雕刻成为该门脸的亮点。

（3）福善王庙门脸（图1-103）。始建于乾隆年间。砖结构，5楼5间八字开，

图1-101　梁家大院门脸（门楼）

图1-102　童家大院砖雕门脸

图1-103 福善王庙门脸

由主楼、辅楼、边楼、隔心墙、门墙、双开门、须弥座、门槛等构成。主楼共3个屋檐，檐下三层砖雕叠涩出挑斗栱，两层砖雕普柏枋间安置"福善王庙"门额，额两边安置砖雕槛窗，窗两边安置八字开雀替和变体"牛腿"。额下组雕三组天宫人物和"祥云仙鹤""凤凰"组合花板，下额枋上高浮雕与透雕"双狮戏球"，两侧安置镂雕戏曲人物组图，隔心墙上安置多层槛窗，窗边高悬垂莲柱两根，窗下方砖斜向对角裙体，双开大门下石门槛。辅楼两侧贯套雕"折枝花""庭院人家""花篮""刀马人"，开光内透雕"西番莲"等。2009年秋冬之际，罗哲文先生实地考察后惊叹福善王庙砖雕门楼如此精美，是设计、工艺、气势、文化、艺术为一体的最好的一处砖雕门脸（图1-103）。

第七节　杉阳建筑主要结构

　　杉阳建筑总体形态与结构为院落式组群的抬梁穿斗混合结构和穿斗式结构，基本上是以中轴线（极少数以多轴线）与横轴线对称方式进行设计。主要的单元建筑都安置在中轴线上，次要厢屋和房屋按左、右次序安置在横轴线上。杉阳建筑基本上是纵向深、横向窄的空间结构。这种建筑布局与结构，体现了杉阳建筑规制中有比较严格的封建社会宗法和礼教因素，如主门入口威严、肃穆，一般人不能进出，只能从侧门或内弄行走，礼仪厅专门辟为跪接圣旨、举办法事仪式及接待贵宾的场所，后堂明间居住主人和长者，厢房居住后辈或新婚的年轻夫妇，后楼居住妇孺、奴仆、轿夫等，这样严格的住房差别，既遵循了"传统"建筑居住结构的规矩，又突出了使用空间的个性。

　　杉阳建筑的主要结构，即含有传统"法式"规制，又有自身的独特之处，即杉阳建筑的工匠们在建筑实施过程中继承了传统木作、瓦作、泥作、装修装饰等有益的工艺部分，同时又消化和独创了适合泰宁山城生活的民居等构筑物，因此其在空间尺度、建筑结构、使用功能、注重礼制及实用等方面有着独特的风格。杉阳古建筑结构包括以下几类等。

　　（1）基座部分。为高出地面的门脸、内门厅、廊庑、下堂、礼仪厅及后堂部分的底座。其作用是承托整体梁架结构，并可防潮、防腐，同时也衬托了杉阳建筑面阔、高大的建筑气势。杉阳建筑中出现更高一级的台基，即含有须弥座（亦称"金刚座"）的台基是尚书第中"四世一品"主栋和门前的金刚墙底座。

（2）开间（亦称面阔）和进深部分。杉阳建筑以面阔 3 间为主，5 间次之，7 间少见。一进主门的廊庑，面阔 3 间，敞开式，完全成为廊道性质，这是杉阳建筑中的个性。杉阳建筑的进深，一般是 3 进 3 堂、1 楼或 1 花园（花房）；房间一般从礼仪厅或下堂开始设置，一直到后堂、后楼，基本都是明间为厅，次间为房，房中隔板墙分为前后间，房门开向大厅。

（3）屋顶（当地工匠们称之为屋盖）。屋顶基本上是三种，即硬山顶、悬山顶、单坡顶。栋与栋之间的马头墙屋面有两种，一种是瓦片和条砖组合，一种是瓦片和专门烧制的后条砖组合，头尾大致为如意形和吉庆形墙帽，极少数出现红色砂岩打制的墙帽。杉阳建筑以双坡屋面为主，屋面上的正脊特点明显：瓦片堆积，白灰泥浆辅助，做成中心观音脊，两边做成宋代官帽长翅状，或单翅，或双翅。还有一种屋脊，即世德堂主栋屋脊，其采用"牡丹花叶"形式卷翘成脊，从维修屋面发现，原始状态的表面还有墨彩花卉的痕迹，这种类似寺庙上使用的屋脊翘角用于民居中实属罕见。

（4）山墙。杉阳建筑两侧墙体上部成山尖形的墙体，其形式有两种，即房屋本体的山墙和栋与栋之间的封火山墙，其特点是山墙和封火山墙高出屋面，由西向东随每一进屋面的斜坡面而阶梯状递减，一般是三级，做多是五级，显得古拙、简洁、大气。

（5）主梁（横梁、扛梁、脊梁）。主梁主要见于礼仪厅、廊庑、后堂梁架结构上。一种是原木（圆形）初加工好作梁，这种做法一直延续到清中期，占杉阳建筑总比例的 70%；一种是加工成三面圆形，底面呈较平直的梁，这种做法基本见于清代，占杉阳建筑的 20%；还有一种是用原木加工成方形的梁，见于清末民国初，占杉阳建筑的 10% 左右。

（6）木制柱子。由于古代泰宁县盛产杉木，杉阳建筑使用的建筑木料，基本上是上百年的油腻红心杉木。其形态特点是圆中见方，圆形方圆边，尤其是明代建筑，这种柱子的特点体现得更加明显；到了清代慢慢趋向圆形，民国初年便基本为圆形。杉阳建筑中的柱子形态特别，这在我国东南沿海一带的木构建筑中，特别是明代木构建筑中非常罕见。

（7）斗栱和象鼻栱。在杉阳建筑中最具特色的建筑构件是斗栱和象鼻栱，其作用一部分是用来承重，一部分是起装饰作用，还有就是增加了建筑空间的美感。杉阳建筑中的斗栱可以在廊庑、门厅、礼仪厅、厢房、后堂、书院、后楼、后檐廊等的柱上看见，其功用是支撑荷载梁架，挑出屋檐。杉阳建筑的斗栱有安置柱子侧面出挑的，有安置于补间铺作上的一斗三升组合，有安置在柱子顶部的十字斗栱。斗的形态特点为斗口匾薄宽大，斗腰内缩，斗底下收，中心设置一榫头。栱的形态特点为粗壮有力，有长短之分，其中有一类非常特别的栱形如"象鼻"，用于柱子的内外两侧，这仅在杉阳建筑中存在。

（8）装修装饰。杉阳建筑的装修装饰主要有木雕、石雕、砖雕、彩绘、漆饰。木雕主要用于雀替，山墙梁架结构上的辅助构建，月梁表面，穿枋出头部分，隔扇门、槛窗、栏杆等；石雕主要用于柱础、门脸、花架、廊庑、排水孔等；砖雕主要用于门脸、檐口、地栿、隔墙等处；彩绘主要用于额枋、屋脊、雨埂墙、檐下等处；漆饰主要用于厅堂、房屋的板墙、柱梁、木构架等，木结构的漆饰除了美观，亦可防潮、防腐、防蛀。

一、明代杉阳建筑主要结构

杉阳建筑主要结构有两大部分、六小部分，两大部分即礼仪厅的抬梁穿斗混合结构和后堂的穿斗式结构；六小部分即门厅结构、廊庑的抬梁结构、厢房的穿斗式结构、辅房的砖木结构、书院的穿斗式梁架结构和后楼二层的穿斗式结构等。

（一）廊庑与前天井空间结构

前天井空间结构普遍使用大空间结构的廊庑构架（图1-104和图1-105），这是杉阳建筑的一大特点，其在祠堂常常使用，运用在民居中比较少见。廊庑具体位置是每一栋院屋的主门第一个空间节点，无论门开在中轴线上，还是侧面，其都围绕前天井凹形布局，内横向一面设贯通式大台阶与礼仪厅相连，带人字轩或单坡屋盖的"檐廊"，整体空间为敞开式，面阔3间，进深2柱，抬梁式结构悬山顶，廊宽2~3米，单边廊长度在6米左右，个别长达10米，高度在5米左右。靠外墙一侧的廊庑，面阔3间，明间空间更大，使用更长的檐梁，两侧使用短一些的檐梁，天井两侧的檐梁面阔单间，使用的通体檐梁。檐梁是整体廊庑屋架的主承重，其空间功能是供人行走。前天井空间结构特别宽大，区别于其他同时代、同性质的民居，这是杉阳建筑的一大特点，这种前宽松、舒朗、大气、豪气的空间结构与后天井相对狭促、密集、小气的空间结构形成了鲜明的差异，也是房主人体现建筑档次，追求建筑地位的象征。

图1-104　大廊庑构架（一）　　　　　　　　　图1-105　大廊庑构架（二）

（二）正堂结构

正堂（亦称为礼仪堂）结构（图1-106～图1-120），含厅堂、天井、台阶、轩廊，檐廊、甬道、明间、次间、其门等。正堂面阔3间，进深2间5柱，抬梁穿斗混合结构、硬山顶。中、后部设其门（类似太师壁）。从中轴线往里的空间结构为双层轩廊地面，用红色砂岩打制的阶条石铺砌，下层次间阶石上沿天井一侧安置栏杆，栏杆靠明间处竖立花瓶、宫灯等造型的望柱和方形木柱，以一短枋榫卯与支撑屋架的方形檐柱上，栏板分三段结构，其上装修装饰传统纹样；栏杆有的底部悬空，有的部分栏杆底部用青

图1-106　大天井与大厅堂空间结构

图1-107　大台阶

图1-108　大天井

图 1-109　大天井与大廊道空间结构　　　　　　　　　图 1-110　大厅堂

　　图 1-111　大轩廊　　　　　　　　　图 1-112　大轩廊及大天井

　图 1-113　大檐廊　　　　　图 1-114　大甬道　　　　　图 1-115　长阔大甬道

图 1-116　门坪大空间

图 1-117　门厅及天井的大空间

图 1-118　一进天井廊庑正堂的大空间

图 1-119　甬道内大空间

图 1-120　正堂轩廊抬梁穿斗混合结构

灰砖雕砌置，以增加栏杆的坚固性和美感。上层明间阶条石上安置八棱形石柱础，础上安置石制的棋，棋上支木柱，木柱上前后出挑象鼻栱组合承托檐檩与屋架。前承重扛梁架于前大冲金柱上，这类扛梁是杉阳建筑中常常使用的一种承重结构。该堂主要的梁架结构自上而下：屋脊、脊桁、随脊桁（营造发源称之为"脊桁"，当地工匠们称之为"栋梁"）、椽子、前金桁、后金桁、前步桁、后步桁、前檐金桁、后檐金桁；短机、抱梁云、脊柱、前金童柱、后金童柱、栋柱（当地称为中柱）、前冲柱、后冲柱、前步柱、后步柱、老角柱、檐柱；山界梁、寒梢栱、坐斗（前坐斗上施十字斗栱组合，后坐斗一般不施）、大梁（下置梁垫）；山面墙处的梁架结构上层为前牛角形穿枋、后牛角形穿枋、前弓形穿步枋、后弓形穿步枋、前双步夹底、后双步夹底；正堂中后部设置的四扇隔扇门（可开启和关闭），以及由轩廊梁架结构组成的正堂结构。

（三）后天井、厢房与后堂空间结构（图1-121～图1-125）

后天井面积比前天井面积小三分之一。排水孔一般设置在天井两侧地芯与井墙之间。台明的立面多为须弥座式，一部分以立柱等分隔为四段，少部分为整体平面式，其面上的阶条石超长且宽，显得稳重和坚固。

天井两侧的厢房，一般是新婚夫妇的活动空间但有时为了方便亲朋好友的造访，以及适逢婚、丧、嫁、娶等大型活动，也可将厢房槛挞衣窗下的活动裙板拆卸叠放一边，形成临时的敞开的接待宾客和礼仪、记账的空间。

后堂，面阔3间，进深2间5柱，以穿斗式结构硬山顶，以象鼻首穿枋间设置如意形坐斗（花斗）为特点。明间为厅，面阔略宽，而进深较深，举架较高，中后部设置太师壁，壁下设置或摆放悬空神龛，或落地神龛，供奉祖先，其两边设置双开便门供进出后楼、后堂的必经之路。次间面阔单间，进深2间（为前后间，各设进出房门，房门面向厅堂开设），此空间一般为房主人特有的居住空间。特别要说明的是，由于后堂前门扇空间结构高大，其空间结构采用两段式进行分割，上部用透漏的"钱纹""方格纹""海棠纹"隔断加以装修，下部便用高大的隔扇门作空间分区，隔扇门一般采用6扇组合式，其面用黑漆地、红漆彩、金漆点缀为装饰手段，明代风韵显著。

（四）后楼（绣楼）结构（图1-126和图1-127）

尚书第建筑群后楼遗存不多，仅见北面第一栋的后楼。二层，面阔3间，进深2间5柱，穿斗式结构、硬山顶。矮矮的砖砌台明，明间为厅，次间为房（面阔、进深均为单间）。上、下层次间处设八字开檐廊，二层设木制栏杆。

（五）书院书斋空间结构

书院书斋的位置一般放在建筑群或正栋房子比较僻静的地方，尚书第的书院放在北区的一角，为纵向两进，由主门、门厅、前书院、天井、廊庑、内门、后书院、天井、厢房组成。此处书院由尚书第主栋方向的内隔墙的小门连接。主体建筑面阔3间，进深单间，穿斗式结构、硬山顶。明间为厅，次间为书房，厢房为书斋。

图 1-121　后天井　　　　　　　　图 1-122　后天井与厢房空间结构

图 1-123　后堂梁架结构及花斗　　　图 1-124　后堂台明次间与高大隔扇门

图 1-125　后堂左次间前空间结构　　　图 1-126　后楼（绣楼）

图 1-127 后楼一层明间

　　另外，世德堂第九栋书院比较特别，这个书院面阔 3 间，进深单间，建在一高台台基、小天井、小边门合围的空间，明间为厅，后部设置挂落，营造出一种温馨的学习环境（图 1-128～图 1-133）。

图 1-128　第九栋书院

图 1-129　后书院空间

图 1-130　后书院厢房天井空间

图 1-131　前书院空间结构

图 1-132　前书院梁架结构

图 1-133　书院主堂空间结构

（六）厨房空间结构（图1-134）

清初杉阳建筑厨房一般安置在每一栋后堂后部一角，或辅房，至清末，尤其是民国初和20世纪六七十年代将厢房改建为厨房，一般面阔、进深均为单间（实际上是两间敞开），砖木结构，穿斗式结构硬山顶，前连小天井，后连后檐廊及侧天井或花房小门。厢房处的厨房槛窗部位下部开口置放水缸（图1-135）。

图1-134 厨房空间结构　　　　　　　　图1-135 厨房与水缸

（七）辅房空间结构

辅房一般为砖木结构，建于甬道边，或各栋边沿。辅房实际上是一类长条形矮平房，一般面阔3～7间，进深单间，穿斗式结构、悬山顶，部分为硬山顶，主要作为杂物间、马房、柴草间等（图1-136）。

图1-136 辅房空间结构

（八）檐廊内弄空间结构（图1-137和图1-138）

檐廊内弄位于每一栋封火墙边，其中也有一部分位于堂与堂（进与进之间）连接檐廊的空间处，少数处于每栋主栋与辅房之间，宽1米左右，是内侧梁架结构延伸的穿枋直接搭建与封火墙上作为牵扯构连空间，是专门供妇孺、仆人往来的活动空间。

每一栋的门脸（门楼）、门厅、前后天井、廊庑、正堂（礼仪厅）、厢房、后堂、后楼（绣楼）、书院、厨房、花房等空间都是以封火墙、内隔墙进行分割的，即内隔墙分割前后堂、后楼、花房等，封火墙在栋与栋之间分割，故而每栋、每进的屋面与屋架结构基本上是硬山顶，封火墙和内隔墙上开设主门、侧门、便门、过廊、内弄、侧面小天井为各建筑空间节点，这是杉阳建筑的主要屋架特点。

图1-137　横向内弄　　图1-138　内廊空间

（九）粮仓结构

世德堂第一栋辅房内设两进二层楼式的粮仓（图1-139～图1-141），总面阔9间，进深单间，为穿斗式结构单坡顶，二层楼板处的柱梁上出垂莲柱。前部设置粮仓主门（面阔2间，进深单间，敞开），方便进出仓；后部二进上下二层设置拐子花

图1-139　世德堂第一栋粮仓

图 1-140　世德堂粮仓楼层空间　　　　　　　　图 1-141　世德堂粮仓主门内空间

纹的槛窗。底层悬空，厚杉木板墙及仓底，地梁以榫卯结构加固粮仓底部框架，仓内地板为纵向子母扣平铺，板上设置仓门槛，一层仓墙为横向板墙结构，二层为编竹泥夹墙。

二、清代主要空间结构

清代杉阳建筑的空间结构、工艺流程延续了明代的基本做法，砖木结构，整体建筑面积渐渐变小，空间尺度也比明代略小些，门脸还是内嵌式，但使用空间更加实用，故而出现了较密集的空间布局，即廊庑没有了，礼仪厅渐渐消失，这些空间添建了房间，明间门屋架与屋盖遮挡了门脸和下堂，出现了繁缛的装修装饰，礼仪厅基本成为生活空间，增加了太师壁设置，或简易的神龛，后堂房间也增加了，中后部设置了悬空神龛或落地式神龛，后部开小门进出街巷，或辟为后花台。

平面布局、横向发展是清代杉阳建筑的特点，使用空间出现了前、后厢房配置，辅助厅堂的设置增加了辅房，厨房，阁楼及辅楼，这种密集的生活实用空间，一改明代杉阳建筑大气、豪气及"浪费"空间的做法，也反映了清代泰宁古城人口增加，城区建筑空间紧缺、各姓家族壮大的现实情况。

（一）门脸下堂空间结构

门脸多为砖木结构，自上而下：瓦屋面，方砖斜角叠涩出檐，匡斗矮墙下比明代尺度小的木槛门过梁，故多出现结构弯弧下坠的现象，三组砖雕小栱出挑，其下在"莲瓣"纹和回纹框中砖雕"雀报喜信""琴棋书画""财源滚滚"等图案，装饰纹样趋向民俗化；隔心墙用较大块的八边形砖块和方形"大丽花"纹饰组合而成。

门厅梁架结构一改明代做法，一进门就出现了卷棚轩结构，其上为整个大屋盖，并出现了书卷形穿枋（图1-142）。次间的房间略比明代的大些。

（二）厢房厅堂空间结构（图1-143和图1-144）

厢房空间结构出现了面阔2间、进深1间且更深的空间结构，靠天井一侧的底部是较高的砌置密封垒砌，后厢房面阔单间，进深单间，这在明代建筑中基本未见。中堂还残留了一些明代礼仪厅的风格，结构上仍为抬梁穿斗混合结构、硬山顶；卷棚轩变低，主梁架结构趋于简单，山界梁、大梁前后都出现花首，山面墙穿斗式结构上不出现瓜柱，取而代之为细而矮小的

图1-142　下堂梁架结构

花座，月梁上浮雕"花""鸟""鱼""虫"等纹样，顶层金川（当地称为"虾公枋"）弯曲成牛角状。后堂梁架结构金川层数减少（由四层减为三层），如意柁墩（花斗）补间铺作也消失了。

两边侧天井处纵向厅堂普遍使用阁楼结构，而且常常呈不对称布局，一层小房间往往开两个小门，侧门亦设置小门厅，纵向封火墙部分改用夯土墙（明代未见）（图1-145）。

图1-143　偏厅空间结构

图1-144　后堂梁架结构

图1-145　侧天井处双开小门结构

第八节　杉阳建筑特色构件

杉阳建筑中的柱头铺作比较特别，这些做法在其他古建筑和古建筑书籍史料中罕见，如象鼻栱柱头铺作、并列斗栱补间铺作，梁架结构中如意形柁墩补间铺作，门脸（门楼）补间铺作等。

一、柱头铺作特点

柱头铺作象鼻栱，是杉阳建筑独特的建筑结构形式，是一种用来承重和装修装饰的特色结构与构件，普遍使用在门厅檐金柱，廊庑檐金柱、堂上檐金柱、老角柱，厢房檐金柱，店面檐柱及与墀头墙紧挨的柱头空间上，巷亭和部分雨棚吊柱、檐金柱的柱上，这在我国古建筑中非常罕见。明中晚期出现在象鼻栱上的"枫栱"装饰的小木构件，在《营造法源》中有提及，使用实例仅在故宫的某些建筑中发现。此外，柱头铺作还有并列斗栱，这种在出跳斗栱上层，或单层，或双层栱上同时排列两个"平举平座"方斗，一般安置在堂屋檐廊、厢房檐廊、正堂次间的檐柱上，其作用一是承重，二是装饰（祝纪楠，2012）。

（一）象鼻栱

我国对大象的崇敬始于3000多年前，这在四川金沙遗址中出土众多的象牙得以证实。杉阳建筑中使用象鼻栱承重和装修装饰，且多使用在中轴线上主要的构筑节点，也许是受传统吉祥纹饰文化影响所致，因为"象"与"祥"两字谐音，含有吉祥、平安的意喻，传统营造理念中"水"主财，而大象鼻子善于吸水，故而被赋予吸财、招财之神象喻意，而且大象温顺、憨态可掬，太平万象之意浓重，这也许就是杉阳建筑中大量使用象鼻栱的缘故吧。

象鼻栱整体形态：底部硕胖，两侧微扁，首部渐方，上部犹如大象长鼻，弯曲、坚实、上扬，安置于柱头上部的内外两侧，均为进深的方向，一般处于出跳斗栱的第二跳，占实际空间比例的三分之二，支撑于梁枋上，显得格外醒目。其高为0.4～0.75米，伸展弧度为55°～75°，厚度为0.1～0.3米，长度为0.5～1.2米。其具体组合与做法：①正堂、礼仪堂檐金柱柱头上，或两根、或四根排列同一水平线上的柱上，纵向内外各施一组象鼻斗栱，从下向上：一皮一跳斗栱，二皮一跳象鼻栱，三皮一跳穿枋托斗栱，四皮托花座于檐梁上，承托檐桁、槽枋及屋架与屋面。②正堂老角柱上，一皮一跳斗栱，二皮一跳象鼻栱，三皮一跳并列斗栱，四皮承托一象鼻穿枋、檐梁、檐桁、额枋及屋架与屋面。③后天井厢房与上堂交界处的柱上，一皮一跳斗栱，二皮一跳象鼻栱，三皮一跳并列斗栱，四皮承托一象鼻穿枋、檐桁、椽子及屋架与屋面。④廊庑檐金柱上，一皮一跳斗栱，二皮一跳象鼻栱，三皮一跳并列斗栱，四皮承托一象鼻穿枋、檐桁、额枋及屋架与屋面。做法与正堂檐金柱基本类似，不过空间尺度和实际尺寸比正堂柱头铺作小一号。⑤门脸檐金柱上，杉阳古城中仅见三处，即尚书第北门、澄清街明代商铺及进士街欧阳祖屋。尚书第北门一皮一跳斗栱，二皮一跳象鼻栱，三皮一跳并列斗栱，四皮承托一象鼻穿枋、檐桁、椽子及屋架与屋面。⑥巷亭檐金柱的柱上，一皮一跳斗栱，二皮一跳象鼻栱，承托一穿枋、檐桁、椽子及屋架与屋面。所有的斗、象鼻栱底部的中部出一个2厘米×2厘米的榫头，与斗和枋上的卯合对形成稳固的结构特征。

查阅相关古建筑资料及福建实地调研，尚未发现象鼻栱的实例和记载，其历史渊源、工艺流传、始建年代都不详。就现存杉阳建筑中发现的象鼻栱组合只在泰宁县中大型民居中见到，其年代大致始出于明中晚期，流传到清中期止（图1-146～图1-157）。

图1-146　大田乡江氏大院
下堂檐柱上的象鼻栱

图1-147　大田乡邹氏祖屋下堂檐
柱上灵芝斗栱组合的象鼻栱

图1-148　古城中商铺门楼上的象鼻栱

图1-149　尚书第廊庑方形檐柱上的象鼻栱

图 1-150　尚书第第一栋礼仪堂檐金
柱上前后象鼻栱结构（明天启年间）

图 1-151　尚书第第二栋礼仪厅
后轩角柱上的象鼻栱

图 1-152　尚书第第二栋礼仪堂正
金柱上前后象鼻栱结构组合

图 1-153　尚书第第三栋廊庑檐
金柱上象鼻栱组合

图 1-154　尚书第第四栋礼仪厅金柱上象鼻栱组合

图 1-155　尚书第第一栋廊庑檐柱上象鼻栱

图1-156　尚书第"四世一品"门厅
插屏门处的象鼻栱组合

图1-157　世德堂第一栋后厢房檐柱上象鼻栱

（二）枫栱

枫栱是杉阳建筑中特殊的装饰构件，其高度为0.35～0.45米，伸展弧度为45°～55°，木料厚度为0.06～0.10米，以圆雕和透雕两种形式表现，多为一层，少见二层。一般安置在上层象鼻栱下部两侧，也有安置在下层象鼻栱顶端两侧；装饰纹样形态各异，有"飞凤""瑞兽""折枝如意花""灵芝花""太阳花""牡丹叶"等禽鸟、花卉题材，给人一种别样、轻盈的美感（图1-158～图1-160）。

图1-158　大田乡江氏祖屋
厢房后堂象鼻栱上枫栱

图1-159　尚书第廊庑檐
柱上"牡丹花"纹样枫栱

图1-160　尚书第门厅
檐金柱上"如意花"
纹样枫栱

（三）硕大斗盘

这种特大的斗盘，一般位于正堂檐金柱或正金柱柱头铺作进深方向的内侧，是象鼻栱底部的"托盘"，一部分承托受力象鼻栱伸展出挑，一部分含有强烈夸张的装饰性，这种超大的斗盘，福建民居中罕见。其斗盘的尺寸为0.4米×0.4米，大的可达到0.65米×0.65米，高度为0.75～1.2米（图1-161和图1-162）。

（四）并列出跳斗栱

并列出跳斗栱，是一类安置在礼仪厅次间檐柱，正堂前、后檐次间檐柱，后堂次

图 1-161　大田乡太和堂礼仪
堂檐金柱上的特大象鼻栱

图 1-162　大田乡太和堂礼仪堂正
金柱上硕大斗盘与象鼻栱

间檐柱，以及部分厢房内侧柱上的斗栱组合构件。其斗口尺寸为 0.25 米 ×0.25 米，高
0.1 米左右。这种做法主要是为了视觉美观和辅助穿枋空间因受力不均而创作的，在福
建其他地方的古建筑中几乎未见（图 1-163～图 1-165）。

图 1-163　多跳并列斗栱　　　　图 1-164　单层紧密并列　　　图 1-165　厢房檐柱上的
　　　　　　　　　　　　　　　斗栱承托檩条与屋架　　　　　单层疏朗并列斗栱

（五）柱顶特色结构

　　这类结构多用于正堂梁架结构的童柱顶部、太师壁金柱顶部、其门柱顶部，主
要功能是承重，但亦兼顾装修装饰作用，如柱顶上安放花边、海棠形等栌斗，栌斗
间开等分十字卯槽，安放十字斗栱，或单边十字斗栱与雕花替木组合（图 1-166 和
图 1-167）。

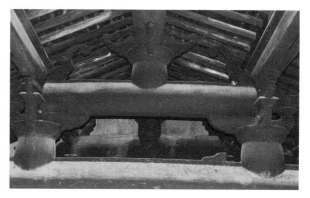

图 1-166　尚书第特色柱头栌斗结构　　　　　图 1-167　世德堂特色柱头栌斗结构

二、梁架结构特色

杉阳建筑的特色结构，大多符合传统木构建筑的构架形式，从中轴线方向由外向内各厅堂的梁架结构规律大致为：门脸（门楼）几乎是穿斗式结构，门庭大多是抬梁穿斗混合结构，下堂大部分是穿斗式结构，厢房基本上是穿斗式结构，廊庑只见抬梁式结构，轩廊是抬梁式结构、草架顶（当地称为"假派"），正堂多为抬梁穿斗混合结构，并结合扛梁结构形式，后堂基本是穿斗式结构，其他附属建筑和辅房也都是穿斗式结构。

抬梁穿斗式结构，源于春秋时期，唐代、宋代发展成熟，分为殿堂型和厅堂型两种基本类型。福建宋代古建筑中多出现于寺庙中；而福建民居中使用厅堂型抬梁式结构可能是在明代早中期，杉阳建筑使用在明代中晚期。泰宁县城乡的中大型民居，部分中小型民居大都使用这种结构，多半是门厅、廊庑、厅堂（尤其是正堂和礼仪厅）的首选结构形式，其产生的大空间、高举架结构给人一种舒朗、明快的感觉。从实地普查、勘察发现，厅堂梁架结构中的抬梁穿斗混合结构的主要特点是：处于明间柱子和山面墙的柱子隔出"间"的空间结构上，是通过老角柱上的扛梁和其门柱上纵向主梁构架出的开敞梁架结构，同时与山面墙上穿斗式结构共同构成整体承重梁架结构和屋架。除部分柱上设置柱头铺作外，整体梁架结构没有斗栱铺作层衔接和承托梁架结构。

明、清时期，杉阳建筑结构的主要形式是抬梁穿斗混合结构，以垂直的圆中带方的木柱作为整体屋架的主要承重，柱顶端沿着房屋进深方向架起 2~3 层的原木梁。柱梁间有瓜柱、脊柱、山界梁、大梁，山墙梁架结构间以虎爪童柱支撑，层层构架直至屋脊。纵向大、小梁，横向大扛梁，通过特制的圆中带方的柱网子，承托建筑整体屋构架及屋面屋架全部的质量。这些柱、梁中最主要的承重结构是堂上正金柱（前部正金柱和后部其门柱）上的梁架结构，即纵向山界梁和大梁支撑部分梁架，再由安置在中柱前大冲柱的超长扛梁扛起整体屋架，这种扛梁结构一改传统建筑的抬梁结构，显示出杉阳建筑工匠们独具匠心的设计和工艺（图 1-168 和图 1-169）。

图 1-168　世德堂第五栋正堂　　　　　　图 1-169　世德堂第四栋正堂
　　　　抬梁扛梁穿斗混合结构　　　　　　　　　　抬梁扛梁穿斗混合结构

　　抬梁扛梁穿斗混合结构是杉阳建筑主要梁架结构，这种结构清中晚期在福建永泰、尤溪等地尚存，制作工艺和特点都趋向精细，并出现了木块拼接的大小梁结构，而没有杉阳建筑整根原木制作那么古朴、大气。这种超长扛梁结构为主导的承重体系，尤其是超长的扛梁（长 7～12 米）结构的使用，是杉阳建筑工匠们在实践中将抬梁式与穿斗式各自的优点科学地组合构架的结果，这样既增加室内使用空间，又可减少使用大型木料。这种跨度大、直径粗且平直的大杉木，生长期一般都在 150 年以上，同时其构架在大跨度的空间，受力和承重力都要精准测算，否则难以扛起整体屋架，如稍长一点扛梁的一侧就会出现弯曲"下坠"，使整体屋架稳定性欠佳。

　　杉阳建筑中的穿斗式结构，也很富有个性，如下堂、正堂、后堂山墙的梁架结构，其特点为：正堂一般为三皮原木穿枋，明代的穿斗式结构第一皮和中皮穿枋中柱间各安置童柱和栌斗组合，后堂为整块或木块拼接的穿枋，一般在第一皮和第二皮间安置如意柁墩，清代还继承了明代的做法，即用原木做穿枋，但部分全部为木块或木块拼接的穿枋，有的还夸张地做成牛角形穿枋（图 1-170 和图 1-171）。

　　杉阳建筑中的枋，大致有檐枋（即桁枋不带斗栱的枋）、额枋、箍头枋（即搭角枋）、小额枋（小额枋地位在大额枋上面）、坐斗枋（即平板枋，安在大额枋下面）、平板枋（宋代称为普柏枋），以及青砖仿木预制的大额枋和普柏枋（图 1-172）。

　　杉阳建筑的檐枋比较特别，主要位于门楼檐柱与檐柱（有的是木柱，有的是石制柱）之间檐口的一根横向大木构件，亦称檐枋，明代、清初杉阳建筑中的门楼普遍使用这类额枋，其特点是用大直径、长直圆杉木制作而成，枋的两端下皮深层次两道约 45°角弧凹的卷刹：外侧用黑线勾勒"白彩包袱锦""皮球花"，贯套花卉纹，底部以黑彩白线勾勒"如日中天""长脚祥云"，内侧勾勒红黑"彩凤穿牡丹"等纹饰。

　　杉阳建筑屋顶几乎均为彻上明造，即下堂、轩廊、廊庑、正堂、后堂等都是整体梁架，且全部透露，而不见封护层，梁架结构上的明代、清代，以及历次维修木构的特点、传统工艺、工匠制作技艺皆可一目了然（图 1-173）。

图1-170 抬梁穿斗混合结构与扛梁结构

图1-171 山墙处穿斗式结构

图1-172 木檐枋与砖雕普柏枋

图1-173 尚书第第一栋正堂彻上明造

此外,杉阳建筑中的槛窗比较特别,这种称之为"槛挞衣"窗,实际上是槛窗的一种,当地工匠贯称其为"斗子窗",上部为窗扇,下部为斗。安置在礼仪厅次间,厢房靠天井一边,正堂次间前后间,其形态如橱柜,分上、下两段,上为双扇窗门,下为固定的方格柜式漏窗隔断,这种窗的形式美观、实用,人性化比较强,夏日闷热时可开启双扇窗门,下部斗上众多的方格漏窗可以使空气对流顺畅,同时还可以避免路人不经意的"窥探"。"槛挞衣"窗有的使用黑红漆装饰,有的为素面装饰(图1-174)。

图1-174 "槛挞衣"窗

第二章

泰宁古城空间特色

泰宁古城约 15 万平方米，是一座山清水秀的闽西北山城，也是一座具有典型明代风韵的建筑形式，且完美地保存着"杉阳明韵"的古城，其形态古朴、高贵大气、品位典雅的建筑文化极富地方特色。城中富含明代风韵的官样府第式建筑群，高规格，甚至存在"僭越"京城官式做法的建筑气派，在福建，乃至国内类似的古城和古建筑中没有可比性，徜徉其间会给人们一种肃然起敬、仰慕不已、沉思延绵的思绪和熏陶，那曲径通幽、弯曲自然、宽窄相济的街巷，街巷和墙根边的山泉溪沟，处处体现着古城的特有风韵，"三厅九栋"（九宫格局）的院落，浓黑厚实的檐边曲波状的瓦垄，官印形的脊柱、平直如宋代官帽长翅的屋面正脊，舒缓、密集结合的黑瓦匡斗吉庆墙，红米石铺砌的街道，护墙石、门楼，伸展有力的象鼻栱，黑红相间的门扇和柱梁，让人记忆深刻、过目难忘，这就是杉阳古城特有的建筑"生命"，也是特有的建筑精髓所在。

屹立于金溪河畔的泰宁古城，用古朴的言语，诉说着自己"沧海桑田"的经历；这里的工匠们创造出卓越的杉阳建筑，潜移默化地影响着这座山城"宋韵明风"的发展和流传。杉阳建筑中的许多独一无二的明代建筑元素与符号，以及独特的建筑文化，是建筑科学研究的最佳素材。

根据古城历年考古资料和 2011～2013 年世德堂维修工地的发掘发现，并结合史料记载佐证，泰宁古城始建于北宋，南宋续建，元代维持一时，明初恢复古城元气，明中晚期处于鼎盛时期，清代持续发展，民国至新中国成立初期维持原状，"文化大革命"期间至 20 世纪 80 年代因住房需求，出现城区部分街巷与古建筑原拆原建现象，部分古建筑在改造时发生改、添、建，全国重点文物保护单位尚书第和世德堂由于空间大，居住人口多，故而幸免损毁，90 年代旧城改造、新街区改造、"灵秀商城"营建，连片拆除了城中部分街区和建筑。现存的五街、十五巷、九井、四十九座明代建筑、三十九座清代建筑、四十座民国建筑、一段古城墙、一处古城门，形成了目前的泰宁古城格局和建筑形态的总体风貌，泰宁古城规划图见图 2-1。

一、古城格局及特色

泰宁古城四周群山环抱，中央地势较为平缓。古城西面炉峰山属低矮丘陵山岭，山体红崖矗立，满山乔灌木郁郁葱葱；金溪河水从古城南面与东面流过，细水流淌，岸边花木繁花似锦。古城自然环境优美，古街巷道、明清建筑、溪沟井台、文物古迹、商业市井构成的古城格局，其风貌独具魅力，是一处物质文化和非物质文化特色鲜明的综合型历史文化街区。城中以明代中期的世德堂和明代末期的尚书第占据核心位置，以及保存完整的明代建筑群落为主，保留着浓厚传统街区生活气息。

古城的建筑物与街巷空间要素共同构成了泰宁古城的空间序列。历史街区内街巷

图 2-1　泰宁古城规划图（泰宁古城开发公司）

空间序列由于街巷格局保存完整也延续得较好。现存古城的小东门——昼锦门及与之相连的一段古城墙遗址，与古建筑群形成了明显的对应关系。历史街区内的坊表，如西南角原大南门内城中街处的南坊表、小东门内大巷处的东坊表、澄清街（图 2-2～图 2-5）与城隍街交叉口处的北坊表、朱紫巷与廊下街交叉处的西坊表，以及尚书第华表已荡然无存，古城中原 15 处古井现存 9 处；2000 年大巷南面被拆除，此地的井亭已无存留。

　　杉阳建筑院落组群与布局，一般都是均衡对称且沿着纵轴线与横轴线进行设计。比较重要的建筑都安置在中纵轴线上，建筑风貌、建筑布局仍然受到传统的"长幼有序，内外有别"和"礼义廉耻"的思想意识而构架。杉阳建筑中非常注重庭院中礼仪厅空间的开辟，其在整体建筑中占据空间最大、设计最精心，因其是特别"儒理、礼教"的使用空间，即使在城中土地贵如黄金的情况下，房主也会毫不吝惜地专门设置，这种高规格的"殿堂"设计，凸显了杉阳建筑独有的儒理建筑文化风

图 2-2　澄清街狮子巷口　　　　　　　　　　图 2-3　澄清街北段

图 2-4　澄清街东南—西北口　　　　图 2-5　澄清街口与大井头水井

格；家中主要人物活动的后堂，是杉阳建筑第二重要的"礼制"空间。因古代"男尊女卑"思想的影响，杉阳建筑的空间使用含有"男尊女卑"的空间设计，如与外界隔绝的贵妇和少女，往往生活居住在离礼仪厅距离较远、用内隔墙隔离的后楼（院）中。杉阳建筑形成的院与院纵深的空间结构，恰巧吻合了宋朝欧阳修《蝶恋花》词中的"庭院深深深几许？"的诗句，也反映出了"侯门深似海"大户人家的居住情境。

（一）泰宁古城街区

古城中的历史街区，尚书第和世德堂片区、北街区、红卫区、岭上街区，总占地面积为 98 549 平方米，其中尚书第、世德堂、北区街区面积为 68 162 平方米，尚书街、澄清街片区的明、清古建筑占地面积为 21 233 平方米，全国重点文物保护单位占地面积为 11 676 平方米，街巷地面积为 5 339.59 平方米，不影响历史街区风貌的建筑（含传统建筑）占地面积为 17 116 平方米，影响历史风貌的建筑占地面积为 15 567 平方米，其他空地面积为 8 905 平方米。历史文化风貌集中区占地面积（包括古建筑的占地面积、不影响历史街区风貌的建筑占地面积、街巷占地面积三者之和）共计 43 689 平方米，整个历史街区中保持历史风貌区域占总面积 64.1%。历史街区内除区域边界兴建的沿街住宅、商场、酒店及办公楼外，基本完整地保留明、清古建筑的院落格局，即使经过改建，由于院墙的限制，院宅轮廓仍然保存完好。世德堂和尚书第两大明、清建筑群位于古城的中心位置，并以澄清街，进士巷和尚书街等古街巷互为杉阳古城精华框架。

（二）街巷现状特点

以东西向的尚书街，南北向的进士巷、九举巷，东北西南向的岭上街，古城北面残存的红卫街和后坊街，与大致西东向、中部转向北南向的蜿蜒三尺巷等贯连，构成了杉阳古城及建筑群的主体街巷空间与交通构架。以泰宁古城中心——世德堂、尚书第等全国重点文物保护建筑群为核心，形成九宫格状的街巷等级结构，即由主巷道串联各巷道空间，构成独具特色的街巷肌理。

街巷空间节点：街巷整体形成线形空间，局部形成放大空间，主要是以井台空间展开，其是古代居民平时聚集、闲聊、娱乐活动的场所。

街巷凹凸、高低错落、宽窄相宜的构筑空间随形随势自然错开，形成街巷的凹凸、高低错落有致的趣味景观，这种街巷空间的多样化，增加了空间的美感和传统营造内涵。

古城中历史街区内各坊街巷总长度约 1 832 米，其中现状保留原有格局与尺度的街巷长度约 869 米，由于道路拓宽致使街巷尺度空间破坏，但残留部分格局的街巷长度约 853 米，实际毁坏的街巷约 110 米。目前保留原有格局与尺度的街巷占总长度的 47.4%，加上仅保留部分原街巷格局长度之和，现存街巷长度占街巷总长度约 94.0%。从实地调研可知，街巷尺度被破坏的原因主要有以下两个方面：一个方面是 20 世纪 90 年代为发展旅游而进行的道路整体拓宽，导致东隅街与大巷被损坏；另一个方面是 21 世纪初，历史街区的区域边界由于商业开发，沿街兴建商场、住宅、酒店及办公楼，造成上、下朱紫巷西端，澄清街南端等许多街巷在接近街口部位的空间尺度被破坏。

（三）历史街区的街巷界面

古城部分街巷界面（不包含和平中路、环城路、状元街）总长度为 3 246 米，其中，延续历史风貌的界面总长度为 2 062 米，影响历史风貌的界面总长度为 1 134 米，不影响历史风貌的界面总长度仅为 50 米。尚书第北立面的界面为尚书第与世德堂建筑群修缮时复原的部分。

现在的和平中路、环城路与状元街沿街界面其总长度为 3 938 米，如果将小巷片区纳入街巷界面，其总长度为 13 742 米，遗憾的是，这些界面均未能延续历史风貌，而是"新仿"的街巷界面。

泰宁古城历史文化街区的空间序列研究主要是针对建筑物而言。现存古城城门仅有小东门——"昼锦门"一处遗址，新中国成立后所修建的街道、桥梁均与城门无对应关系。泰宁古城街巷风貌见图 2-6～图 2-17。

（四）泰宁古城中的古今交通

历史上泰宁古城中的街巷是城中的大小公共通道，以朝京门前街、县前街和山下岭（岭上街）为主要干道，澄清街、后坊街、县中街、廊下街、圣庙巷、壕上街、十字街、岭上街、西隅街、北隅街、城隍街为次要干道。周家巷、蔡家巷、陈家巷、江家巷、圣庙巷、余家巷、保安巷、杜家巷、卢家巷、丁家巷、肖家巷、炉峰巷、杨柳巷、余家巷、邹家巷、小巷、大巷、朱紫巷、下朱紫巷为辅助通道（以生产、生活通道为主）；东城外的"东桥""迎恩桥"，南城外的石构"利涉桥"，西城墙外的木构"杉津桥"，是通往外埠的交通要道及河运码头的必经之路。就古城现状而言，明、清时期的泰宁古城交通主干道皆是人行和车马行，最宽的道路在 5 米左右。现状交通主要依托于外围的四条新修的干道组织，北面状元街兼顾车行流线及骑楼商业步行流线；西面和平街为主要车行线路；东南面沿溪环城路车流量较少，结合滨水及雕塑景观形成步行流线。主要景观、景点等均沿主要古街巷组成的交

图 2-6　红光街

图 2-7　后坊街

图 2-8　尚书街全景

图 2-9　江家巷　　　　　　　　　　　　图 2-10　进士街

图 2-11　岭上街上坡处　　　　　　　　图 2-12　三尺巷天际线

图 2-13　尚书街　　　　　　　　　图 2-14　澄清街与狮子巷交界口

图 2-15　狮子巷

图 2-16　澄清街伍家巷

图 2-17　沿街店面

通构架分布，逐渐形成以明代古建筑和当地传统建筑背景的文化景观路线（图2-18和图2-19）。

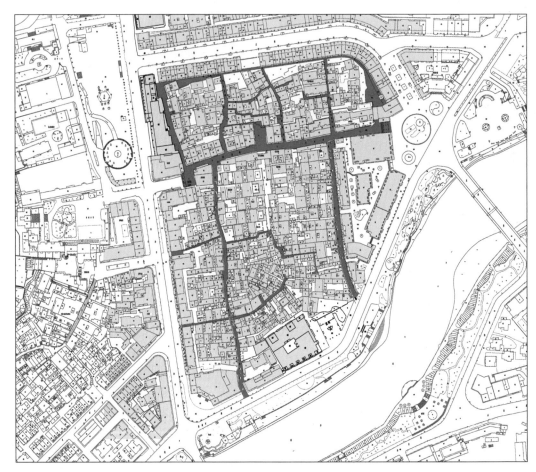

图 2-18　街巷区位

二、古城街巷空间

泰宁古城中的街巷及市井文化，是一种特殊类型的物质和非物质文化遗产，为古城及杉阳建筑中的有机组成部分，也是古今民众日常生产、生活、娱乐、商业等重要场所，其文化内涵丰富多彩，可谓是历史文化街区要素的精髓所在。泰宁古城中街巷几乎都分布在金溪河北岸至炉峰山之间，街巷纵横交错、弯曲通幽，五街十一巷分隔出古城的东、北、西三区。部分街巷宋代始建，多数为明代，还有一部分街巷是于明末、清初原街巷拓宽或延伸的，主要街巷有尚书街、澄清街、进士街、岭上街。泰宁古城内其他巷大部分都以当时建造者、房屋拥有者、居住者的姓氏来惯称，如陈家巷、

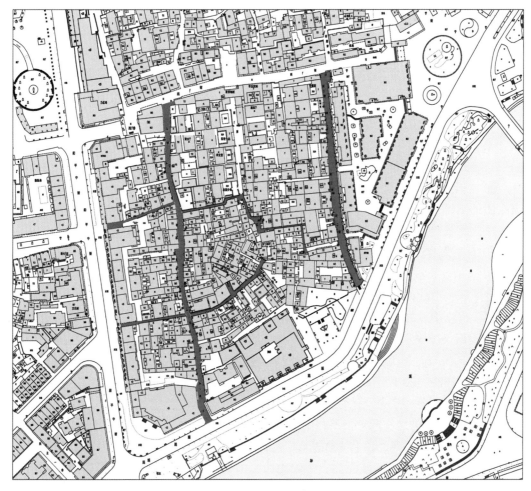

图 2-19 南片区街巷区位

江家巷、余家巷、卢家巷、肖家巷、丁家巷等。

（一）古城街巷空间形态及其历史名称

古城街巷空间主要由古街、巷道、排水沟、封火墙、院落隔墙及墙帽，以及重要标志物（如牌坊、井台空间）等要素共同构成街巷空间的景观界面，并形成街巷空间天际线。街巷空间形态、尺度关系与其断面高、宽比及街巷长度相关。同时，街巷的历史名称也赋予街巷空间以历史文化内涵。

（1）尚书街。街宽 7.4 米，长 224 米，是泰宁古城的主要街道，与之相连的由东向西有五条南北向支巷——戴家巷、进士街、邓家巷、红光街、澄清街。

① 戴家巷（原名王家巷）。该巷宽 3 米，总长 82 米，基本上是直巷，途经一处出入口。

② 邓家巷（原名冯家巷）。该巷宽 3 米，总长 87 米，基本上是直巷，途经两处出入口。

③ 红光街（原名后坊街）。该街宽 4 米，总长 252 米，基本上是直巷，如今被状元街分为南北两段，途经 5 处出入口。

（2）澄清街（现更名为胜利一街或九举巷）。该街宽 4 米，长 262 米，与之相连的由北向南有东西向四条支巷。

① 朱紫巷（民间也有叫狮子巷）。该巷宽 2 米，总长 60 米，基本上是直巷，正对尚书第墙外镇宅兽石雕，巷口处一明代隆庆年间的水井。

② 三尺巷。该巷总长 276 米，宽 1.8 米，共弯了 5 道弯，紧靠尚书第柱国少保院落东侧外围墙一出入口，途经尚书第南主门，并经梁家巷并在梁家巷南外围墙有另一出入口，此条巷窄小且长，蜿蜒弯曲，是泰宁古城中最长、最弯曲的巷。

③ 下朱紫巷。该巷宽 2 米，总长 60 米，基本上是直巷。

④ 土地巷。该巷宽 2 米，总长 75 米，呈西南—东北向弧形，途经一口明代水井和一处土地庙，由此得名。

（3）进士街（原名大巷，曾更名为胜利二街或九举巷）。该街根据江日彩进士第而命名。该街长 193 米，宽 7 米。进士街与澄清街相距约 300 米，方向基本相同，由三尺巷相连；北与尚书街相连，过街与戴家巷相连，并可通达状元新街；南面可直接到达昼锦门及码头。20 世纪 90 年代"灵秀商城"营建对该街做了较大的改观，东边数百米街道立面，天际线荡然无存，而西面街道面貌和天际线还完好保存。原世德堂前街巷叫"大巷内"，与之相近东面平行的另一条小巷为小巷内。

进士街上有梁家巷，该巷宽 3.6 米，总长 32 米，基本上是直巷，且与三尺巷相连。

（4）岭上街。位于古城西面、炉峰山边，沿炉峰山东南坡而建，是始建年代最早的古街，也是泰宁古城现存最长的古街，全长约 500 米，宽约 6 米。沿街有第二次国内革命战争时期周恩来、朱德办公的机关旧址，两口水井，10 余座明代建筑，20 多座清代建筑，几十座传统建筑，10 来间大小店面，2 座书院。街巷由东向西共有 4 条巷道，即卢家巷、肖家巷、杰家巷、茜家巷。

（5）红光街街巷。现残存 100 米左右，而且基本上是单边街。

（6）后坊街街巷。20 世纪 80 年代改造将古街区彻底改观，现为由部分旧料、部分清末民国初店面，以及部分街口构成"古街"（表 2-1）。

泰宁古城各分区街巷名称见表 2-1，泰宁古城街巷概览见表 2-2。

表 2-1　泰宁城古城各分区街巷名称

区域	编号	现用名	民国时期名称	古代名称
A	AH01	街道一号	—	—
	AH02	街道二号	—	—
	AH03	街道三号	—	—
	AH04	街道四号	—	—
	AH05	街道五号	—	—
	AS01A-A	戴家巷	王家巷	王家巷
	AS01B-B	戴家巷	王家巷	王家巷
	AS02	邓家巷	冯家巷	—
	AS03A-A	红光街	后坊街	后坊街
	AS03B-B	红光街	后坊街	后坊街
	AS04	大东门街	河南街	余家巷
	AS05	后坊街	头十字街	十字街
B	BS01	胜利二街（进士街）	大巷	大巷
	BS02	胜利一街	澄清街	澄清街
	BH01	江家巷	李家巷	—
	BH02	狮子巷	—	上朱紫巷
	BH03	朱紫巷	朱紫巷	下朱紫巷
	BH04	朱紫巷	—	土地庙巷
C	CH01	尚书街	东门街 前街 前横街	东隅街 大井头
	CS01	和平中街	衙前街 清廉街 中山街	县前街 廊下街 县中街
	CS02	环城路	中正街	城隍街
D	DH01	青廉巷	—	—
	DH02	岭上街	岭上街	北隅街
	DH03	红军街	朴树下	岭上街
	DS01	茜家巷	茜家巷	—
	DS02	杰家巷	杰家巷 陈家巷	—
	DS03	肖家巷	萧家巷 妈祖巷	—

注：①A 表示尚书巷以北片区，B 表示尚书巷以南片区，C 表示主要道路，D 表示岭上红军街片区，H 表示东西向，
S 表示南北向。

②"—"表示目前无法考证历史上的真实名称。

表 2-2　泰宁古城街巷概览

街巷名称	区位图	长度/m	宽度/m	宽高比（D/H）	建筑类型	地面材质	断面图尺寸/m	断面照片
胜利二街（进士街）		174	5.50	1.05	商住建筑	街巷采用条石铺砌。左侧留有排水渠		
胜利一街（澄清街）		260	3.83	0.58	商住建筑	街巷中间采用条石铺砌，两侧采用鹅卵条石铺砌。左侧垒砌排水明渠		
江家巷		143	1.93	0.23	居住建筑	街巷采用水泥硬化。左侧垒砌排水明渠		

街巷名称	区位图	长度 /m	宽度 /m	宽高比（D/H）	建筑类型	地面材质	断面图尺寸 /m	断面照片
狮子巷		58	1.81	0.24	居住建筑	街巷中间采用条石铺砌，两侧采用鹅卵石铺砌		
朱紫巷		54	1.84	0.24	居住建筑	街巷中间采用条石铺砌，两侧采用鹅卵石铺砌。部分采用水泥硬化		

街巷名称	区位图	长度 /m	宽度 /m	宽高比 (D/H)	建筑类型	地面材质	断面图尺寸 /m	断面照片
朱紫巷		77	2.67	0.39	居住建筑	街巷中间采用水泥硬化，两侧采用鹅卵石铺砌	6.98 / 2.67	
街道一号		288	2.82	0.15	大部分为居住建筑，内部混杂商业建筑	街巷中间保留原有石板材质，两侧采用水泥硬化，并全砌排水暗渠	18.0 / 2.82	

街巷名称	区位图	长度/m	宽度/m	宽高比 (D/H)	建筑类型	地面材质	断面图尺寸/m	断面照片
街道二号		55	2.57	0.43	居住建筑	街巷采用水泥硬化，右侧部分全砌排水暗渠，部分全砌排水明渠	6.00 2.57	
街道三号		24	2.04	0.63	居住建筑	街巷部分采用水泥硬化，部分采用条石块铺砌。右侧全砌排水明渠	3.25 2.04	

街巷名称	区位图	长度 /m	宽度 /m	宽高比（D/H）	建筑类型	地面材质	断面图尺寸 /m	断面照片
街道四号		36	2.83	0.157	居住建筑	街巷部分采用水泥硬化，部分采用条石铺砌。右侧垒砌排水明渠		
街道五号		56	1.90	0.35	居住建筑	街巷部分采用水泥硬化，部分采用条石块铺砌。左侧垒砌排水明渠		

街巷名称	区位图	长度/m	宽度/m	宽高比(D/H)	建筑类型	地面材质	断面图尺寸/m	断面照片
街道六号		44	2.06	0.34	居住建筑	街巷部分采用水泥硬化，部分采用条石铺砌。左侧垒砌排水明渠	6.00 / 2.06	
戴家巷		86	2.40	0.13	居住建筑	街巷部分中间保留条石铺砌，两侧采用碎石铺设，部分采用水泥硬化，部分采用碎石与土。部分两侧垒砌排水暗渠	18.00 / 2.40	

街巷名称	区位图	长度/m	宽度/m	宽高比(D/H)	建筑类型	地面材质	断面图尺寸/m	断面照片
戴家巷		86	5.10	0.34	居住建筑	街巷部分中间保留条石板铺砌,两侧采用碎石铺设,部分采用水泥硬化,部分采用碎石与石土。部分两侧垒砌排水暗渠		
邓家巷		91	3.83	0.43	居住建筑	街巷采用水泥硬化,右侧垒砌排水暗渠		

街巷名称	区位图	长度/m	宽度/m	宽高比(D/H)	建筑类型	地面材质	断面图尺寸/m	断面照片
红光街		94	5.47	0.61	居住建筑，少部分为商业建筑	街巷采用水泥硬化，右侧垒砌排水暗渠		
大东门街		95	5.20	0.58	居住建筑，少部分为商业建筑	街巷中间保留条石铺砌，两侧采用碎石铺设。部分右侧垒砌排水暗渠		

（二）古街巷做法

泰宁古城街巷的做法基本上是直接去除浮土形成道面，就地取材用金溪河中的河卵石铺砌地面，红色砂岩条石、块石铺就"龙脊"，脊背略微制作成弧面，方便于排流雨水至两边的沟槽中，排水沟一般宽0.3~0.6米，深0.3~0.9米，部分排水沟与生活用水的溪沟并用。道边恰巧有住家入口或店面入口时，即在门口合适的轴线上用红色砂岩条石铺就"棋盘式"踏面。街道和巷道口，历史上都建有中心街亭或巷口亭，其造型和构筑技巧比较特别：架跨街巷、贯连厝屋的路亭，面阔单间空间横跨于街巷口，进深3柱的穿斗式梁架结构，营建出躲避风吹日晒的舒适空间，柱头铺作上的象鼻栱及枫栱，显示着杉阳建筑的特有风姿；亭底部设有连柱板凳，是居民闲歇、纳凉、议事的最佳公共空间。少数街巷转角、巷底的特殊位置还建有土地庙或其他小道观，祈保一方居民安康。

泰宁古城街巷文化富含民俗、娱乐、市井、堪舆等因素，多数街巷是泰宁古代的文人雅客根据泰宁古城和周边环境意向取名的，还有就是为褒扬历史名人而命名，无形中表明了居住者的权属、区域、人文历史等史迹，间接地显示出杉阳建筑文化和古街巷历史文化特征，对考证和研究福建街巷与文化提供了珍贵的实物资料。

三、古城供水系统

北宋早期，泰宁古城内用水便引北溪（炉峰山西的山溪）水入城。清澈干净的水系纵横交错，流经古城街巷的各墙根下、水井边，古时水中鱼虾随处可见，城中居民在水渠中淘米、洗菜，器具盥冲、衣物浆洗；午夜后经沉淀、淘流过的隔日清晨的"第一桶"水是居民们的直接饮用水。20世纪80年代旧城改造水系遭破坏，2007年又重新贯通、恢复北溪水入城，但原始水系风貌大部分被损毁；现存水渠宽约1米、长约500米、深约0.6米，采用条石、河卵石垒砌铺就而成，流经澄清街、尚书街、进士街，成为古城水系景观（图2-20~图2-22）。

图 2-20　城中溪沟　　　　　图 2-21　澄清街溪沟　　　　图 2-22　尚书街溪沟

现存古城中的大小九口古井中，居民日常饮用的五口水井集中在尚书第建筑群周边的街巷口和街巷交界处的公共空间；每一口水井从宋至今都有"名字"，部分水井井圈上还铭刻历史人物的捐建时间、命名水井的铭文。原崇仁坊有三口水井，现存两口水井，靠西头叫"大井头井"，靠东头叫"牌楼下井"，还有一口水井已填毁。三井都始建于宋代，元至正年间规整修葺，迄今已有七百多年历史。其中一口井圈上阴刻楷书："建造崇仁三井，何恩公，万历四十六年（1618年）道光十九年（1839年）合族立"。建井人何恩为元代举人，相传为了解决城区居民饮用河水诸多不便，如遇上暴雨期间，河水混浊，无法饮用，甚至生病，于是何恩公便在城区各处指挥众人凿井供市民饮用。

另三口井为邹氏祖屋后井、狮子巷口井和土地巷井。据旧县志记载，宋太祖乾德年间，泰宁城西有个保安寺，来了一位法号叫定光的高僧，本地人叫他"定光古佛"，又称南安公，泉州人。他自幼出家，云游四方，法力高深，坐禅时，三个月可以不吃不喝。夏日炎炎的一天，他在城区行游中，见一群小孩在喝溪水，便劝小孩说夏天溪水不干净，不能喝，说着，顺手朝地下一指，地上立即陷成一个凹坑，并冒出一股清泉。清泉水质甘甜，非常干净，泰宁人把这坑称为"上井圈"，并取名"圣公井"。南安公去世后，泰宁人在东门为他建了一座庙，塑像祭祀，每年农历八月初十庙会时，还将神像抬上四人神桥，配以琴、筝、锣、鼓在大街小巷巡游，可见水井在世人的心目中是多么的重要。

泰宁古城中的水井均为圆形袋状，井体用条块石错缝垒砌，井圈都用红色砂岩整块石镂空后罩住井口，最大的直径为1.6米，中等的直径为0.9米，最小的直径为0.7米；井台用条石和河卵石铺砌，井沟基本上是条石、河卵石垒砌，约为3米见方（图2-23～图2-29）。

泰宁古城中排出的水，含屋面雨水、地下排水、生活废水等。屋面雨水主要是汇集到天井四周檐沟，通过地下排水沟及与之相连的窨井，流向外墙明檐沟，生活废水（主要是厨房盥洗废水）排入厨房特设的排水孔，进入地下排水沟后流向外墙明檐沟，所有废水一并由明檐沟注入金溪河。屋内厅堂、天井的排水有其规律，地下排水沟由

图2-23　大井头古井

图2-24　"何恩公"牌楼下井

图2-25　德义古井

图 2-26　狮子巷井

图 2-27　儒学古井（红军井）

图 2-28　兴隆古井

图 2-29　岭上街兴贤古井

后天井通过中堂、前天井、檐沟，排入屋外外墙檐底排水沟，之后汇入金溪河。

泰宁古城各宅防火用水没有特别的装置，一部分靠入城之北溪水，其他应急用水是在各厅堂的天井里添置用红色砂岩打制的水缸，不时之需可用于灭火，同时缸两侧摆放柱状、花瓶状花架，装点美化了杉阳建筑的厅堂、天井空间。

第三章

杉阳建筑与文化探讨

泰宁古城及杉阳建筑，空间布局、结构形式、立面形态讲究美观、大气，使用空间强调"奢华"的礼仪厅和简洁的居住环境。以天井、厅堂为中心，房门均朝向天井和堂面，人们的活动空间沿厅堂而展开，甬道、廊道连接各门洞，成为出入院落、厅堂的主通道，主门连接的廊庑，是登堂入室的必经之路，一进的礼仪堂，是迎接贵客及重要文书、捷报的地方，宽窄宜人的后堂，是主人与家人拉家常的空间，这些设置体现了杉阳建筑的风格和人文习俗。

崇尚门脸的"豪华"，结构的"简洁"是杉阳建筑一大特色，"豪华"的门脸基本上是用精美、大气的砖雕和装饰纹样传统朴实的石雕相结合而成。"简洁"的木结构，均为不加修饰的原木进行构架，辅以干练的卷刹，花边的栌斗，柱上象鼻栱和枫栱组合装饰，显现出明代杉阳建筑及文化的简约风韵。

第一节 古城历史建筑群肌理特征

杉阳建筑群落呈现单一格局多样化的形态特征。依据一些城市考古资料，古城建筑肌理研究成果表明，杉阳建筑成为当地居民最基本的居住场所，其以"三厅九栋"的组合结构形式为显著特征。实际上杉阳建筑是传统合院组合建筑的形态，大致有以下几种。①以中轴线单向纵深发展、横向扩展形成中大型住宅群，这种形式占据杉阳古建筑的主导地位。②以中轴线单向纵深发展，形成门楼、内空坪、前院、后院的住宅群，这种形式在杉阳建筑中占有一定的比例。③围绕一条街区、一条巷进行联排构筑单体组合建筑，这种形式在杉阳建筑中屡见不鲜。④以封火墙和内隔墙为"外围"的合院形态，其内大小空间变化交错的"随形"自由组合，这种形态的建筑较少。历史源流、社会体制、经济实力、建房喜好及当地工匠班的技术水平等，都对杉阳建筑群肌理构成产生较大影响。规模较大的尚书第建筑群，以第二栋中心为基点的构筑模式，成为这组建筑的"向心性"，同时向纵深方向发展，又出现"长轴性"，两性并重，同时还特别强调与周边自然和人文环境有机结合，现已成为杉阳建筑中的典范。

一、泰宁古城历史景观

泰宁古城聚落及杉阳建筑集群是以科举文化、官宦士族、名门望族、大姓之家、财豪门第为主流产生的。北宋状元叶祖洽、南宋状元邹应龙，明万历太仆寺少卿（正四品）江日彩，明天启兵部尚书李春烨，以及古城中的陈氏、欧阳氏、廖氏、肖氏大家族在城中各占一方，加之民间成规模、有水平的工匠班共同营建了泰宁古城及杉阳建筑。泰宁古城历经唐、宋始建，元代续建，明代鼎盛，清代持续，民国维持并渐渐破败的发展轨迹，这条从未间断的古城发展史，遗留下众多的物质文化和非物质文化，以及直观的古城历史景观。诠释杉阳古城历史景观，要从历史聚落和古城发展的角度来综合分析，兼顾自然环境，地质地貌学，特色街巷和建筑，以及传统文化方面来考虑，以达到对古城历史价值多样性、综合性、包容性的全面理解，并提出切合实际的保护设计。针对泰宁古城自身特有的气质，在做好保护、发展、再生规划时应注重以下几点。①保护杉阳古城完好的山水环境，尤其是古城前金溪河水一段向西的水流，滋润着古城的文化命脉，故金溪河两岸的历史景观必须维护到位。②充分体现出古城文化中特有的、浓重的礼教精髓，如古城中座座房屋内设置书院（书斋），以至于出现了两宋两状元，明代何道旻、李春烨等建筑营造人才等，这些人文资源也是古城保护与发展规划的主要环节。③古城保护与发展规划应通过参与性规划及与利益相关方——原住民等进行深入沟通，就如何进行古城与古街区、古建筑保护，经营和产权传承后代，每座房屋物质文化和非物质文化价值及延续达成共识，明确这些承载的价值特征以利于长久的良性发展。④将城市遗产价值、特征及脆弱性纳入更广泛的城市发展框架，框架应明确在规划、设计和实施发展项目中需要特别关注的遗产敏感区域。⑤由于泰宁古城个性十足，独一无二，在城市发展时应确立古城文化遗产保护与发展规划及实施成为唯一或优先项目。⑥制定"接地气"的保护与发展可操作性的实施导则，对确认的古街区、古建筑等遗产保护和发展项目，建立切合实际的经营手段和管理模式，同时协调城市不同管理主体间的各类保护发展经营活动机制。

　　泰宁历史街区内的古韵水系与古木绿化遗存损毁得比较严重，直观的古代绿化景观存量比较少，主要的历史公共建筑，如城隍庙、孔庙、李春烨旌表牌坊等地标性建筑，以及古城墙、几条古街道全毁，无法深入论证研究。现在研究的重要内容是泰宁古城现存的历史文化街区及景观环境，如炉峰山与城外金溪河所形成的风水格局，东隅街与炉峰山形成的明显对景（对位）关系，该视线通廊目前尚存，但是由于新建筑的出现而使视线通廊受到明显的影响。历史街区区域边界的新建筑导致炉峰山、古建筑群、金溪河的连接断裂，成为相对独立的三个部分；根据测绘调研发现，历史文化街区内的多数古建筑的朝向为背靠炉峰山、面朝金溪河的风水格局已遭到一定程度的破坏。

　　实际上，泰宁古城历史文化街区的古建筑属于闽北山城建筑，在局部结构、外部感观、细部特征等方面似乎受浙、皖建筑风格的影响，但究其真谛，其实不然，如空间尺度、建筑结构的大气，外部砌筑高大的封火墙，疏密结合、宽窄相济的简约一字叠落式墙体和墙帽，是其他地区同时代建筑所未见的。此外，泰宁古城历史文化街区的古建筑外墙材料为米灰色中偏黄色砖材，厚大的黑瓦，红色砂岩条石、块石作墙基，与白墙灰瓦的徽派建筑存在很大区别。

同时，杉阳建筑在细部装饰等方面也有很大的地域特征，与浙、皖建筑存在很大的差异。新城改建也许是过分强调新建筑的"新徽派"元素，对泰宁"杉阳建筑"地域建筑特色研究不足，因此为了节约成本，采用了快捷、简单仿制的设计，省略了设计中正确引用杉阳建筑的关键要素，如泰宁古城东隅大街与大巷新建商业建筑全面、密集地采用类似徽派、浙派建筑风格设计，即滥觞于浙、皖建筑元素，形成了所谓的泰宁"新徽派"建筑风格，那些僵硬的层层叠叠、密密麻麻的堆砌翘角建筑及细部处理给人错觉，以致影响杉阳建筑及文化的真正研究和传承。

杉阳建筑最典型的构件是柱上补间铺作的象鼻栱组合，后堂明间太师壁上的一斗三升补间铺作，山面墙上皮穿枋的如意形花座补间铺作，檐廊柱上的出跳并列斗栱组合，以及檐下墨绘花卉等，这些独一无二或罕见的建筑细部是泰宁新区建设、乡村振兴规划，以及建筑设计借鉴、升华的文化要素，也是杉阳建筑及文化精华延续传承的最好元素。

泰宁古城明代街巷路面以红色砂岩条石错缝铺砌，或红米条石作脊、河卵石作面；巷道路面以河卵石铺砌为主，红色砂岩条石配花铺砌。古城中大部分街巷构筑技艺和风貌延续至今，近年翻修的路面竭力保持传统铺砌的用材，即采用卵石与红色砂岩条石结合铺设路面，基本保持了古城街巷之古韵，但也有其不足之处，即片面强调仿古效果，而忽略了人们对步行舒适度等方面的要求。另外，如果能全面吸取并恢复20世纪80~90年代被新路铺盖的宋、元、明、清原始路面，同时加以合理、科学的修补、改造，那会更加烘托出明、清泰宁古城的典雅古韵，成为历史厚重街区的一大亮点。

二、杉阳建筑特色工艺

（一）屋面特色工艺

杉阳建筑的屋顶形态典型，地方特色显著，体现了唐、宋、明、清时期杉阳建筑历史文化的重要组成部分。屋面上正脊中部的官印脊柱，宋代长翅官帽脊正脊翘角，成为杉阳建筑外部形态及文化信息的典型符号，既有时代的印记，又是古城发展的历史见证。杉阳建筑的屋顶作为建筑的特殊立面，是构成古城建筑的基本单元之一。杉阳建筑屋顶的形态、尺度、高度、材料、色彩、起翘等组合的结构，以及其宽密相间、舒张幅度都影响着古城的建筑变化。作为屋顶围护结构，它在建筑物形态塑造中起着重要作用。泰宁古城的建筑历史，传统建筑屋顶面的形态是以硬山顶两面坡为主要特征，前、中、后、辅院的屋面正脊的宋代长翅官帽脊，或单、或重，或在门楼、厅堂、墙边，其古拙大气的"身影"随处可见，这种屋顶形态也构成了泰宁古城空间的重要元素，即以"宋韵明风"的建筑文化形态昭示人们，过目不忘（图3-1和图3-2）。

（二）木作特色工艺

（1）选材、备料。选材、备料严格按照传统建造习俗轨迹进行，建房的前一年，由

图 3-1 尚书第第一栋
礼仪厅正面屋脊

图 3-2 杉阳古城空间形象——层层叠叠的
宋代官帽长翘形屋脊

大木师傅（当地工匠们称之为"头墨"）带领一班徒弟进山选料，最主要的是选柱、梁等结构材料，如圆柱、方柱、凹棱柱、八角柱、接柱等。柱子、梁枋是支撑屋架与屋面的关键材料，如金柱（核心金柱、里围金柱）、檐柱、山柱（承托脊桁条的柱子）、屏门柱（主门厅内中间的隔屏柱子）、其门柱（礼仪堂太师壁柱子）、童柱（承托梁枋的柱子）、角柱（承托角度差别梁枋的柱子，有角檐柱、角金柱、重檐角金柱、角童柱之分），以及架构屋架的梁，如脊桁（当地工匠们称之为栋梁）、扛梁（杉阳建筑特色结构梁，位于礼仪堂角柱上最长的一根梁）、抱头梁（位于轩廊檐柱与角柱间的梁）、挑尖梁（轩廊明间次间檐柱最外端的小短梁）、太平梁、元宝梁、角梁、步梁（单步梁、双步梁）；以及桁条、椽子、望板、楼板（地板）、裙板、门板等。杉阳建筑中每一座房屋中的柱子、梁架结构都根据选定好原木木头进行裁量的，力求胸径和尾径差控制在 0.05 米，故而这些木料体量硕大、坚致，柱子多圆中带方，表面光滑；粗大，超长的扛梁头尾直径相差无几，取料笔直，可谓是百里挑一；杉阳建筑非常强调柱头铺作，即象鼻栱与枫栱组合，这类材料选用的都是质地细腻、致密的百年老杉木制作，数百年不开裂（图 3-3 和图 3-4）。

图 3-3 世德堂扛梁结构

图 3-4 正堂扛梁结构

（2）大木作。柱子圆中带方是杉阳建筑的特征之一，视觉感受尺寸基本一致，这一致的效果是当地工匠们方圆结合且特别处理的结果，他们称之为有"面子"，即将柱子表面规范、顺直、平整、光滑的一面，面对进深方向的正面（主要观察面），将不太理想的一面面对背面（人们比较少看见的侧面），这是避免百年成材不易、不浪费制作柱子的木料所致。杉阳建筑扛梁的制作，其结构上跨度大，要求长度一般在9～11米，直径在0.7米左右，头尾直径大小相对一致，且质地一定是坚韧不变形，架于角柱上且扛起整体屋架，这在杉阳建筑的梁架结构中比较特别，主要承受力在整根梁上，梁两端传递部分承受力至山墙柱上，此外，通过穿枋、步梁、檐柱、柱础、地面及地下，以及檐金柱头以大型象鼻栱组合的补间铺作也支撑、传递、分解了部分承受力。杉阳建筑中比较特别的枋（当地工匠们称之为门梁）是处于门脸或门楼檐口上方的额枋，该额枋跨度稍短，但围径较粗，直径在0.5米左右，显现出"力扛千斤"的态势，而两端双线卷刹曲折、柔顺、一气呵成，形成粗壮与柔美的强烈对比的美感。

（3）小木作。多用于以木结构为主的装修装饰，如高高的门楼、门脸上的浮雕纹样（图3-5和图3-6），双开黑漆其门上的各式圆雕花卉匾托，轩廊和礼仪堂、后堂等梁上的柁墩、坐斗、栌斗、象鼻栱、枫栱的制作和圆雕、高浮雕、浮雕，以及线刻瑞兽、花卉等；处于板墙上的槛窗，如上、下及内、外组合的"槛挞衣"窗；礼仪堂次间轩廊前的高望柱黑漆金彩隔断（图3-7）与栏杆；供人们倾倒洗脚水的地板小门；大、中、小型的悬空和落地木结构的柜式神龛（图3-8）、神橱；摆放于厅堂山面墙下的长凳，太师壁下的条案、供台，以及街巷口的大、小路亭，凉亭，街心亭的梁架结构上的细节装饰等。

图3-5　门脸（门楼）檐枋

图 3-6 雀替

图 3-7 轩廊前的高望柱黑漆金彩隔断

图 3-8 落地柜式神龛

油饰、彩绘工艺，另有工匠师傅承接，如梁架结构、柱网、裙板、家具等的油漆装饰，建筑檐口灰面上的墨绘、彩绘等。值得一提的是，明、清时期杉阳建筑普遍喜欢使用黑漆作主体，红漆作辅助，朱红、绛色、金彩作点缀装饰。

（三）石作特色工艺

杉阳建筑石作（图 3-9）大约出自北宋时期，其工艺流程大致分为选料和石面构图布局、打坯戳坯、放洞镂雕、精刻修光、配垫装垫和打光上蜡六道工序。大部分石雕都是一位石匠艺人自始至终地完成，也有一部分是先由大师傅粗坯关键部位成型，其他师傅雕琢，再由大师傅细节雕饰（图 3-10）。石作材料基本上是选用当地盛产的红色砂岩石料，少部分选用花岗岩石料和河卵石。宋、明、清时期的石工匠在实施石作工程取得经验，由石雕艺人自己设计（用黑墨画出初稿、石作过程稿，修订稿，定稿），然后大师傅和徒弟按粗、细、精不同程度进行雕凿加工。一些含有西洋风韵的石雕设计，可能是明代官宦何道旻、李春烨借鉴京城西洋石作纹样而进行的。杉阳建筑中的石作（石雕）工艺流程大致是以下三步。①开料，亦称"开大料"，即凿去大小石料粗坯多余的石坯，加工至初具规模的大样，待凿打出所需雕件的体与面，再进行第一道黑墨纹样画稿，大修改加工至接近拟定石作形态约1厘米厚度时再修稿。有时上述加工过程可以交替进行。②凿去与设想纹样多余部分的石块，确定核心纹样，厘清纹样

图3-9　北宋时期红色砂岩浮雕
"缠枝牡丹"石作

形体的起伏态势，整体与细致结构等细微变化要拿捏准确。③琢磨、修正、修整、抛光所雕刻好的石构件，以改观红色砂岩粗糙的表面，达到亮丽的质感，增加石雕作品的光亮，提高其艺术感染力。

杉阳建筑石雕工艺一般是按题选料，大概有门脸（门楼）石料（图3-10）、须弥座石料、柱础石料、台明石料、进出水孔石料和石铺地面石料等。各部位石构件的选料是根据房主人与石工匠商议后，按所需纹样主题而构思。针对性选择石料的细粗、软硬、致密、坚硬等是按雕刻题材与作品而定，如尚书第第二栋门脸的人物和鸟、鱼、虫题材的石料雕刻就要求石质和颜色相对纯净、细腻些，由于通面阔尺度长达7~8米，还要考虑石材的坚硬程度，以达到不易开裂与崩裂、吊装安置不会断裂的要求。雕刻山水等题材的石料纹路就要求自然纹路、颜色凝重些，石质颗粒要求不高，有些石材的天然纹路还可以使画质更加自然、古朴。

图3-10　精美石雕门脸（门楼）

杉阳建筑中亦出现放洞镂雕这一复杂技艺，这是石雕工艺中要求最高、技艺最难的工序，选择的石料要质量最佳的一类，这样在雕刻过程中不易雕坏构件和艺术作品。尚书第门脸的"凤穿牡丹"和"凤穿菊花"就是此类石雕工艺的珍品。

杉阳建筑石雕工艺中最后一道工序是精雕磨光，据当地工匠们介绍，对那些精细画面的人物，瑞兽的眼睛、嘴角，鱼虫的首部等要用鹿皮慢慢摩擦出光面，这样才使得作品更有生机、更加传神。

第二节　杉阳建筑营造工艺

泰宁传统建筑工匠班历来有名，明中晚期达到了登峰造极的地步，师承关系主要为师傅代代传承的传统木工工艺，这种工艺及流程一直延续至20世纪70~80年代，至今仍然保留传统技艺的有以杨顺良、张强华为首的泰宁工匠班，以及开善乡蓬边村的廖、伍、江等姓氏的大师傅工匠班，其中张强华工匠班主要工作是泰宁古城及杉阳建筑的维修、县域内重要的建筑节点的设计和建造。张强华本人的综合技艺更是超群，他懂得总体设计、视觉设计、木工制作、泥水工序，还会遵循传统木制文化，编制木作《神本》等"工具书"（图3-11～图3-13），其内容包括建房过程主要节点及注意事项，工序、尺寸，施工过程中所需要举行的各种祭奠仪式等。在他的助力下，本书作者及其课题组较系统地了解了杉阳建筑的渊源和工艺流程，总结出了杉阳建筑营造特点，为古城及杉阳建筑保护、再生提供了较为科学的依据。

图3-11 《神本》封面

图3-12 《神本》内容（一）

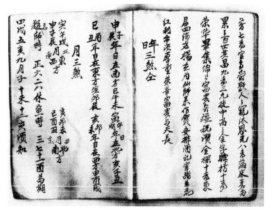

图3-13 《神本》内容（二）

一、木工工艺流程

杉阳建筑工艺流程是长期在房屋构筑过程中，由各工匠班从实践中总结而得出的，同时结合"法式"建筑规范要求，融入当地建筑选址、伐木、居住、生产、生活实际需求而形成的杉阳建筑特殊的建筑工艺流程，其含有官式做法，也融合了徽派、赣派大型民居精华的一些做法。

（一）选材伐木流程

进山选伐木料。进山选伐木料的时间选择在每年的清明节后的一个吉日。建筑木材主要是以杉木为主，少数亦可以苦槠树等杂木替代，杂木一般用于祠堂或寺庙建造，民居还是以杉木为主。适时选用高耸、笔直、结实的杉木作为柱和梁的用材，选大小适宜的直材作桁条，长直的老料作"穿"（当地称为"游""由""川"），坚韧、平直的料作枋，粗大、结实的材料作椽子、望板、裙板等。

看好的主料要进行选定标注，以告知此料已有业主选定，以免被他人使用。伐砍树木时，一定要注意树木覆倒的方向，树梢要倒向山坡下，这主要是考虑树脂与水分（当地木工称为"树浆"）能及时倒流、彻底蒸发干净的因素，否则会产生"闭浆"现象，闭浆的树木特别沉重，不利于人工在山沟中的扛抬，另外还加大了开锯板料时的困难，开锯会"吃咬"住锯子（当地称为"涩锯"）。杉树砍倒后应及时将其主干皮剥脱（也只有此时才能将树皮整张剥脱），揭下的杉树皮可作房屋或毛寮的盖瓦使用。待到杉木树梢针叶（当地称为"杉刺"）发黄，杉木水分被树枝基本吸收并自然蒸发约85%的水分，这是最佳裁木、断木的时间段。工匠上山裁木时，应根据建筑物各构件的长短、大小进行量材裁截，当地人习惯称为因材断木。下山木材进施工现场时，工匠要将脊桁或随脊桁（当地称为"栋柱梁"）在上梁前一日进场，之前大梁所处位置要隐秘，不能让无关人知晓，以防止人为乱摸、乱划、乱劈，以至产生破坏原生态的"灵气"之嫌。在搬运时，不能像其他木头一样对待，如用钉竹钉、钉把手协助抬运，而只能在抬运过程中用苎麻绳环绕木材形成麻花状的把手，用红布缠绕木头根部。工匠进行裁截大梁时，先劈去无用部分，再削制大梁的粗坯，使之处于大致成形状态，之后根据设计开凿榫头。

梁（栋梁即脊桁或随脊桁和扛梁）木进场后，应摆放在拟建房的太师壁或神龛处已架好的木马上。上梁前一天对梁木要进行"开肩"仪式（即用红布包住肩扛的地方，形态要成肩弧形）。

建房整个过程中的伙食有以下特点。①"起工顿"伙食实际上是大餐，主人家杀猪、宰鸡、鸭，摆酒席，"起工顿"的第二天为"歇马顿"，即稍加丰盛的餐食，同时给每个工匠两天的"歇马"工钱；②"起工顿"后，便是正常的餐食，但每5天一圩要改善生活一次（工匠们顺口溜：吃好"圩口顿"，做事不会累），"圩口顿"一直伴随整个施工过程；③扶拼上梁时应摆的是"大餐"，此时主架梁已经构成，可以说工程过半，值得庆贺，乡里乡亲、路人均可参加，其中粳米、糯米打制的糍粑要管够，有兴致的宾客还可以带回家分食家人；④"盘傲顿"（在制作山口桁条，整理檐口多余的瓦条），即加餐庆贺；⑤"去神顿"与"完工顿"，是房屋"大功告成"的喜庆日子，亲戚朋友、乡里乡亲应邀参加，并送贺礼，主人家大摆酒席，宴请宾客。

（二）计算裁截木料

工匠举行开工（当地称为"起工"）仪式时，即起工架马，即时制作若干梁枋等构件备用，安置裁锯木料的锯台等，具体有以下步骤。

（1）制作建筑尺寸的量竿（当地称为"起杖竿"）。由工匠班头墨〔传统工匠班中约定俗成的技术职称，一共分五级，"头墨"（一级大师傅，仅此一人，类似工匠班班长，负责建房的设计，主梁架结构和关节点的计算），"二墨"（二级师傅，类似工匠班的副班长，负责下达"头墨"设计好的房屋尺寸，分派和指导主构件制作任务），"中墨"（三级师傅负责主料的裁取和制作主构件），"帮角"（四级师傅，配合"二墨"和"中墨"制作合格裁料），"徒弟"（五级，打下手，劈砍大料表皮，操大锯，刨光木材）]。

"起杖竿"。实际上是古建筑的设计图，有分四面和两面设计绘制，基本涵盖所建房的梁架结构，即面阔、进深、高度、出水、举折、门窗等尺寸。制作由头墨选取一根长度与所建房子等高、宽三寸的木椽，在两面规律地画出（当地称为"画墨"）全部构件的榫卯位置和尺寸，平面、椽下部柱脚以上五尺处画一"五尺墨"，再画出地脚、穿枋（当地称为"川方"，也就是进深方向）、枋（木工称之为"由枋"或"由方"）、柱尾（落地柱和童柱柱尾）的尺寸与位置。

（2）举架屋坡计算（当地称为"算水"）。从屋脊向下推算。缓水（软水）位于屋面与屋架的中下部一点。用软水必须用"搧拼"（指边拼柱比厅面柱高）：厅两边辅间柱比厅面高 2.5 寸（8 厘米），用缓水起到美观作用。

（3）取料、开料。当木料陆续进场基本完成后，选开料等初期工程便有条不紊地进行，徒弟在师傅的指导下，选择合适的木料，按所需规格用大锯锯开料（方料、板料）和相关用途的材料，由经过几年学徒的三级师傅（"中墨"）帮"角"，根据拟建的建筑各构件用料尺寸、数量弹线取料，二级师傅（"二墨"）核准并将各构件按尺寸进行制作，上述所有工序和尺寸定制都由一级大师傅（"头墨"）负责进行建筑的全盘设计、施工统筹，以及建筑结构尺寸、结构性关键尺寸的"画墨"。

（三）实施初期木作

各构件制作实施：基本完成上、中、下堂的柱、梁、枋、桁等构件的制作。

（1）各开间木构架拼接（当地称为"串拼"）：由木匠师傅先在柱磉上安好地脚枋，然后再把柱子一拼一拼串好。

（2）扶拼。选择良辰吉日，祭拼（祭拼，将雄鸡鸡冠刺破流血），扶拼，爆竹连天，鼓乐齐鸣，礼炮（三鸣铳：当地使用的一种用铸铁铸造而成的三管带把的火药铳）震天，四邻八舍、周边村庄的人纷纷来帮助扶拼和参加盛典。众人在鼓乐、鞭炮声中和木匠齐心协力把厅面两拼柱一一竖起（先竖左边、后竖右边），用绳和杠子绞在柱的合适位置，用肩抬上柱磉就位，木匠搭梯在柱上，一人一头扛起由枋，把厅面两拼柱固定，贯以"贯闩"，这样，厅面两拼柱基本稳定。接着扶左右两榀边拼，上好由枋，贯以"贯闩"。

（3）上梁。上梁多在午时，大梁在众人扶持下，裹着红布徐徐升起，木匠彩语连连，彩语声中大梁逐渐升高，上入柱尾，梁肩如过紧，不得用斧头等工具敲击，只墩入到位。

（4）上桁条，屋架基本完工后，便开始对整体梁架结构稳固的桁条架构，桁条制作和实施中，取平、开槽、固定有一定的要求。桁身中线找准弹定之后，在桁一端开锯榫头，另一端开凿卯口备用。

（5）钉椽、望板。钉椽亦称钉瓦条，瓦条多用平条，只有极少数的花厅用横截面为半圆的瓦条。平瓦条取三寸宽，尾端九分厚，蔸端一寸厚，瓦条在取料时都在尾端做好记号，以免钉倒，钉时尾朝上（栋），蔸朝下，为防腐，只在尾端钉一铁钉，其他部位用竹钉。厅面瓦条上再钉一层薄板，底面刨光。两边钉小薄板条。竹钉：取老毛竹，锯成2寸半（钉瓦条），1寸（钉瓦条）制作时有技巧，否则无法使用，竹钉劈制好后放锅中炒制，炒制过程要掌握好火候，过火会使竹钉发碎、易断，火候不够竹钉发软，无法揳入构件中。钉的时候竹皮朝向屋坡上端，竹黄向下，这是基于避免迎面受潮，易出现发霉糟朽的原因。

（6）盘敖。盘敖（敖：山面的两头，檐口弹线取平锯掉），即将桁条尾端多余部分锯掉，瓦条下端弹线锯平，锯时要保证裁口与地面垂直，主要是为美观。

（7）安大门。将门臼钉上，把门扇竖起，再钉门梁。

（8）装修。主要是公共空间设置，如厅面板壁、神龛、大凳、天井板、大门、弄门、供桌、座梯等的装修。如果是几家，或几兄弟合盖房屋的，就由众家出钱。装修好的空间其中一间叫众家间，由众家出钱。众家间，是作为婚丧使用，但丧事（族中老人去世）、停尸祭拜位置多在后堂、后轩（当地人称为架后间，即大厅照壁后面，如无架后间的，则在两厢房）。众家间装修好后，基本上是年轻人结婚的空间，年轻人一直可住到下一个使用者。另外，有的众家间（位置在左侧厢房），还设为"礼簿间"，专供宗亲兄弟姐妹和亲朋好友奉礼时用。靠天井一面的厢房板壁中间的窗户下截出一个空间，采用活动板壁形式，拟作门的功能，有双开、串合、上下抽合的开启合闭形式。

做完厅面板后，同时将大门、门梁、神龛、神位牌等做好，以应对随时可赴安大门和祖宗神位的时日。神龛多安在后厅堂头照壁上，高度以一皮枋为准（当地称为"一由"），有个别因朝向、地形地貌的限制等问题不宜安在厅头上时，神龛便安在左侧壁上。

制作正堂（大厅）两侧的大凳，其长度与穿路基本一致，供家人聊天、议事用。

（9）天井板。天井板的作用是扩大厅面面积，是专门供婚、丧、喜、庆时人多而设置的，在天井处，摆放数条比厅面矮一寸的长短不一、高低不一的长条凳，长条凳长度为厅沿至外厅的后其门，靠厢房的两条凳面要做凸边，中间各条凳面中间做一条凸梗，使天井板铺上去不易移动。天井板厚一寸，铺好与大厅地面齐平。铺了天井板，必须要打开"中门"（前其门），搭天井梯作为前后厅的通道，此外无路可通。

（10）壁板。有鼓皮壁（其中有一种是平面鼓皮壁）、扣子壁、明壁，平面鼓皮壁上部为灰墙，下部抱框与板平为平面鼓皮，有抱框与板不平为普通鼓皮壁。众家间（公共空间）的正堂或后堂厅面板壁（裙板）制作好三年后，待"布板"（裙板）干透后再行紧缝，这是大部分杉阳建筑裙板至今还严丝合缝的原因所在。其余房间的板壁在分给各家房后，由各家自行装修。众家和个人的装修做完后，这栋房屋就算完工了。

二、泥工工艺流程

（1）安磉。泥工匠（当地称为"泥水"）先把中轴线上明间的柱磉（柱础的位置）

安好，同时用丁尺（亦称天平尺）校准水平面，杆向上，底弹一线，杆线固定、校准、垂直、钉牢，挂垂球，双线吻合即可。

（2）安地袱。平地、挖沟、出基槽。值得一提的是，木工、泥工工种分类没有严格的规制，简单的建筑，泥工部分由木工代替。大型建筑，则由泥工负责地基、地下排水沟、屋面等工程。

（3）屋面铺瓦。杉阳建筑瓦屋面工作的实施，一般由师傅们指导，然后主人家自己参与铺盖。

杉阳建筑营建民俗

先民们特别注重栋梁（脊桁）的移动、制作、安置，木料首部（当地习称为"蔸"）、尾的朝向，进场顺序不能颠倒，其他柱、梁、桁的材料进场、制作、安装都要兼顾纵、横、竖三向的摆放。树"蔸"朝向神龛，树尾朝向堂外，竖立的用材必须是尾朝上、"蔸"朝下进行拼接、安置。裁截木料用尺也一定要与鲁班尺核对。瓦屋面、装修装饰完工后主人家在大厅前摆放三牲（整鸡、整鱼、猪头，鸡有"基"和"家"的意思，就是意喻"建基""建家"；鱼象征年年有余；猪和鸡一样象征家和财产，意喻六畜、人丁兴旺，家庭美满），柑、橘、苹果、香蕉、桃五果（象征风调雨顺、五谷丰登）。

整体建筑完工后，主人家要举办丰盛酒席（当地称为"完工顿"），届时工匠班的师傅，贺喜的亲友携带礼品或礼金，热热闹闹庆贺完工。宴席结束后，宾客们将部分菜肴带回自家，分食家人，以沾喜气和吉利。

乔迁新居的前一天要整理好衣物、用具等，分别用箩筐装满七担，同时要准备活泼、健壮的大公鸡，以及猫、狗等，晒衣竹竿及竹杈，松明火把、摇炉罩，还要蒸好一笼干饭，一并喜气洋洋、红红火火地带进新家。入新厝一般都应赶在清晨时分，此时新宅大门敞开，堂屋内灯火通明，香案上摆放供品，香烛点燃，炮仗轰鸣，迎接入住新厝的人们。

三、杉阳建筑工匠"神本"的文化内涵

"神本"是在营建古建筑时，工匠师傅自己编制、书写的手抄本，其内容包含安地袱，起工架马，祭拼、扶拼、上梁、择日、安大门、接收彩礼、建筑画符等。

"神本"是用质量较好的毛边纸裁成小 32 开，较厚的"牛皮纸"作封面，以麻绳穿孔成册的小本本，实际上是一本工匠师傅使用的工具书，其有一定的私密性，一般情况下不外传，因为这"神本"的内容、细节、吉祥符号绘制等，都体现着工匠师傅从事的不同工匠经历，以及实施过程中得出的不同的宝贵实践经验，充分展示出传统建筑工艺的精髓、魅力和真正的工匠精神。

第三节 泰宁古城及杉阳建筑选址

　　福建现存的不多的古城，各有各的古城历史，各有各的街巷特色，各有各的古城文化。泰宁古城、建筑特色和传统文化，集自然环境、文物古迹、古城风貌、城市格局、杉阳建筑，尤其是明代建筑群为特点，泰宁古城集物质、非物质，精神文明等方面于一身的综合型历史文化街区，也是闽西北地区杉阳建筑特色及文化的集中反映。泰宁古城不是相对独立的城区，而是保存着五片区、并以尚书第和世德堂为中心的完整的明代建筑群落系列建筑体系，历史街巷中遗留浓厚古城及建筑历史文化、市井文化、书院文化等生活气息。古城文化氛围与四周自然山水相得益彰，形成一幅完美、古朴、灵秀的山水、人文古城画面。

一、泰宁古城选址

　　自然环境与人文环境取向特点。古城处于河谷丘陵地带，城区坐落在金溪河畔的北岸。根据《泰宁县志》记载分析，宋代古城建设者选择了县城向北延绵几十千米，蜿蜒向南及东南余脉的炉峰山作为靠山，朝向东面是一块宽缓的台地，这些空间成为古城及杉阳建筑的建筑用地。台地边向西湾流的金溪河从古城东缘潺潺流过，是泰宁古城的母亲河。杉阳古城，南有大金湖，东有兔耳岭，西有峨嵋峰山系之炉峰山，前有金溪河"玉带缠绕"的维护，一派吉祥如意、鸿运昌盛之佳地。泰宁古城格局，实际上是负阴抱阳的山水山城格局（图 3-14）。

　　《修复水道记略》记载了古城变迁："于时民居晨星，前坊其址也。"此言可解释为：唐、宋时期的泰宁古城，民宅如星辰一般散落在金溪河谷地带，这个地点主要指的是城西的前坊街一带。宋代以后，归化县经济繁荣，人口递增，原泰宁古城居民居住空间小，于是县衙请了东川（今云南昆明市东川区）人范越凤为泰宁古城新址选点规划。范越凤沿金溪勘察水流环绕，踏勘山川、溪流走向，并考虑泰宁历史渊源、文化背景，建议将新城址向东移动 500 余米，这就是现今的泰宁古城地点，暗合了负阴抱阳之势的理想生存空间。

　　新城址选定后，便确定了古城街巷和建筑的主轴方向，选定了水井的位置，开通了地下给排水系统，建设了公共基础设施，开辟并建造街衢、民宅。范越凤倡导引用北溪之水，从而使得源源不断的干净水源流入古城，不仅解决了市民日常生活用水问题，同时其设计的地下给排水系统，还起到了防止水患，缓解灾情的作用，可谓古城

图 3-14 泰宁古城格局

建设的经典之作之一。范越凤设计的地下给排水系统比较科学，建新城后的几百年来没有出现任何问题，曾出现"民物繁庶，人文丕振"的景象。

二、杉阳建筑选址

泰宁古城及杉阳建筑处于山间河谷阶地的理想环境之中，这些建筑紧靠山体，面朝东面宽敞的阶地，前疏后密的空间形态，给人一种紫气充足、祥和稳固的感觉。先民们古朴地通晓和利用光线明暗、空气对流、太阳起落、北风西晒等自然元素，将建筑选址的朝向放在首位，存有一定的科学原理。

杉阳建筑选址存在"先来后到"、官宦和旺族选优等现象，具体地说，先行选择靠山位置适宜，朝向较宽无遮挡，左右小环境相对闭合的位置是最佳的兴建房屋基址。随着古城人口用房的增多，房屋建筑逐渐从由好向差，由中心向南北两边扩展。明代嘉靖、万历年间，世德堂建筑群在选择建筑基址时，首先占据了泰宁古城最中心、朝向最好的位置，建筑中轴线几乎与靠山垂直，门脸前没有遮挡。但从实际测绘来看，世德堂主门、前天井、正堂的轴线朝向有三次改变，这可能是建筑设计上的缺陷补救。与世德堂相邻的万历年间兴建的江家大院选址靠近金溪河边，可能是为了避开溪边风大直接贯入庭院的原因，故而选址、定位时特意避开风口，将主门、二道主门、前天井、礼仪厅、正堂中轴线测定方向多次改变，形成曲线空间，使院落内空气对流柔和宜人。

尚书第建筑群选址在二级河谷阶地上，这里地势高矮适中，前瞻效果良好，干湿度相宜，也是古城中风和日暖、氧气聚合、光线充足的最佳位置。南北大型内甬道贯连尚书街、澄清街、三尺巷，形成了"金三角"的院落闭合区。为了将熙熙南风环绕府第，设计者在巷口转角处开设南门楼，并特意在北街口开设北门庭，以产生空气缓缓对流之效应。尚书第按主次位置划定各栋基址，第二栋（主栋）基址占据建筑群最核心，褒扬李春烨丰功伟绩的"柱国少保"第五栋占据最南边的显赫位置，寒窗苦读的书院占据院落北边最静谧的位置，这种针对性选择建筑基址的行为，在福建其他民居中是不多见的。

杉阳建筑的其他单体建筑选址基本上是围绕世德堂、尚书第两大院落而展开的，没有更多的区别。

第四节　杉阳建筑的传统工艺及经验

张强华师傅，生于 1936 年，十五岁学徒，十八岁出徒并带徒弟，从事设计、营建木构建筑 50 多年，大小设计和新建民居、寺庙、牌坊等 30 多座，在传统建筑营建方面有许多宝贵实践经验。现根据对杉阳建筑传承人张强华的访谈，总结出杉阳建筑的特色及精华，如下所述。

一、传统工艺方面

张强华师傅及其他工匠班师傅们，对杉阳建筑营建的方向称谓不是法式约定俗成的称谓，是把朝向作方向，区别于江西工匠师傅们的东、南、西、北的叫法，即称为前、后、左、右。

（一）木构裁定经验

（1）材料取舍经验。选定木柱，叫"打机车"，杉阳建筑中的柱子方中有圆、圆中有方是明代典型特点，这是因为正圆取料会浪费材料，最大限度地保持木料的原始状态，也可能是当地工匠一贯喜欢的传统做法，即根据原木材直径的特点，选择视觉好的木柱面，即将较扁平的一面面向人们常常看见的一面，这好看的视觉面是为了表现房主人"有面子"，也是为了建筑的美感，柱坯选面先取小一点的"面子"做截取材的准绳，以便其他三面的平衡裁取，但正金柱、檐金柱不允许这样，因为要"四面露"的做法，是为了人们无论在四面的哪一个角度都可以看见最好的柱面，所以厅堂上的几根金柱要进行特别的制作。工匠师傅选柱子用料时要尊重树木的自然生长、成材规律，要明白所有杉木原材料不可能是正圆的，而且直径越大的木料越珍贵，且自然界很难寻觅得到，因此工匠们要根据原木的形态、曲直、纹路、结疤、大小头等因素采取"行墨裁截"。

（2）材料裁截经验。首先要明确栋梁各部位的名称。整根梁称"梁章"，有梁根、梁肚（中间略大的部分）、梁尾之分；制作好的梁，梁根摆左（当地称为"由"，横向方向），梁尾摆右（当地称为"川"，纵向方向）进深内端；如果是拼接的大梁，以下层拼接的木块头、尾以上述方向摆放。实际上杉阳建筑中所有的老角柱都是椭圆的，制作柱子时，一般柱根比柱尾大 5 分（0.15 米），这样视觉刚好，否则比例失调不好看。每一根柱子都会有"面子"，金柱最好的一面都要向明间中部对齐，老角柱有对中、也有对向前（门口方向），杉阳建筑没有出现梭形柱（原因不详，尚待探寻）。腰枋榫卯结构制作有个绝招，先贴上去，再往上推，这样就严丝合缝了。木料结疤过多，会影响受力，甚至会压垮梁架结构。瓦条取材：原材料一般都是一头厚一头薄，尾要取薄一点，8～9 分，蔸部取厚一点，一般为 1 寸。

（3）杉阳建筑实例构件称谓及制作。澄清街 12 号门：杉阳建筑比较特别的结构是卷棚顶，吊灯装置，并列斗栱（双斗加一川）。砖砌门，铁乳钉固定木过梁。廊庑处的柱头铺作（从下至上）一跳斗栱（当地称为"条斗子枋-挑枋"，枋前叫"挑嘴"），穿枋（当地称为"花川"梁丘）。柱头铺作为下皮斗栱、象鼻栱、双斗挑（内外一体）的做法，即将柱子顶端及尾部开贯通槽，将双斗挑整体落槽，并吻合、掐牢上皮挑象鼻挑梁，其上安置栌斗（当地称为"花口平盘斗"）；有的结构中会出现十字斗栱、水丝（一端露出象鼻）承托下桁条（起圆角线或方角线的桁条）。

尚书第北门山面墙梁架结构上的虾公枋是杉阳建筑中最早的应用实例。建筑中栱枋线角的开锯一定要控制在 45°方向开线，是为了视觉设计的需要。正堂前轩梁架柁墩、花座、水丝显得比较特别，这是其他建筑没有的。前其门柱上的花坐斗、栌斗、平盘称之为水丝，其功能是承托檩条屋架与屋面。

山面板墙、其门底部的"牛腿""马腿"结构，杉阳建筑工匠班称之为"扫把兜"。吊脚柱处的由枋（二层楼板固定的方木），枋上的栏杆扶手部位叫"平盘"。

（4）门窗构件名称。木过梁（当地称为"天平"），门过梁之下的构件称为"托头"（垫头），用石、砖、木制作的门框称为"立人"，其下双层护角石，加石座（架）的门结构别具一格；门楼中少量出现悬空的圆柱及柱础，这是杉阳建筑独一无二的大门装置。大型门楼一般是由门枕石加"立人""天平"、半圆檩枋、柱头砖雕、长方砖叠涩等构成。胜利一街 37 号的门斗为木架门罩，单坡、砖栱门，当地工匠们称之为"派子"。胜利一街 16 号的门斗为水磨砖门脸。澄清街 1 号门：明代建人字形（悬山顶）"派子"，显得简洁大气；6 号门：建于明代早期，清代改建，为单坡"派子"，以"夔龙""花枝"雕花斜撑支撑门屋，显得另类；8 号门：建于明代，清代改建，为单坡"派子""夔龙""如意"雕花斜撑门屋；10 号门：建于明代早期，清代改建，为单坡"派子"，以"夔龙""如意"雕花斜撑支撑屋架。

杉阳建筑门斗的做法有五种：①简单门斗，砖砌无门楼形态，部分侧门采用小拱门形式；②中型门斗，木构架为主，斜撑加立柱或吊柱形式；③大型门斗，亦称华门，如尚书第、世德堂等，一般是以石、砖雕为主；④平砖门斗，以澄清街（69 号红色门牌）为代表，"立人"、门墩、出跳四皮砖，此处门楼缺一块角，这与地平面空间有关，否则整堵正面墙变斜；⑤商店的工艺特点是外加一道木串门，用一半砖和一半木作高为柱础，厚砖内嵌砌置门框（3 厘米），墀头墙体配象鼻拱。

杉阳建筑主门及辅门拼串手法：主大门门板多为"鲁班串"（从厚板中间打长孔），各房间板门多用平板门"龙串"，即从板后面凿槽串拼。下门轴使用"鸡心钉"，主要是为了解决板门厚重不易开启的构件。这些杉阳建筑的门的结构形式多样，个性十足，在福建民居中比较罕见。

杉阳建筑中大量出现"槛挞衣"隔扇窗，这种特色的窗户视觉效果相当古朴精致，当地工匠们称之为"斗子窗"，上部可随意开启的叫窗，下部固定的隔断叫窗斗。厢房"槛挞衣"处的门可上下活动，具有鲜明的地方特色。

（5）特色建筑。欧阳厝（朱子巷 22 号红色门牌），主门轴线与建筑中轴线几乎成为直角。其原为前、后院，直通到现在的民主街中心（因新城改造，这座杉阳建筑中唯一大进深的房屋受损）；正堂轩廊地面没有错层，与正堂地面同属一个水平面，以及正堂次间前檐下设上、下隔断和漏窗，这些设置均与尚书第、世德堂有所不同。此外，如意形侧门扇，偏厅的所有隔扇窗做成冰裂纹状，"虎爪"童柱中间开线条，苦槠树制作的柱础，砖雕斜向门楼，地方特色鲜明。据说这座宅院原来是江家屋产，后陪嫁谢家，再转给欧阳家，房屋几易其手。

（6）巷口亭（过弄亭）。原来所有的巷口都有巷口亭，大的街巷口还有"四面相同"的大型的独立亭子，巷口亭以穿斗式结构、悬山顶为主，单坡抬梁式结构歇山顶为辅。

（7）胜利二街古建筑世德堂。世德堂第一栋外墙出檐 40 多厘米，墙帽出跳 6 厘米。门脸屋架采用的"仰二覆六铺"法是明代原始做法。

（二）泥工的经验

（1）地下排水系统做法。天井的出水不能直线排，进水不能直流，一定要倒流一回，经厅堂要弯弧，弯曲向走向。墙上出现一排规整砖孔，可将上屋坡雨水通过墙空往下屋面排水的叫"过水孔"。

（2）墙体做法。杉阳古城街巷的原始水沟最深处 1 人深（约 1.6 米），溪沟边的合围（外墙）之基础（挖至硬土层）：用河卵石、毛石垫基，横条红色砂岩铺砌（防止压力、滑脱，受压面积满足受力要求），露明石顺铺，其上眠砖垒砌（双块或三块一组）共 9～19 层和 26 层，最后用压顶石（实际上能起到与地梁一样的受力作用，使得整体性强，出现局部变形对整体墙受力影响小）。匡斗墙做法：一般是用三条叠涩出檐砖作墙檐，墙帽用 2 块仰瓦、6 块覆瓦、1 块压瓦石（或特质的瘦厚条砖）座脊铺就而成。

（3）柱础制作。与现在统一定制柱础不一样，杉阳建筑的传统做法是要等到所有柱子做好后，检验柱截面与竖立面是否成垂直状（当地称为"做平"），按各木柱的大小、粗细进行实际测量，依各柱径"葫芦画瓢"锯下预留的柱子截面并做上记号，编好序号，供做磉石和柱础时套用，在明代没有标准化的时代，这样做才能与实际中的柱网空间吻合，不变形、好看。对此，我们实测了几座杉阳明清建筑后得以证实。

（三）特色屋脊

官帽脊的做法叫"堆栋"，当地的工匠们称杉阳古建筑屋脊中间堆瓦成柱是"有栋必堆"，靠墙根的屋面正脊，亦称"堆栋"，这里的斜贴瓦叫蓑衣瓦，便于排水和避免"死角渗水"。墙帽上的厚细条状压脊砖叫"压栋"。堆栋用瓦，压栋用砖或石。

二、师承关系方面

弹墨及师徒传授经验的过程，可以从泰宁县工匠班流传的木工学徒顺口溜看出，"三年学徒，三年帮，到了'中墨'往上攀（能装修、弹墨线、取主料），熬到'二墨'不容易，要做'头墨'难上难"。意思是说三年的学徒只能是帮助师傅做些基础的木工事宜，如搬运木料，锯截木料，劈木柱表皮，制作檩条等；三年后可以相对独立地测算和弹墨制作主料（柱子、梁枋等）；做到"二墨"时应具备对房屋空间的基本形态、主料尺寸、篙尺制作等设计能力，并可独立构建简单的房屋；"头墨"，实际上是大师傅，是所有房屋、寺庙等的总设计师，可谓是建筑形态、建筑结构、装修装饰、精雕细琢的建筑构件和装饰艺术的民间大师。

弹墨的最高境界是借墨，即弹墨中线、皮线，技高一筹的是"打摇墨"，常用于木架桥梁，弯曲木料巧妙利用；弹取桥梁材料，必须是凭经验弹出每段板桥板的尺寸，总合数都是奇数的为高手。弹木料中间线的关键是精确掌握木材原材料的曲直方向、纹路的走向、兜向（尾），头向（根部）的朝向再弹打线痕，这绝对是靠实践出真知的经验活。

三、杉阳建筑特点

（1）原泰宁古城的社会安全、交通、营运等管理主要有八个城门，即东、南、西、北各一大门，东南、西北、东北、西南各一小门控制。古城内最大的街是从水南至县衙门前（实际是断头路，现华兴超市一带），这一带主要是当地政府、商业、文化管理的区域；街两旁都是大屋，为江姓、何姓、陈姓、李姓、欧阳姓、邹姓等家族占据，这是姓氏、家族势力的社会化分布。其他街巷还有图街、五图街（后改为红卫街）、民主街、水南街、岭上街、炉峰街、红光街。现灵秀商城水井边一带叫牌楼下，也叫绣衣坊。目前邮政局旁还有两条小街，一直通到试验小学。其两边有3～4座牌楼，都是青石制作的，如节孝坊、进士坊、贞节坊等（已拆毁）。

杉阳建筑各类特色构件实例见图3-15～图3-18。

图3-15　封火墙正堂廊庑檐口屋面结构

图3-16　杉阳古建筑硬山顶屋面状况

图3-17　世德堂正堂屋面

图3-18　外檐屋檐及墙帽结构

（2）房屋天井梁架结构做法实例。世德堂本栋：中轴线偏了四次，当地工匠们用"错中轴线"办法建屋，这与相关的吉祥数据、阴阳五行、生辰八字、朝向等因素有关。门厅施船篷轩顶，正堂施鹅颈轩，是杉阳建筑中现存最早的实例。

前天井比后天井宽大，是为了吸纳更多入户的空气和光线，后天井面阔、进深变小，是为了主人居住舒适的"藏风聚气"，也是调节、改善朝向不利的举措；前天井三边过廊上的廊庑屋架宽度的控制，是为了方便家人行走的特色空间；有些前天井靠门庭处的檐金柱用石、木接柱是为了防止飘雨侵袭腐烂，但接柱时要绝对做到对面、线垂直，否则会出现歪闪。

将梁架结构上的童柱架于梁上、并实行"包肩"工艺，是为了确保梁架结构不出现歪闪。世德堂整栋梁架结构中的柱、枋皆用留皮原杉木构架，山面墙梁架结构均用整根原木剖半做成三皮穿枋（"川枋"），圆枋皆是后平，这种做法既原始又奇特，显得古拙、大方。通过仔细观测，发现正堂上的正金柱均为扁圆形，这种因材构建厅堂梁架结构，在福建民居比较少见。梁架上的童柱短胖适宜，其上小榫卯结构的栌斗（当地称为"盘座"），盘座上施十字斗栱承托垫枋和檩条，双层檩下皮做成梁状，后堂厅面山面墙上四皮穿川，枋间施三组或四组如意坐斗，太师壁上补间铺作"一斗三升"很是特别。面墙（群墙）平面施鼓皮技法，古老苍劲。

（3）尚书第建筑特色。原主入口在南门，后添建北门作主门厅且方向朝北，与深长的甬道、南门形成一体的空气对流空间，主要是为了解决密闭的通风问题。甬道上各门套不对称错缝布局，主要是风水问题。为避免厅堂明间中轴方向对空间的影响，可用次间、稍间的空间大小来调节，这也是实测中左、右次间，以及稍间的实际尺寸不统一的主要原因。书院几经改造的痕迹：从外围墙（东墙）与第一栋相连处的地砖平面，阶条石、砖墙砌置的痕迹、吻合柱础的破拆和叠压关系，梁架结构改装等判断，原书院前厅应该是一个畅通空间。这就产生了什么是书院原结构，以及使用功能如何等问题的探讨。前厅空间明间原应该有插屏门，现已改观，这从金柱上、下坎没有发现"博柱钉"得到证实。

尚书第及其他杉阳建筑正堂前檐屋架的承受力，是按照扛梁与柱头铺作"分量承重"来计算屋架与屋面举折尺寸的，这与其他流派的建筑承受力计算存在差异。

檐口承托雨水（当地称为"天水"）的接水沟槽是用坚硬的老木料作撑架。为了防止构件霉朽，稳固水槽的勾头均为上釉烧制的瓦勾，勾头前端塑造为斑鸠形状，意在取平和吉祥之意。

大型甬道铺砌用的是横条块石，即横2.28米、纵0.7米、厚0.19～0.2米的大石料，边框用的是纵0.9～4米、长短不一的块石铺砌，其做法是两侧微斜，中部略高，方便于雨水较快地排泄至墙边沿沟，同时缓缓渗流至暗沟及窨井，这种做法是为了"财水"不外流的民间建筑习俗。出水孔直径一般为外径14.5厘米，内径13.5厘米，刻有"钱纹""花""桃心""半月"等。尚书第大甬道上的石雕门楼（当地称为"空门"）很是特别，门柱下加门枕石（门墩），墩下有设石臼和不设石臼，门额之下设石过梁（当地称为"天平"），但有不带梁的天平，石过梁下垫托雀替（当地称为"垫头""托头"）。

第二栋门庭前照壁墙构成部分有沟石、立石、平石、方立石、须弥座等；沟石微微突出，倒角石矮座上下出檐遮盖着座芯，显示出较高规格，高平座石压于顶部，显得端庄、大气，花座立石，花板、竹节立石、卷刹边平石上的多葫芦套饰主体纹样，显现出一种福禄绵长的意境。

尚书第北门厅梁架结构的做法，可以看出"骑童""虾公"栱起伏恰到好处，视觉效果理想，太挤不好看，但斗口与栱尺寸比例不正，难看。"一线二栱三虾公"，两川出挑，川的高度从地脚线高度开始向上至屋顶算对半分，可高些，但矮了不行，难看。

为了避免栱、枋的视觉问题，要掌握几寸斗口几寸张，即下起至上宽度，如果纵向宽一点、栱高一点，所谓的"黄金比"就漂亮些。一皮川枋（线枋）处理不好，墩子线（起墩子）有单双起线，根据实际空间美感决定。上皮檩枋厚的2～4寸，薄的约1.6寸，这是传统做法，固定不变。

厅堂上的板壁腰枋——川板，有平面鼓皮壁（当地称为上、下"倚子"），扣子壁（当地称为"起线扣子"）；厅堂地面的地栿（当地称为"地脚枋"），有单、双阴阳线装饰。梁上小方木叫绞盘，再用一块的叫平盘，一般是2寸高，3～4寸雕花，柱头上也有此做法。架刹，亦称"豌豆花"，穿枋上的线条。

尚书第四世一品大门：门套（当地称为"门斗"），内凹，外护角石、水磨砖墙、门顶柱、额梁（做成梁状，如果做成枋的形状就叫枋，此处的额枋为彩绘贯套纹"包袱锦"等），檐口整体压栋，由清水仰瓦（沟瓦）和覆瓦构成。

尚书第第五栋：门柱上的横石一般都叫"天平"，其上又横一苦槠木（燃点高，不易着火）也叫"天平"，但有一种叫"木过梁"，其面上用望砖加铆钉钉牢，防霉腐朽。第二道门洞坍塌后改制，原应该是单门三楼式，是为了"缓冲"风水措施。礼仪厅轩廊的特点是檐口明间檩条高、次间低，这是从视觉要求及考虑承受力的均衡而设置的。

（4）尚书第厅面尺寸计算。厅堂进深不能超过厅的面阔尺寸，具体算法是1/4加10算；后堂设计，高宽、进深，4川加3算，川中柱高度为基数；轩廊错落一小层是为了防止飘雨侵入正堂内部。檩条数量设置，所有设厅瓦条（椽子）应该是双数（即逢偶）。

（5）尚书第特殊构件。尚书第特殊构件有扛梁（当地称为"千斤梁"，指的是整栋房受力最大的梁）、前其门、后其门（前其门柱、后其门柱）山面拼柱、檐柱（扶柱）、前正金柱、后正金柱、中栋柱（栋柱）、大金柱，小金柱、童柱（大、小童金柱）等。

尚书第及同时代的杉阳建筑常常于檐口（前、后檐）、檐柱上出现并列斗栱设置，这是杉阳古建筑一大特色，主要是为了局部小空间的美观，也与古朴的设计美学有关。

厅、井面逢婚丧嫁娶大事时使用，搭拼临时梯数为奇数，用木板从正堂后其门开始铺，至后堂门扇处，此时要将后堂前隔扇门全卸下，灵活"开启"，使后堂活动区域扩展。

第四章

杉阳建筑装修装饰

最吸引人们关注的是杉阳建筑中的装修装饰，这里的装修装饰含有浓重的明代典雅之风，此风弥漫全古城。以线条表现为主，块状浮雕为辅的木雕，简洁大气；以舒朗、密集结合的石雕，文气十足；以黑色为主、红色为辅，金彩点缀的漆饰，端庄古朴。部分杉阳建筑结构中的木雕、石雕中出现含有西洋风韵纹样的装饰，斜线梯形界面的深刻雕刻技法，无形中证实了上述建筑装修装饰与明代何道旻、李春烨在北京为官参与修缮故宫，营建兵营等建筑的建造有关，他们引用了北京含有西洋风韵的建筑元素和符号，借鉴了"洋莲""缠枝花""贯套纹"等西洋风格的图案和雕刻手法，运用在门楼门额、天井内的石花架、门脸（门楼）底层须弥座的石雕上。

杉阳建筑装修装饰既注重传统手法，又富有地方特色，装修部分涵盖屋面与屋架、屋身及梁架结构、台基与地下地面，具体涉及屋脊翘角、屋面檐口、雨埂墙、天沟、屋身柱头上铺作、梁枋间的铺作，即檐廊前望柱花板隔断，檐金柱的斗栱铺作，门窗、隔扇、漏窗，以及门楼、须弥座，柱枋间的雀替、匾额、条联、屏风、神龛等。其制作手法及种类有木雕、石雕、砖雕、彩绘、灰塑、描金，采用圆雕、高浮雕、浅浮雕、透雕、线刻、阴刻、阳刻、剔地，层次感、立体感较强，显示出深厚的装饰文化艺术底蕴。

杉阳建筑的屋面装修装饰不很复杂，厚大的瓦片，宋代官印与长翅官帽正脊，3～5级疏密结合的封火墙脊磬形墙头，偶见的"牡丹叶"屋脊翘角和红色砂岩打制的墙帽，檐口的鸽子沟槽盖挂钩的水枧，直接表现出了杉阳建筑外在空间之特点。

杉阳建筑梁架结构以优质老杉木原木构架，所体现的梁架结构含有明代风韵，具有粗犷、大气、简洁、文气的特点，如宽敞的廊庑梁架结构，礼仪厅梁架结构，柱上的象鼻栱，大跨度粗长的扛梁，圆中带方的立柱和硕大、厚重的八棱柱础等。

此外，红色砂岩石材垒砌的门楼（门脸），大台阶，大甬道，大天井，大花瓶花架，高规格须弥座的墙座和照壁座，高尺度的台明，低错落的双重轩廊地面，方砖对角铺砌的地面，都具有明代建筑风韵，这种风格的建筑别无他处。

第一节　屋面工艺与装修装饰

由于杉阳建筑基本上是以纵向防火墙和横向隔墙分隔出的三厅九栋（九宫格式）格局，故而屋顶多为硬山顶，即双坡屋顶形式，屋面相对等分的横向正脊为界，分为前、后面坡，左右两面山墙与屋面紧靠在一起，为了防渗，瓦片采用一段贴于墙上，一段与屋面瓦面吻合，并用防渗砂浆封护，封火墙一般高出屋面0.7～1.2米。该硬山顶是一条正脊，四条垂脊。有关古建筑研究资料表明，严格意义上的硬山顶始出于明中晚期，这无形中吻合了宋代《营造法式》中没有记载硬山顶屋顶的史实，也从另一个侧面印证了杉阳建筑始建于明代是确信无疑的。

一、屋脊装修装饰

杉阳古代建筑的屋顶基本上是硬山顶和悬山顶，其前、后檐伸出墙体，由举架形成的反曲的屋面，富有浓厚的明代风韵，脊面上绘制和灰塑的宋代官帽长翅官印脊形态和枝繁叶茂的"牡丹折枝花"组合而成的上翘的正脊，蕴含着宋代建筑遗风的屋脊视觉效果和艺术感染力。杉阳建筑的硬山式屋顶有一条正脊或双重脊，其最大特点是简洁、朴素。这种硬山屋顶形式，现存宋代建筑中也未见。明、清时期，硬山式屋顶普遍使用在我国北方建筑中，南方建筑中却很少见到，而杉阳建筑中普遍使用，这高大的围墙相夹的屋面空间成为我国南方典型府第式、硬山式结构典范。素雅无灰塑和彩绘的长翅官帽脊，成为杉阳建筑外观的典型标志（图4-1～图4-7）。

图4-1　尚书第第二栋礼仪厅正脊

图4-2　尚书第第二栋门楼双官帽脊屋脊

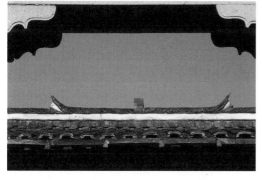

图4-3　尚书第第三栋门内的屋脊

图4-4　尚书第第四栋门楼正脊

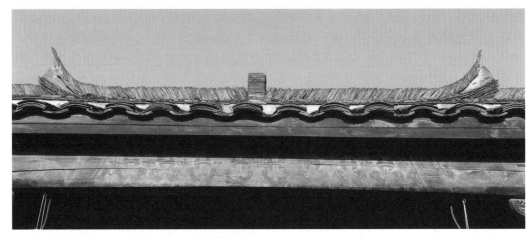

图 4-5　尚书第主栋门楼正脊

图 4-6　世德堂第九栋下堂正脊

图 4-7　大田乡郎官第牛角脊

屋脊装修装饰包括的官帽长翅官印脊有单脊与重脊之分，使用位置在正脊、垂脊、翘角、多屋脊、墙帽等屋面上。泰宁古城中约 85% 的明清建筑是宋代官帽长翅官印脊。此类脊几乎均使用在面阔方向，正堂正脊上使用最多，偏厅正脊使用次之，门楼、与内隔墙交界处的屋面中脊使用居三，极少数廊庑屋面上可以看见。其具体做法是在建好或修复好的屋脊望板脊上垫一层透水性差的砂浆，其上铺一层盖缝覆瓦，再垫一层密度较高、黏性较强、透水性差的砂浆作屋脊基质，同时用尺寸一致的瓦堆成官印脊柱，之后于官印脊柱的左、右两侧作成脊的起始点，用内收小块瓦堆出小脊，脊面上用白灰面封护；脊底双面用覆瓦搭住脊边，等分做出瓦垄，再用凸形剪瓦紧密护住瓦脊处瓦沟头的空隙，防止飘雨斜侵，形成的护脊瓦屋面做到溅雨不会渗透至屋脊内部。屋脊起翘约从整条脊的三分之二处开始，如果是重脊，即再行堆砌延伸脊至天沟口沿位置起翘，之后再与防火墙上的屋面相接和封护，做好了的屋脊最顶层要覆盖一层密封盖瓦，然后用胶质状的细腻砂浆勾缝，最后压上脊砖。

屋脊正中的官印脊柱砌置比较严格，底层砂浆上铺望砖一皮，其上再铺薄薄一层砂浆，然后粘贴50片左右的瓦片，形成脊柱，脊柱两边用叠瓦45°角向脊底堆砌成主屋脊。正堂官印脊柱是各堂屋脊尺寸最高、体量最大的，其他脊柱根据屋面大小的比例而定。下堂脊柱定位大致在正面廊庑檐金柱之间的中心线上，礼仪堂脊柱是整栋房屋最重要的脊柱，其定位大致在明间檐金柱之间的中心线上，后堂脊柱定位大致在老脚柱之间的中心线上。屋脊起翘点大致在次间、稍间交会处的节点上。

屋脊约有4%的"折枝牡丹"脊和官印"钱纹"脊。"折枝牡丹"脊以世德堂为代表，以重脊为主，中心位置堆塑官印脊柱，脊柱两侧用铁条竖立并加固堆砌"折枝牡丹"纹饰。该脊总体高度比宋长翘官帽脊要矮些，单独的脊座用砖瓦堆砌成翘坡形，外部用麻灰砂浆牢牢封护，显得特别稳重而规整。再在灰面座上堆瓦成脊，至脊尾部用铁条和竹条作起翘之筋，然后用胶质性强、可塑性大的灰泥塑造"折枝牡丹"，并起翘，"折枝牡丹"微微回首、叶底成"卷云"的"如意"状，叶尾长卷微外翻长伸指向天际。中部官印脊柱下堆贴"富贵朵花"，贴近观察，起初脊上、翘脊有墨彩点缀。宋官帽长翘官脊和官印"折枝牡丹"脊始出年代大致为明中期，明中、晚期普遍使用，清初继续使用，清中期被"钱纹"加矮脊翘取代。约10%为平顶脊，用瓦片堆砌，基本不施砂浆，没有装修装饰。

朱口镇龙湖村童家大院的脊翘比较特别，门脸上的翘脊是在铺盖好的门楼屋架望板上薄施砂浆垫层，测算出瓦垄数，直接在仰覆瓦上堆砌一层50°~55°的密封斜瓦，瓦垄内（仰瓦）用碎瓦垫平，其上叠瓦，覆瓦上直接堆瓦使之成脊，脊至门厅内山墙面一线时用几层片瓦起翘高约0.45米，其面用麻灰砂浆封护，起翘下灰塑直径0.25米左右的"钱文"辅脊。脊中心点用望砖堆砌高约0.50米、顶部出檐的官印脊柱。脊檐下面阔约3米、高约0.30米的白灰面上墨绘留白"双凤戏缠枝牡丹"，两侧用土黄、浅灰、黑色彩绘树石栏杆，且用黑底留白技法分别绘制两组花卉，分别是"桂花""紫薇""玉兰""含笑""梅花""石榴""翠柳""芙蓉"，"大丽花""四季花""水仙""兰花""菊花""牡丹""灵芝""莲花"。

屋脊约1%为歇山顶的四角翘脊，比较典型的是龙湖村的福善王庙。主楼四角起翘幅度较大，在做好的木构角梁望板上用黏合度较高的砂浆铺一层，计算好瓦垄数，瓦沟特意做得比较深直，出檐也比较长，特制的如意形勾头，用绘制的五彩葫芦作脊柱卷刹，四角起翘顶灰塑鱼化龙衔脊，显示出该屋檐品位高。辅楼四角起翘稍缓且长，以素瓦铺砌起翘，子角梁下施角叶，富有飘逸感。

二、屋面装修装饰

杉阳建筑屋面装修装饰素雅无华，涉及祠堂、民居、封火墙等，具体表现在檐口、天沟、过墙天沟（图4-8）、雨埋墙等处。

图4-8 屋面排状过墙天沟

（一）檐口、天沟及过墙天沟装修装饰

明清时期的杉阳建筑檐口处理、传统工艺传承与变化不大。以明代尚书第、世德堂为主的官样府第式建筑檐口，处理得比较精道。尚书第大甬道处的门楼檐口、围墙檐口、封火墙檐口一般是叠涩三挑砖檐承托瓦垄和瓦滴。封火墙墙头一般用砖、瓦堆砌成"磬"状，山花面有的还墨书"天官赐福"等吉祥用语。一些内隔墙和封火墙用红色砂岩条石做墙帽，显得坚实和另类。靠天井檐口水枧沟槽托钩做成"葫芦"形，意喻堂内人"福禄长寿"；特别是檐口水枧托钩的钩头用"斑鸠"加以覆盖，造型灵动和吉祥（图4-9～图4-11）。

图4-9 纵向封火墙"天官赐福"墨书墙头

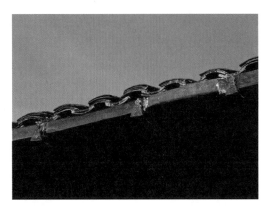

图4-10 瓦缸胎水枧及"葫芦"形水枧钩头

图4-11 "斑鸠"水枧钩头

尚书第、世德堂、欧阳大院、江家大院等檐口下的砖雕小龛内采用黑底留白、白底墨彩之法彩绘各种各样的折枝花卉，如象征文人气质的"梅""兰""竹""菊"的"四君子"，富贵花开的"牡丹"，多子多福的"石榴"，报喜信的"梅花"和"喜鹊"，四季平安的"四季花"，事事如意的"灵芝花"，健康长寿的"菊花"，谦谦君子的"兰花"，冬春万象更新的"水仙"等，简笔艺术表现娴熟干练，古朴典雅。此外，尚书第第二栋主门楼檐下额枋上的墨彩、红色点彩花卉和"皮球锦"组合等彩绘，属杉阳建筑中仅见等级最高的古建筑彩绘（图4-12～图4-17）。

（二）雨埂墙（截雨脊）

杉阳建筑的雨埂墙古拙、简洁，形态简单，一般处于上层屋面与下层屋面之间的空间中，在下层屋面上用瓦片层叠覆盖，形成坡条状截水墙，明代一般不使用灰面封

图 4-12　北门内门楼檐下墨彩

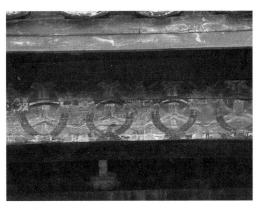

图 4-13　门楼额枋上的"皮球锦"红色点彩

图 4-14　甬道檐下墨彩

图 4-15　"平安葫芦博古纹"檐下彩绘

图 4-16　墨绘黄彩"凤与树"
石栏杆与"牡丹纹"檐下装饰

图 4-17　墨绘黄彩
"麒麟送瑞纹"檐下装饰

护，而清初及以后使用灰面封护，并在面上用土黄、红、墨等矿物颜料，采用写实、山水画、留白等技法彩绘吉祥文字，以及传统典故、人物、郊野、树木、花卉等纹样（图 4-18～图 4-21）。

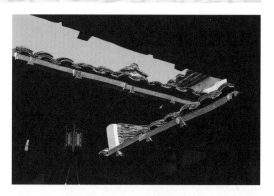

图 4-18 明代建筑雨埂墙　　　　　　　　　　图 4-19 明代雨埂墙

图 4-20 清代彩绘雨埂墙　　　　　　　　　　图 4-21 清代雨埂墙

第二节　屋身装修装饰

　　杉阳建筑屋身的装修装饰，指的是柱子、斗栱、梁枋构成的"骨架"间，即柱子间连接的梁枋分成的开间，梁架结构，屋内门窗隔扇，太师壁，插屏门等处均有木雕、砖雕、彩绘等装修装饰。屋身装修装饰占整体建筑的 70% 左右。门脸、柱头、梁枋、屏门、补间铺作等结构方面的装饰艺术尤为突出。明代屋身装修装饰简洁、大气，以线条为主，雕刻为辅；浮雕为主，透雕为辅；素面为主，彩绘点饰为辅，装饰纹样也比较简单。而发展到清代则出现了繁缛堆饰的图案化装修装饰，即以多线条为主，透雕为辅；彩绘为主，金漆为辅；规矩对称为主，俗气浮华多现。

一、柱枋上装修装饰

柱枋上的装修装饰如图 4-22～图 4-30 所示。

图 4-22 "鹤鹿牡丹纹"斜撑

图 4-23 彩绘"飞凤"斜撑

图 4-24 彩绘"飞龙"斜撑

图 4-25 门亭雨披"折枝花
夔龙纹"斜撑

图 4-26 抬梁穿斗混合结构上的"瓜柱"装饰

图 4-27 礼仪厅老角柱上的圆雕象鼻栱

图 4-28 下堂角柱上"太狮少狮"象鼻栱

图 4-29 "吉祥如意纹"斜撑 　　图 4-30 太和堂内礼仪堂檐金柱老角柱上的"象鼻花卉"并列斗栱

　　杉阳建筑的柱头装修装饰属铺作范畴，主要指的是斗栱组合装修装饰部分，也是杉阳建筑中最具特色的结构装饰，其由水平放置的方形斗，象鼻栱、枫栱等组成，在屋架与屋身立面上的过渡空间，结构上有部分承重作用，但主要起到装饰效果。值得一提的是，作为封建社会中森严等级制度象征和重要建筑的尺度衡量标准的斗栱，杉阳建筑存在"僭越"行为。杉阳建筑中柱头铺作出一跳斗栱（四铺作）少量使用，出两跳斗栱（五铺作）居中，出三跳斗栱（六铺作）的较多。出跳斗栱中以象鼻栱与弧线大斗盘、矮斗身斗栱、安插枫栱组合为主。象鼻栱，始出于明中、晚期，盛行于明末，延续于清中早期，在我国古建筑中，尤其是明代建筑中十分罕见，甚至是个例。

（一）柱头装修装饰组合形式为主导

　　长伸的象鼻栱弯伸有力地指着上方，耳部两翼安置"如意""牡丹"，象征太平万象、富贵如意；多跳并列斗栱层层叠叠登向天边，好似生活、福禄步步登高之意。为什么杉阳建筑中多处使用大象为题材进行装修装饰呢？因为大象在中国传统文化中是吉祥、太平的象征，其性情温和，是知恩图报的吉祥动物。另外，据传五帝之一的舜，是驯服野象的第一人，后人在他死后于陵墓前发现大象刨土、彩雀衔泥的吉祥征兆，据说这是"太平有象"吉祥寓意的最早出处，之后"天下太平""万象更新""五谷丰登""强壮长寿""聪慧顺良"等吉祥用语便应运而生。大象还与佛教关联，如普贤菩萨手持如意荷花，跨骑六牙白象，寓意着愿行广大，善行天下，功德圆满，普爱众生。

　　另外，还有前门檐廊檐金柱和巷口亭柱头象鼻栱组合形式，即出一跳斗栱（与下穿枋对接），一跳象鼻栱承托檐檩与屋架；大田乡邹氏祖屋外檐廊柱头上出一跳"折枝灵芝"斗栱，一跳象鼻栱，一跳"莲瓣纹"穿枋承托桁条与屋架，正堂老角柱上出一跳"折枝牡丹"斗栱，一跳象鼻栱，底部前安插一双蹄曲卷的小象，一跳并列斗栱、一跳穿枋承托桁条与屋架，很是特别。当时的细木工匠别出心裁的创意，得旷世象鼻栱构件组合精品流传至今。这些象鼻栱尺寸高度均在 0.7 米左右。

廊庑檐柱上的装修装饰。整体结构体量较大，高 1 米左右，宽 0.5 米左右，其出跳斗栱和象鼻栱基本形式及其装修装饰手法比较简练，基本上是安装在方形柱子上部，是直接安装于木柱上的出一跳斗栱和一跳象鼻栱，一跳连接穿枋的斗栱，一跳翘首穿枋组合。斗的形态特点为方形、大弧面斗盘，深弧内束斗腰，浅二层台斗底，底中心一约 2 厘米 ×2 厘米的榫头；栱的形态特点为平首弧翘的栱顶，莲纹曲弧基本面微凹的栱身；象鼻栱的形态特点为方顶，花边弧颈，弧鼓凸腹，小平底，四边沿线弧勒角，腹纵向开榫卯结构，方便安插，横向安插绘制"折枝牡丹"或"折枝灵芝"的枫栱。上层穿枋斗栱的枋前端也常常安插绘制"折枝花卉"的枫栱，上下两层枫栱聚集一体，动感十足，大部分的象鼻栱面上用黑漆红彩描金加以装饰，使得整组斗栱组合花样交相辉映，将整体屋架烘托得华丽又具有古典风韵。

礼仪厅（正堂）檐金柱和老角柱上的象鼻栱组合形式。整体结构及体量巨大，高 1.5 米左右，宽 0.7 米左右，纵向外端略小出挑承托檐桁与屋架，内侧巨大出挑承托明间主体梁架结构。檐金柱前出一跳斗栱，一跳象鼻栱，一跳曲花首斗栱承托檐桁及屋架，后出一跳斗栱，一跳象鼻栱（栱内侧特意安插一"折枝灵芝"）与扛梁瓜柱上月梁结构相连并承托桁条与屋架，这种结构与构件显得特别硕大、厚重、粗犷，这在我国明代建筑中仅见。老角柱前侧出一跳斗栱，一跳象鼻栱，一跳并列斗栱，一跳象鼻栱穿枋承托桁条与屋架。除了尚书第第一栋和乡镇类似民居中没有油漆外，其余此类象鼻栱组合都施黑红漆描金。

大田乡太和堂（堡）正堂檐金柱和老角柱柱头装修装饰比较另类，檐金柱外侧出一跳斗栱，一跳象鼻栱，一跳并列斗栱，一跳粗犷的"莲纹"斗栱，一跳花座承托轩廊桁条及轩棚。底层斗盘为"莲纹"短臂栱，上安置小平底、浅浮腹、大弧顶斗盘，象鼻栱短而粗狂，底部翘臀，前出一小斜端木花饰，顶部顶一花口斗栱，斗栱之上装置"莲纹"双曲面栱，双弧顶大弧腰斗盘的并列斗栱，并列斗栱之上安插勾勒"莲纹"的粗壮栱，栱上安置平口、斜平角微缩腰、大平底斗，斗上安置"缠枝菊花"大花座，中部"大菊花"怒放，两侧"小菊花"顶部各开一小口安插轩棚上、桁条下的斗栱共同承托轩棚梁架结构。檐金柱内侧出一跳硕大斗盘（0.72 米 ×0.72 米）的斗栱，一跳硕大象鼻栱，传统象鼻首月梁及桁条与屋架。这组柱头铺作是所见到杉阳建筑中体量最大的一组，斗盘出筋，边沿勒线条，为明代典型的简约装修装饰风格。老角柱上外侧出一跳斗栱，一跳象鼻栱，一跳并列斗栱，一跳粗犷的"莲纹"斗栱，一跳花座承托轩廊桁条及轩棚，其装修装饰纹样和手法与檐金柱基本一致，但个体略小些。檐金柱上铺作尺寸在 1.5 米左右，老角柱上铺作在 1 米左右，用老杉木做斗栱，用闽南雕花座，可谓是完美的黄金搭配。

厢房和后堂檐金柱象鼻栱组合形式。其形式和体量基本一致，出一跳斗栱，一跳象鼻栱，一跳并列斗栱，一跳"莲纹"花首穿枋承托檐桁及屋架，一在象鼻栱底部安插"折枝花卉"，一在上层栱上安插"折枝花卉"。有的后堂檐金柱上的象鼻栱组合略有区别，即将象鼻栱修成方形圆边，底部施象征性的"卷草"装饰，上层斗栱承托的是象鼻首花穿。斗盘边沿修成"刀刃"状，象鼻栱腹前多出一透雕尖首圈纹，颈部浅浮雕"单瓣莲瓣纹"或是"复瓣莲花纹"，这是杉阳建筑象鼻栱中的一种新做法。

（二）其他柱头装修装饰

大田乡郎官第下堂内天井处的檐金柱上安插木雕彩绘"祥云飞凤"圆雕，凤凰立于大小翻卷的云头上，凤眼炯炯有神，凤冠熠熠生辉，双脚弯曲作欲振翅蹬飞状，其曲颈昂首长鸣，双翅欲开，凤尾上升，红、黑、白相间的装饰，给人一种祥和如意之景象。廊庑檐金柱上的"龙凤神兽"组合斜撑，支撑着穿枋首部，"龙凤神兽"组合形态矫健，其曲卷凤爪紧抓于大小祥云云头之上，"蛇身""鹿角""象鼻""凤眼""牛耳""花首""凤尾"，好似威震四方、确保安康的天神。正堂左边老角柱上的斜撑，显得体量瘦小、秀气，完全是装饰作用。其自上而下分别透雕、高浮雕、线刻着"苍松""桂花""莲花""莲叶""猴子""云雀""公鹿""山石""虬松"等，象征着高官厚禄、辈辈封侯。右边老角柱上的斜撑，自上而下分别透雕、高浮雕、线刻着"苍松""梧桐叶""母鹿""山石""松叶""牡丹叶""乌龟"，意喻着松鹤延年、多子多福、长寿延年，吉祥富贵。这种连环画组合形式的艺术表现手法，繁缛而不乱，另类而生动，是古建筑木雕中之精品，实属罕见。

此外，杉阳建筑中的立柱、瓜柱、童柱上的大型栌斗及栌斗上的十字斗栱组合成为普遍做法，栌斗用整块原木雕刻而成，有圆边、花边（"海棠花"边为主，"四季花"边为辅），十字斗有弧顶"刀刃"边、内弧大束腰，亦见"海棠花"口形的。

值得一提的是，世德堂中轴线梁架结构的金檩上，左侧山面墙中柱内侧梁上分别安置大型灯笼伸放滑轮轴，用于婚丧嫁娶、年节庆典大灯和平常照明灯的悬挂，特别的是其用质量好的柞木做成"蝉"形，意喻长生不老，代代相传、出淤泥而不染、生命重生、高洁无瑕。

（三）并列斗栱组合形式

并列出跳斗栱装修装饰，是杉阳建筑中的一大特色，一般安装在礼仪厅、后堂、厨房的后檐，厢房的内檐，几乎顶层出跳斗栱上，多为双斗单层，个别为双斗二层，还出现单层单斗、双层双斗、单层三斗的组合架构，主要是弥补高柱子、高举架的空间视觉美的需求，视空间高低而设定，这类斗盘面为弧形，腰身有四条弧线出筋，斗沿刨制成圆刃状，为矮底部，上勒一线条，大部分与弧形栱组合，亦见弧形"莲纹"栱组合，有的用红漆描金装饰，有的为素面。

二、梁架间装修装饰

梁架间的装修装饰极富明代特征或明代遗风，简洁、大方、文气，讲究大线条、粗花卉的点缀的风格无不体现在杉阳明代建筑中，而繁缛堆贴、密密扎扎、五彩缤纷、俗气满堂的装修装饰风格也充斥在清代建筑中。轩廊、屋架上的抬梁结构上支撑大小适宜的瓜柱，扛梁下的座斗和雀替，梁枋间的雀替，山面墙穿枋间的虎爪童柱，穿枋下的小花角，以及瓜柱上的花边栌斗及十字斗栱组合，补间铺作一斗三升组合，都呈现出比例合适，栱斗粗壮有力，既能起到承重作用，又美化了架梁的空间装饰效果；更醒目的装饰是柱头与扛梁上大组的象鼻栱组合结构装修装饰，工艺水准极高，这在其他地方的古建筑中十分难见。穿斗式结构中的如意柁墩是杉阳建筑特有的装修与装饰，别无他处。明中早期（嘉靖年间）瓜柱短矮犹如瓜棱状，顶部安置的栌斗是圆形、弧腹、矮线刻底盘，山面墙和柱盘上安置十字斗栱组合，纵向的斗均为"海棠花朵"形，横向的斗均为方形、溜唇、弧腹内收、小平底、相对对称的粗壮栱；抬梁上瓜柱上斗栱安置与山面墙相近，但在纵向内侧安置替木，山界梁两端圆雕象鼻翘，脊瓜柱上纵向安置短机和抱云梁。明末稍稍边长，但高矮适中，顶部安置的栌斗圆形花边（"海棠"边），矮弧腹内收，矮线刻底盘；清初至清乾隆嘉庆间，腰身变得修长，顶部有设花边的栌斗和不设花边的栌斗。明末清初一种"虎爪"形童柱很是特别，明末时期童柱形体短矮，底部伸出粗短有力的"虎爪"（三爪），清初期童柱腰身渐渐变长，三"虎爪"变长，但力道强健，清中早期"虎爪"变得修长，中爪犹如"凤爪"，力度欠佳，装饰意图明显。瓜柱的形态表达的意喻和艺术效果是生活如蜜、意志坚强。那些大朵厚实的简雕"如意"柁墩安稳厚重地处于穿枋之间，暗示事事如意。这些极富个性的装修装饰，成为南方明代木构建筑中的典范（图4-31～图4-35）。

图4-31　瓜柱上的装修装饰

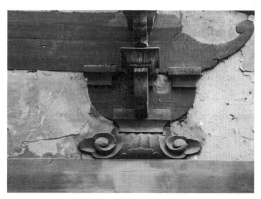

图4-32　如意形座斗与十字斗栱

图4-33　山面墙穿斗式结构中的花斗

图4-34　正堂轩廊装饰

图 4-35　后堂太师壁枋间一斗三升

样，或出现垫栱板，其上高浮雕"折枝牡丹"或"折枝灵芝"，山面墙处的短梁上搁置驼峰，驼峰上搁置栌斗，栌斗上双层搁置"如意"花座。正堂轩廊为双檩"船篷"轩，面阔3间，方圆形檩条倒双线，近乎圆形桁条，腰鼓形童柱上短替木，素面无装饰。

（二）补间铺作装修装饰

补间铺作装修装饰主要在下堂、礼仪厅、后堂梁架间和枋间，如一斗三升

（一）轩棚装修装饰

杉阳古建筑中轩棚形式比较少，装修装饰也比较简单，以"船篷"轩为主流，"人字"轩为辅，轩棚所处位置大致在门楼上、下堂（门厅后檐），廊庑，正堂。除了正堂上轩廊为"船篷"轩外，其余的基本上为"人字"轩（图4-36）。"人字"轩装修装饰比较简单，凹凸合缝望板的彻上明造，两端短梁上搁置花座，其上近乎圆雕和高浮雕"牡丹""菊花"等纹

图 4-36　门楼"人字"轩装饰

组合，山面墙上穿枋间的"如意"花座等。以世德堂为例，下堂檐金柱顶部紧贴望板有曲卷象鼻穿枋，花首替木，花芽子，月梁上"灵芝"花座；下堂后檐梁架间的驼峰与镂空"如意纹"坐斗、"莲瓣纹"一斗三升、镂空"如意"及"折枝牡丹"和"菊花"组合的补间铺作。以大田县郎官第为例，下堂山面墙梁架结构中柱顶部出花芽子，空白部分用白灰面粉饰，"虾公"梁两端回文花芽子，方童下木雕钵形花座，座上阴刻团形"寿纹"；正堂山面墙梁架结构上的装修装饰与下堂基本一致，但钵形花座上深浮雕"折枝牡丹"，空白处用白灰面涂抹，这种填白凸显木雕纹样的做法醒目亮丽；正堂二皮月梁两端下端透雕小朵花卉，点缀整体梁架结构，赋予美的变化。

一些额枋两端深刻卷刹，其间有长飘"莲瓣纹"，有的还在面上浮雕"回首飞凤"，象征"连连吉祥"。

（三）雀替装修装饰

杉阳建筑中的雀替装修装饰普遍存在，基本上安置在梁架结构上柱枋间，山面墙

的穿枋下。明代雀替个体不大，与硕大的柱梁对比，有点比例失调，然而点缀式装饰之味浓重，雀替工艺基本上是镂雕、透雕、高浮雕、浮雕、浅浮雕、线刻，纹样几乎是"折枝花"和"缠枝花"，一般是用老杉木雕刻而成。清代个体渐渐变大，表现形式越来越多，装饰纹样涉及历史典故、名人轶事、"瑞兽""花鸟鱼虫""凤穿牡丹""牡丹""梅花""兰花""竹菊""四季花""桂花""紫薇"，以及几何图案等，多为在楠木、红豆杉上雕刻而成。

杉阳建筑中最早的雀替可在世德堂、尚书第，以及中大型民居中见到，但基本没有大型的雀替，而且仅在门厅、廊庑和正堂檐金柱、老角柱与额枋上、扛梁上见到"折枝牡丹叶""折枝灵芝叶""折枝四季花"等小雀替。尚书第的廊庑、礼仪厅、后堂的柱枋上透雕"缠枝牡丹""缠枝灵芝"，其中最大的是第二栋门脸额枋下的"凤穿牡丹"纹透雕雀替。

郎官第下堂和正堂柱枋间以"飞凤"和"夔龙"花卉组合形式，装修装饰极富个性。下堂檐金柱上安插"祥云飞凤"，与附近的雀替和枋上浅浮雕"飞凤"组合，正堂"双夔龙"雀替与浅浮雕"飞凤"组合，形成一定的差异美。正堂檐金柱上一组白楠细雕的直角"夔龙"形雀替设计制作艺术别开生面，一反传统纹样不出框的原则，将"藤蔓"缠绕框柱上，营造勃勃生机之艺术氛围。主体纹样是意喻吉祥长寿的"夔龙"和"菊花"，工匠们用一块厚重的白楠，用透雕形式雕出青铜纹样的"夔龙"形，外侧直角便于安装在柱枋间，内侧四个台面成曲波状，面上分四个开光，内雕"菊花""茶花""常青藤"，侧面分两组圆雕"朵菊"，意喻吉祥长寿。老角柱上的雀替只有明间雀替的二分之一，表现形式基本一致，主体纹样为"牡丹""灵芝"，与"飞凤"组合意喻吉祥富贵如意。左边老脚柱上的雀替采用历史典故与花卉组合的形式表现，左边"夔龙"形雀替内透雕、浮雕三国故事中的"空城计"；右边老角柱上的雀替采用历史典故与花卉组合的形式表现，"夔龙"形雀替内透雕、浮雕历史故事"禹王求贤"。雀替装修装饰见图4-37～图4-44。

图4-37 山面墙穿枋下小雀替

图4-38 "凤穿夔龙"花卉纹雀替

图 4-39 "灵芝"小雀替　　　　　　　　图 4-40 红漆金彩"牡丹"纹雀替

图 4-41 楠木透雕"空城计"雀替　　　　图 4-42 楠木透雕"禹王求贤"雀替

图 4-43 楠木雕"夔龙"纹雀替　　　　　图 4-44 红漆金彩"缠枝牡丹"纹雀替

三、隔扇门、屏门、窗棂隔断装修装饰

　　杉阳建筑隔扇门、屏门、窗棂以明代文气简约为特征，其个体、尺度都属中大型，隔扇门占据很高的空间，一般都在 3 米左右，宽 0.9～1 米，最高的达 3.5 米以上，最小的门 2.7 米左右；厅堂明间隔扇门和屏门最高最大，房门板门次之。隔扇门隔心几乎是直檩格和小方格组合，绦环板多为透雕"折枝花卉"，有的为素面，有的

黑红漆加金彩、蓝彩；屏门位置为一进主门的门厅和礼仪厅"太师壁"处。清初隔扇门渐渐变细，虽然高度相差无几，但隔心开始趋向于图案化，清中晚期较多地出现繁缛的规矩性，图案化为主，尺度比明代小，一般在厢房处为多，这类图案化的设计也做屏门使用。

（一）隔扇门、屏门的装修装饰（图4-45～图4-52）

世德堂隔扇门，是杉阳古建筑中最早的实物。门厅插屏门，四扇，安插于门厅中后部的中轴线上，以两根屏柱相夹，八棱柱础支撑的圆柱上施雕花栌斗或素面栌斗，栌斗上施十字斗栱组合，柱顶安置"折枝花卉"插耙，屏门博柱包框相夹门板，面平，基本不装饰。明代中晚期至清初，或较大型民居均用黑漆封面。清中早期至清晚期，插屏门高度为2.5～1.8米，宽度为0.6～0.8米，隔心装修装饰花样，有"海棠花""四季花""拐子花""菱角花""钱纹"及几何图案等。正堂屏门（其门），是杉阳建筑中最大的门，以四扇为主，偶见六扇，高度为3米左右，每扇宽为1.2米左右，以特粗的木柱和特大的钟形、八棱开光柱础支撑，柱上大型栌斗，栌斗上安置粗壮的十字斗栱组合，可见象鼻牙子，用粗壮的博柱等抱框相夹，门板厚重，表面多施桐油黑漆，门额上安置匾额，内容多为堂号，亦见吉祥或俚语匾额。后堂隔扇门和门上横批窗相对豪华一些，一般是六扇，中四扇为折叠开启，两边为单门开启，高度一般为3米左右，宽为0.9米左右，横批窗高度一般为0.6米左右，横向一直贯通至明间的宽度。隔扇门的隔心一般是雕刻"拐子花"，上下绦环板多为透雕折枝花卉，如"牡丹""玉兰花""梅花""海棠花""菊花""桃花"等，裙板中心微凸，四周勒线，体现质感；世德堂多为素面，尚书第大部分为黑漆红彩，金饰蓝褐彩。

清代早期延续了明代隔扇门的做法，但随后就逐渐不用了，即不设隔扇门了。

图4-45 板式隔扇门与腰门

图4-46 插屏门

图 4-47　黑漆插屏门

图 4-48　黑漆红彩金饰"拐子花"隔扇门

图 4-49　插屏门

图 4-50　耕读堂厢房与正堂次间隔扇门

图 4-51　太和堂厢房隔扇门

图 4-52　厢房隔扇门

（二）"槛挞衣"槛窗和窗榥（横批窗、支摘窗、漏窗）装修装饰（图4-53～图4-64）

杉阳建筑中明中期至清早中期这段时期的民居中，大量出现"槛挞衣"槛窗，这类窗的特点是一种防止室内私密"走光"，方便透光、通气的槛窗，世德堂、尚书第及杉阳古城中的中、大型民居中，礼仪厅次间，靠天井的厢房，后堂次间均有设置。这种窗分内外层，内层为双扇可开关的拐子花窗门，外层为横向柜式矮围固定的格子花隔断，刚好可遮挡路人窥探的视线，横向柜式隔断以凸出为主，平面为辅，黑红漆饰为主，素面为辅。这种槛窗是古时"三纲五常"思想表现在古建筑中的一种做法。

清代杉阳建筑的槛窗装修装饰形式与纹样多种多样，槛窗形态、尺寸、纹样由高大、简洁渐渐变得矮小和繁缛。隔心大部分是用精致杉木、楠木、樟木木条拼接，并组合成许多几何图案、传统吉祥图案、瑞兽花卉图案，以及历史典故人物组合图案。

清中晚期有些民居的门楼次间用砖木结构安置圆形"凤眼"漏窗，隔心用杉木条组成"钱纹""四季花""菱花"组合，好似一对对炯炯有神的吉祥之眼，给人一种安详、舒适的感觉。

图4-53 拐子花窗芯漆饰"槛挞衣"槛窗

图4-54 红黑漆彩厢房与后堂处的"槛挞衣"槛窗

图4-55 厢房与礼仪厅"槛挞衣"槛窗

图4-56 后堂次间"槛挞衣"槛窗

图 4-57　厢房与后堂次间"槛挞衣"槛窗

图 4-58　后天井厢房"槛挞衣"槛窗

图 4-59　后堂次间前槛窗

图 4-60　后堂稍间槛窗

图 4-61　中堂稍间前槛窗

图 4-62　满堂"如意纹"漏窗

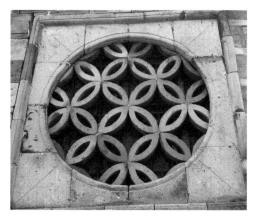

图 4-63 "钱纹"漏窗 　　　　图 4-64 "事事如意纹"漏窗

横批窗多固定于厅堂门上部，用方格、网格、"海棠花""拐子花"装饰；支摘窗一般用于阁楼上、辅房边门处，装饰纹样有繁有简；漏窗多用于后楼、后堂、神龛、前墙上部，尺度不大，无纹样装饰。所有隔扇门、槛窗、漏窗后部都安置托板或插板，用于遮光、挡风。

（三）隔断栏杆装修装饰（图 4-65～图 4-68）

轩廊隔断的普遍使用，是杉阳建筑的"独创"，这种结构的设置是为了增加建筑档次，提高建筑规格和精美度，以及防止部分雨水滴溅过廊影响往来。尚书第的工匠们巧妙地采用木雕"卍""宝瓶""莲花""葫芦"等纹饰做望柱，瓶有圆、有方，有敛口、侈口，弧颈、直颈，圆腹、鼓腹、直腹，上浮雕"莲瓣""荷叶""牡丹叶""瓜楞"等纹饰，隔板间和裙板上浮雕"卍""灵芝""变体葫芦""洋花叶"等做整体栏板隔断，既保留传统，又有西洋古建筑纹样的装修装饰，看上去显得端庄、高雅、实用。

图 4-65 礼仪堂轩廊前"宝莲灯"望柱与"西洋花卉纹"隔断 　　　　图 4-66 礼仪堂轩廊前隔断

图 4-67　轩廊前方瓶"莲瓣纹"望柱，　　　　图 4-68　书院"宝瓶"望柱，
　　　　"卍"与"灵芝纹"隔断　　　　　　　　　　"卍"与"灵芝纹"隔断

四、墙壁裙板装修装饰

　　泰宁古城中的世德堂建筑群、尚书第建筑群的院墙、封火墙砌置艺术富于美感，俯瞰犹如九宫格规矩分布，立面看犹如大小、高矮不一的封火墙条条游龙昂首挺立，给人视觉的冲击力。杉阳建筑砖墙砌置有其规律，河卵石和大块石作基础，红色砂岩条块石错缝垒砌出露地表 0.5～1.5 米，其上数层或数十层错缝眠砖，再以匣斗砖垒砌至墙顶，最顶部叠涩三层出挑檐口，砖缝用黏稠的灰浆勾缝。而屋内山墙、隔墙几乎是竹编泥夹墙形式，裙板则以"鼓皮板""扣子板""棋盘板"等加以装修装饰，有的是素面，有的是黑漆红彩金饰。裙板的装修有一个习俗，就是所有的板要"树梢"一端朝上，意喻居住房屋的人蒸蒸日上，人丁兴旺。值得一提的是，世德堂建筑群第七栋次间外墙一部分用厚竹编制外隔墙很是新颖，既隔热又美观。

　　尚书第、世德堂的墙壁裙板装修装饰见图 4-69～图 4-75。

图 4-69　廊庑处"扣子板"裙板　　　　　　　图 4-70　"扣子板"裙板

图 4-71 "扣子板"与"钱纹"通气孔

图 4-72 "扣子板"墙裙

图 4-74 平面"鼓皮板"墙裙

图 4-73 编竹泥夹墙

图 4-75 第七栋竹编外隔墙

第三节 台基装修装饰

杉阳建筑装修装饰部分含台阶、栏杆和台明等。室外空间地铺各有特点,天井、门坪、甬道绝大多数用大小不等规格的红色砂岩条块石铺砌，小部分用青条砖、方砖、城墙砖铺砌。天井、门坪地芯中间多拼对铺砌"棋盘石"，甬道两侧长条石压栏，中间为横向铺砌成"梯格"状。室内空间地铺基本上使用方砖、青条砖铺砌，厅堂，部分次、稍间，廊庑地芯中间用方砖斜线对角铺砌，四边用青条砖或方砖作框，有的地铺是红色砂岩条石和青条砖并用铺砌。

高台明主要是为了解决滴溅到厅堂的雨水而设置的。工匠们针对杉阳建筑高屋面、高落差的特点，智慧地采用了多屋面、多落差的雨水分流做法（当地工匠们称之为"回水"），高差一般为0.45~0.9米，减缓部分雨水流经速度，确保雨水不滴溅至台明及廊道上，同时也避免了廊道上的柱子、墙体被雨水侵蚀而产生霉变。

一、地面装修装饰

杉阳建筑地面装修装饰可分为室内和室外两部分。室内厅堂明间以青砖墁地做法为主，房间内以木地板为主。铺地砖分为方砖类和条砖两种。地铺方砖规格多为一尺见方（边长约0.352米、厚0.48米，质量3~4千克）。室外以青条砖、四丁砖、城墙砖铺砌为主，而天井地面以条石为主。室内铺地中心以方砖平铺为主，边线用方砖对角或条砖压栏，很少侧铺，多为对缝，少见错缝铺砌。

杉阳建筑地面装修装饰，地层制作有其特点，如在尚书第和世德堂维修过程中，对后堂明间地基截面进行了解剖，自上而下分别为：0.35米高的柱础，之下为厚0.035米的地砖，厚0.12米的柱顶石，石下是0.025米厚的黄砂浆，再下是0.15米的纯黄黏土，然后是厚约0.28米的中粗沙砾层，最下层为生土层。在世德堂维修时，对礼仪厅地层制作也进行了解剖，发现此处地层制作比较讲究，自上而下分别是0.40米左右高的钟形柱础（柱底直径0.59米，柱径0.45米），0.07米左右的柱顶石，0.05米厚的方砖，0.65米厚的细砂（非常密实，呈现出坚致之感），0.18米的五花土。这种通过水浸沉降、多砂层压实地层的做法，使得地面砂基层坚致如石，整体稳固，历经400~500年地面没有出现沉降。

（一）台明装修装饰（图4-76~图4-78）

杉阳建筑台明有石结构和砖石结构。尚书第建筑群礼仪厅台明一般是平面石板横向垒砌，后堂则以双层台、束腰形式，或竖立垒砌形式，部分台明用条砖或河卵石垒砌、阶条石压栏。礼仪厅台明高度一般0.7~0.9米，进深1.5~2米，后堂台明高度0.8~1.11米，进深1.5~1.8米，面阔大致是整个明间长度。

图4-76　尚书第第二栋后堂阶梯式台明

图 4-77　世德堂第一栋束腰台明　　　　　图 4-78　进士第后堂砖石结构的台明

（二）须弥座装修装饰（图 4-79～图 4-84）

杉阳建筑中须弥座装修装饰，在尚书第建筑群的照壁墙、门楼、廊庑基座上可以看见。这种装修装饰运用在民居中非常罕见，可能与李春烨官阶显赫，提高建筑规格，以及建筑审美意识相关。尚书第第二栋门楼前坪照壁墙下须弥座，面阔 11.6 米、进深 1.4 米、高 1.5 米，为中大型花岗岩石打制。采用浮雕、勾勒、剔地等雕琢手法表现。整体须弥座由七组立石和短间柱组成，其面上以贯套"葫芦""卍字号""竹节""折枝牡丹"传统纹样装饰，整体艺术效果强烈，将尚书第建筑艺术烘托的更加宏伟、壮丽。

尚书第第二栋门楼底部须弥座凹凸有致，贯通整个门楼正面和门楼两侧的隔心墙下，总长 12 米，高 0.9 米，为中小型红色砂岩打制。采用浮雕、圆雕、剔地、线刻等雕琢手法表现。整体须弥座由 8 根间柱、2 根门柱相隔组成。间柱和门柱下安置方形柱础，柱础角面用近乎圆雕的"竹节"装饰，顶部用浅浮雕和线刻花卉、蔑席纹组成的"包袱锦"装饰，中部用"折枝牡丹"和贯套"如意"纹装饰。门楼主门两侧的须弥座上、下沿微凸出 0.03 米。上沿整条长石压栏，面上浮雕"缠枝洋莲"，下沿剔地、浮雕"灵芝"和"莲瓣"纹，中部立石面上直角"海棠"框中剔地"卍字号"，下沿浮雕、剔地大朵的"莲瓣"和"如意"等纹样。这些装饰纹样与抱鼓石底座面上的麒麟、狮子等瑞兽形成强烈对比，这种上、中、下纵横交错，花卉和瑞兽有机结合，中西纹样混搭的组合装饰，给人一种耳目一新的感受。

民居中廊庑地栿结构采用变体式、简化须弥座装修装饰，在福建十分罕见。这类须弥座在世德堂第一栋、第二栋，尚书第第二栋的一进廊庑地栿结构上可以看到。世德堂第一栋廊庑须弥座通长 9 米，高 0.8 米，由三段红色砂岩打制、拼接而成，其面上采用浮雕、剔地、线刻的雕琢手法和疏朗、繁缛结合的构图形式，将"莲瓣""姜芽""如意""牡丹"等花卉纹样灵动体现，意寓连连富贵和如意不断头，这种一气呵成的装饰表现形式，显示出独特的建筑装饰艺术效果。

图 4-79 尚书第第二栋前坪照壁墙下须弥座

图 4-80 尚书第第二栋廊庑须弥座

图 4-81 尚书第第二栋门内须弥座

图 4-82 尚书第第二栋须弥座照壁墙

图 4-83 世德堂第一栋廊庑须弥座

图 4-84 照壁墙须弥座贯套"葫芦"
"竹节""折枝牡丹"纹饰

　　杉阳建筑中礼仪厅大量出现双层砂、石、土、砖结构的轩廊地层和地面，从实用的角度来看，由于大天井、高举架形成的大空间，飘雨常常畅通无阻地登堂入室，泅湿厅堂，为了防止飘雨进入堂内影响正常生活和老人小孩安全，特意设置了这种存有古朴设计的结构，无形中也增加了建筑的空间层次感和美感。

（三）踏跺装修装饰（图4-85～图4-91）

杉阳建筑中专供人们上、下厅堂，天井的踏跺，有"垂带"踏跺和"如意"踏跺两种，主要处于主门前入口处、礼仪厅、后堂、辅房，以及部分后楼、后门等地方，中轴线上几乎是采用"垂带"踏跺，中大型民居廊庑处也有使用。踏跺阶数多为奇数，少部分内部"垂带"踏跺为偶数，"垂带"石均采用整块红色砂岩打制，相夹于阶石两侧，不同于其他垂带踏跺直接压在阶石顶的做法。上、下廊庑，后堂，防御厢房檐廊的"如意"踏跺一般在廊庑和檐廊进深的顶端。"垂带"踏跺的尺度均占据门楼明间和堂屋的檐金柱之间，这种用长条石材垒砌而成的踏跺只在杉阳建筑群中看见，其他地方的古建筑中比较少见。

杉阳建筑的"垂带"踏跺是制作很工整的台阶，阶石两边立放相夹的"垂带石"（护石）实际上是一块长方块石，顶边前削去一角，不像其他"垂带"踏跺那样有斜压

图4-85 后门处的"垂带"踏跺

图4-86 入门口的"垂带"踏跺

图4-87 廊庑处"垂带"踏跺

图4-88 门楼前"垂带"踏跺

图4-89　双层台踏跺　　　　　　　　　　图4-90　双层台踏跺轩廊

图4-91　正堂（礼仪厅）前的"垂带"踏跺

长条石压于阶石顶部，没有"象眼石""砚窝石""土衬石"。屋子正中的踏跺供主人行走，廊上的"如意"踏跺为一般客人和仆人等行走。

（四）天井装修装饰（图4-92～图4-94）

杉阳建筑的天井比一般民居的天井要大得多，天井装修装饰有中轴线上的前天井、后天井、辅房天井、书院天井、后楼天井、其他小天井，均为大型、超大型条石、块石铺砌而成，铺砌手法规矩，有横向、竖向条石搭配铺砌，横向大块石铺砌的棋盘式，还有梯格状铺砌，工字形铺砌等。前天井一般为横向、竖向条石搭配铺砌，梯格及三段梯格状铺砌；后天井大多数为棋盘式铺砌，天井三边设置井沟，宽0.3米左右，深0.25～0.35米，素面，几乎没有纹样装饰。

（五）室内外地面拼装铺砌（图4-95～图4-101）

杉阳建筑的室内外地面装修装饰规律性明显，室内使用特制的方砖、青条砖铺砌，

图 4-92　前天井

图 4-93　后天井

图 4-94　室外棋盘状铺砌

图 4-95　含云母褐色三合土打制的地面

图 4-96　内门坪梯格状铺砌

图 4-97　内檐廊地
面青条砖铺砌

图 4-98　双层台轩
廊地面方砖铺砌

图 4-99　礼仪堂地面方砖铺砌

图 4-100　后堂明间地面青条砖铺砌

图 4-101　甬道梯格状青条砖铺砌

少数使用三合土打制；室外使用红色砂岩条块石铺砌。方砖铺砌的地方多数在廊庑、礼仪厅、书院正厅，条砖铺砌多数在后堂、辅房，条石梯格状铺砌多在甬道、天井，棋盘状铺砌多数在主门楼前门坪。方砖规格一般是 0.28 米 ×0.28 米 ×0.065 米，条砖为 0.3 米 ×0.18 米 ×0.065 米，有细泥和含砂砾两种，均为还原焰烧制，火候基本达到 900～1 000℃，故而出现青色和青灰色。红色砂岩采集比较细腻、坚致的石料进行开裁，规格一般长 1.2～3 米，少数约 4 米，宽 0.45～1.1 米，厚约 0.30 米。砖铺和石铺工艺流程简单，在挖掘好的地基上铺垫一层碎石（或约 0.05 米）的砂砾，一层厚约0.05 米的黄泥浆，再垫一层厚约 0.5 米的细砂砾，灌水浸牢，形成相对密实的稳定层，其上铺砌条块石。有一点必须讲明，铺石面细腻，底成凹凸不平、落差较大的斜面，目的是牢固地吸附于稳定层上，节约开裁成本，这是杉阳建筑工匠们聪明才智的体现。

（六）室内外墙体及转角垒砌（图 4-102～图 4-105）

杉阳古城建筑中常见到护墙、隔墙、封火墙、院墙。从西至东纵向的居多，主要是栋与栋之间的屏墙（封火墙），墙体分 3～5 级递减，形成了简洁自然的大梯级状，为典型的明代杉阳建筑主隔墙。南北向的横向隔墙主要是各栋的门脸墙和后院墙，其

图 4-102　匡斗墙边柱

图 4-103　墙顶石制墙帽

图 4-104　墙角勒石结构

图 4-105　横向内隔墙

形态没有阶梯状，平直墙上压石制墙帽，或用瓦片叠成屋面状。一些栋与栋、栋与街巷转角处的墙体用砖或石做"勒脚"，显得坚固而厚重。

二、地下排水系统

明清两代杉阳建筑地下排水系统之"龙形暗沟贯连窨井"基本形态和做法未变。地下排水系统"路径"大致由后侧天井→后中门（西面南角）角柱边→后堂天井台明处出水口→天井东面台明角进水孔→门槛弯一方形小阴井→过门槛（或地栿）→经次间向东流向前天井；另一种是至正堂台明出水口→前天井进水口→过廊庑暗沟→外围墙下出水口→外檐沟排入金溪河。根据当地工匠们口口相传的说法是，龙形是吉祥地龙行走屋内，也是肥水不会直接外流，窨井是类似聚财的聚宝盆，称为风俗上的安全"钱库"。

2011—2014年，全国重点文物保护单位尚书第和世德堂在进行维修，以及在解决地下、地面沉降和淤积问题时，我们运用了古建筑考古之法，实地发掘了几座民居的文化层，其中发现这些中大型民居的地下排水系统有一定的规律，即后天井（或侧天井）处的进水孔与堂屋外围墙处的出水口标高差一般在1.5～2米，有的低点，有的高点，这主要是根据建筑地形，前后屋架举折，房主人的阴阳五行、生辰八字等测算的标高刻数而定。一般是两侧后天井将汇水通过暗沟汇集至后天井台明下（朝向左侧）流出，再进入天井朝向的右侧进入暗沟，经檐廊地下暗沟，过内隔墙门槛下暗沟，经正堂或太师壁地下暗沟，拐数弯之后朝向左边山墙附近，通过廊轩地下排水沟，从正堂台明出水口流至前天井，进入前天井靠门厅方向的进水孔和地下排水沟，过门厅地下暗沟排至门楼前左侧（少数为右侧）公共排水沟，最后汇入金溪河。

（一）世德堂地下排水系统

由于世德堂面积大，地下排水系统分左、右辅房两个分系统汇集主栋排水系统进行排泄。北侧辅房天井屋面汇水通过天井右侧进水孔，流经厢房、檐廊地下暗沟，至后堂天井左侧出水口（约0.32米见方），向正堂方向的左侧檐廊约0.70米弧弯，挖一0.6米的方形窨井，在弧弯约0.6米处向内隔墙门槛弧弯，此处又挖一方形小窨井，通过门槛向左侧内隔墙、山面墙方向略弯3米，再向山面墙方向并向轩廊方向弯2.1米，沿山面墙，过地栿至次间向东流向下天井。南辅房暗沟排水系统从小天井、内隔门门槛下至次间暗沟，再向山面柱网地栿下约2.5米处，与前左侧暗沟交会，形成暗沟交会节点、局部出现上下叠压和错位水沟的截面工艺。此后汇聚成的单条排水沟距地面深0.7米，一直弯形至正堂卷棚轩北顶端内沿柱地栿下，用青砖垒砌深0.24米，宽0.165～0.17米的砖沟，此处挖掘并垒砌三角形窨井，底宽0.43米，深度0.57米。排水沟盖面用双层条砖盖沟面（下层横向上层纵向），阴井盖用条块石遮盖。东壁上开口连接一段龙形排水沟与砖制圆孔管下水道（直径0.085米）流向左侧廊庑，一直弯形至门厅左侧处门楼立墙，然后进入外檐下公共排水沟（图4-106～图4-111）。

图 4-106　暗沟从后天井流向前天井

图 4-107　后堂侧辅房暗沟

图 4-108　墙边地下排水沟状况

图 4-109　后天井龙形排水沟与方形窨井

图 4-110　正堂三角形窨井

图 4-111　正堂左侧排水沟走向

　　世德堂第六栋后厅、辅房为不对称布局，多空间、多天井，出现小天井之间的厅堂排水沟状况，这种复杂的多空间排水系统制作，充分体现了工匠们扎实的工艺水平。排水沟大致西北—东南渐弯弧形走向，呈东南高、西北低流淌。最内侧的小天井汇水，通过进水孔，流经辅房明间后堂靠左侧另一个小天井内廊道（通道）约5米处设置一窨井，再经内踏跺下的排水沟流至中天井，进石雕"钱纹"地漏，出天井过正堂，从下堂凳壁（太师壁）下槛流向西北、弯向西南，从明间中轴线靠右流至下天井，再流入正面廊壁下及廊庑，注入门楼右侧墙基下的公共排水沟，在通过正堂地下弯沟约6.7米处，距地面0.6米深的地方设置圆形窨井（直径0.3厘米、深

0.25 米）一个，稍弯向东南接近中柱处约 0.9 米处再设第二个圆形窨井，同时连接排水沟，沟斜坡 15° 向北行走，再向东直斜急流至东北，过下天井台明，从台明底部的桃形水孔处下天井，再入下天井石雕四季花孔进水孔，经东北向缓流过东南侧明沟，缓流过东南门下地沟，渐渐变宽，呈微坡再向东直斜，经直径 0.3 米、深 0.6 米的窨井，走向东北、再折正东至台明石下直径 9 厘米圆孔排入天井，由东北明沟折向北，注入"钱纹"水孔，向廊庑边大窨井（长 × 宽 × 深）（0.73 米 × 0.42 米 × 0.47 米）过外墙，出外排水沟至金溪，总长 20 余米。

第七栋后天井的排水是一明沟和一暗沟组成的，靠天井西北明沟用整块条石作沟底，两侧以砖石作立面（纵 × 横 × 深）（1.5 米 × 2.4 米 × 0.25 米），东北角立一"凸形"变体葫芦为出水口，出水至后堂弯形暗沟，入方形小窨井，窨井用 0.27 厘米 × 0.18 厘米 × 0.07 厘米的青砖垒砌，窨井西南边连接暗沟，先从东南方向弯曲，再流向西，又流入一圆形窨井，连接暗沟，再向东北弯曲 2 米，再弯向西北排入小天井，通过进水孔和约 7 米的暗沟，与主栋前天井暗沟贯连排水。所有暗沟和窨井的勾缝用黄泥浆，大窨井用红米石盖顶，小窨井用大方砖盖顶。

（二）尚书第地下排水系统

与世德堂地下排水系统类似，尚书第亦是将后天井、侧天井、侧后小天井的汇水汇聚后，进入"四季花""钱纹"进水孔，通过龙形暗沟、窨井出后天井"葫芦"形出水孔，进入"钱纹"进水孔，通过龙形暗沟、窨井、暗沟注入前天井，再入"四季花"进水孔、暗沟注入大甬道檐沟，入 7～15 米的暗沟向南、北、西外墙檐沟排泄，最后注入金溪河。所不同的是，尚书第绝大部分主要龙形暗沟"路径"是从礼仪厅明间的右侧拐向左侧排水的。

龙形暗沟和窨井的做法：先根据排水和风水取向需求，在地面上用罗盘校准进出水孔位置，地下龙形暗沟弯曲走向，深浅程度，窨井位置，大致于地下 0.8 米处挖掘龙形暗沟基槽，宽 0.5 米左右，用青条砖铺砌、垒砌成"砖沟"，沟底以 0.065 米厚度的青条砖铺垫，形成沟宽为 0.17 米左右、沟深为 0.175～0.25 米的暗沟。

圆形、方形、三角形窨井的做法：挖掘约 0.8 米深的基槽，圆的直径约 0.35 米，方形约 0.35 米见方，三角形近乎等腰三角形，底、股尺寸约 0.4 米，几乎是以青砖、小块条石垒砌，用灰浆勾缝，砌成后的圆形窨井内径约 0.25 米，方形窨井内边长约 0.26 米，三角形内边尺寸约 0.3 米，深度 0.25～0.5 米，与井顶部排水口底部落差约 0.4 米，这种装置便于沉降淤泥，防止暗沟淤积堵塞整个暗沟。窨井上部开一方形凹缺孔，继续与延伸的排水沟相连。暗沟流至各厅明间区域，设有特质带把的沟盖砖石，便于开启清理淤积。

进水孔、出水口、地漏的制作和纹样：杉阳建筑进水孔、出水孔、天井等地面排水系统所用的石料均为当地产的红色砂岩打制，进水孔、出水孔一般为正方形或近似方形，少数为"朵花""寿桃""葫芦"形，尺寸 0.2～0.3 米，面上透雕、浮雕、线刻各式各样瑞兽、吉祥图案，如"鹿纹""牡丹花""钱纹""如意""十字锦""寿桃""四季如意花"等纹饰（图 4-112～图 4-118）。

图 4-112 "鹿纹"出水孔

图 4-113 "牡丹花"出水孔

图 4-114 "钱纹"地漏孔

图 4-115 "如意"出水孔

图 4-116 "十字锦"出水孔

图 4-117 "寿桃"出水孔

图 4-118 "四季如意花"进水孔

第四节　特色装修装饰

　　杉阳建筑特色石雕、砖雕技法，以及砖石结合，檐下墨彩的装修装饰艺术有其特殊性和唯一性，主要表现在门脸的门楼，台明、须弥座，隔心墙、照壁墙，天井石花架，进、出水孔等处。其特点体现在年代较早，质量较好，雕刻精细，图案精美，传统装修装饰技艺娴熟干练，古代综合文化等元素浓重凸显；有机融合中西雕刻纹样装饰艺术，并结合西洋审美文化，使得杉阳建筑艺术焕发出异样光彩；就地取材，千年未变，将红色砂岩这种不太理想的石料"化腐朽为神奇"，雕塑出不平凡的建筑艺术珍品，实属不易。石雕制作艺术大刀阔斧与细致入微结合，砖雕制作艺术精益求精与图案规整结合，墨绘制作艺术繁缛对称与画龙点睛结合，木雕制作硕大整木圆透雕与传统经典造型结合……总之，杉阳建筑精美绝伦的装修装饰艺术，可谓是中国南方建筑石作的旷世之作。

一、石雕装修装饰

　　杉阳建筑的石雕始建于宋代，2007 年大金湖湖区整治，淹没区干涸，三明市文物普查在一山坡中发现一座用红色砂岩打制的北宋石室墓，其封门柱梁上浅浮雕"缠枝牡丹纹"证明了这点，南宋甘露寺内亦出现佛龛须弥座上的雕花，明代的中、大型民居门脸基座和门楣上可以见到简单的"莲瓣纹"装修装饰，明中、晚期，红色砂岩石雕的建筑构件大量使用，主要用在门楣、门楼、须弥座、排水孔、抱鼓石、墙座、柱础、门簪、额枋等处，石雕技艺和艺术效果达到了很高的境界。从杉阳建筑中的一些石雕构件中可以窥探到西洋纹样和西洋雕刻技法，如石花架，门楼上的"洋莲"与

"太阳"，以及一批"洋莲"边饰都说明了这点，这与何道旻、李春烨在京城为官时借鉴西洋建筑文化元素是分不开的。

（一）石雕门脸装修装饰

石雕艺术精品最集中的地方是尚书第，其内所有门脸均用红色砂岩打制，门柱、门额、梁枋、隔心、门脸座、抱鼓石等无不呈现出繁花似锦的图案，其中"重瓣莲纹""卍"符这类佛教常用的纹饰被普遍、重复地使用。

"四世一品"门楼的石雕、砖雕是尚书第石雕精华中之精华，从上至下分别为砖雕斗栱组合，如"丹凤朝阳"绦环板，抱鼓石须弥座，这组砖石结构承托门楼的屋架和屋面，繁复、简约配合，粗、细纹样分档，轻巧、厚重相交的装修装饰手法，令人过目不忘。横贯门楼整体的石制"洋莲"浮雕普柏枋下，为圆雕、高浮雕、浮雕、线刻"状元出行"仪仗队（图4-119～图4-121）。仪仗队两边"菊花"地纹紧连着"天官赐福""天官赐禄"柱雕，柱雕两边用高浮雕、圆雕、镂雕结合之法组雕"丹凤朝阳"大型绦环板，板上"双凤"尖腿稳站地上，双翅迎风舒展，头颈曲向天际，天际一轮红日当空照耀，一派吉祥如意、朝气蓬勃之景象。"丹凤朝阳"花板下置方块形"卍"花板，曲折有致的大型"卍"花板相伴"丹凤朝阳"花板下，既突出了主题装饰画面，又促使人们对整体画面的审美意念油然而生。"卍"花板被直通楼顶的"包袱锦"纹饰门柱相夹。大型勾勒浅浮雕"四世一品"门额，门额下繁缛绵密的"缠枝牡丹纹"底上"四柱花卉"首门簪组成的门脸占据了门脸整体石雕的黄金视线。双开主门两侧隔心墙上左边透雕"凤穿牡丹"图案，显示出双凤对视，一展翅欲飞，一跃跃欲试对歌吟唱，与繁花似锦的木雕形成一幅吉祥富贵之画卷；右边"鸾凤戏菊"图案，意喻双鸾凤嬉戏欢唱，或翘尾，或转绕于缠枝菊花间，显示出夫唱妇随、白头到老、吉祥长寿之景象（图4-122和图4-123）。尚书第二栋门楼的门额两边圆雕"天官赐福禄"的造型格外醒目，朝向左侧的天官手托官帽，朝向右侧

图4-119　石雕仪仗队全景

图 4-120 仪仗队核心组雕

图 4-121 仪仗队组雕

图 4-122 "凤穿牡丹"

图 4-123 "鸾凤戏菊"

的天官手托公鹿，意喻房主人祈盼尚书第李氏后裔世世代代高官厚禄（图 4-124 和图 4-125）。

图 4-124 "天官赐官帽"

图 4-125 "天官赐鹿"（"禄"）

（二）柱础的装修装饰

作为古建筑中重要承重构件——柱础，其垫于所有柱子和槛之下，形成柱网系统，共同承载着房屋架梁结构，同时还可以起到防止木柱霉变、虫蛀的作用，色泽典雅、质地古拙的红色砂岩柱础在杉阳建筑中成为醒目的美化手段之一。杉阳建筑柱础的使用位置是在檐柱、檐金柱、角柱、老角柱、金柱、中柱、山柱的底端及台基面之间，上承柱子连接梁枋，下承立于台基面上。杉阳建筑柱础的功能主要是为梁架结构进一步防潮和防止立柱底端遭硬物碰擦受损，柱础之上同时支垫槛，以延长木构架的使用寿命。柱础使用的材料基本上是泰宁本地产的红色砂岩，其形态有钟形、八棱形、方形、梯形、筒形、方形、倭角形、覆盆形等，明末清初至清中晚期少量出现杂木制作的八棱形和覆盆形柱础。

由于柱础所处位置醒目，最容易吸引人们眼球，在造型美的需求下自然派生出富有规律、个性十足的各种类型柱础，元代多为"元宝形"，明、清两代多为八棱形，在柱础面上雕雕琢琢，遗留下各个时期人们的审美观和历史印记。明、清两代杉阳建筑的柱础形态基本一致，但雕工和纹样有所区别。与其他建筑柱础的形成和发展相比极富地域特色。明代早、中期的柱础似乎更显简朴，以素面为主，明中期至晚期那些较高等级的中、大型建筑，基本上用大型、厚重的多棱面装饰纹样的柱础。尚书第主门楼门脸须弥座角柱用的是鼓凸圆腹方形悬柱础，其美不胜收的形态，令人难以忘怀。

在杉阳古城废弃建筑遗址中，曾发现宋代红色砂岩打制的覆盆式石柱础，这可能是寺庙中使用的，而世德堂钟形石柱础是杉阳建筑中现存民居柱础中最早的一种，其特点是平弧顶，圆溜肩，深腹边微微刮一道，唇微上翘。尚书第一列五栋院堂，别驾第等十几座同时代中、大型民居中，明间的檐金柱、老角柱处基本上用的是八棱开光形石柱础，其体量大、制作精致，在装饰方面，非常讲究构图美和意喻佳，其由鼓形石槛、础面边饰、八棱开光饰、壶门式底座四部分构成，鼓形石槛上满是"儿孙满堂"的鼓钉纹，财源不断的"四季花"环挂一派；础顶面上浮雕比喻季季美满的"缠枝花卉"和"忍冬草"；八棱开光内高浮雕、浅浮雕暗喻瑞气满堂、多子多福的"麒麟"，连中多元、高官厚禄的"大象"驼印，象征官运生活节节高的"竹节"和"枝叶"，体现事事圆满如意的"灵芝如意花"，祈福佛祖保佑全家的"卍"等。壶门式础座上用"复瓣莲纹"装饰，意喻连连高升。

这些柱础雕刻技法有圆雕、高浮雕、浅浮雕、剔地浮雕、阳刻、阴刻多种，层次感和立体感强烈。础上装饰纹样有奇禽瑞兽、虫鱼秋草、缠枝花卉、几何图案，以及传统吉祥图案等，栩栩如生，百看不厌。值得一提的是，杉阳建筑中有一种用杂木雕刻的仿石柱础，其形态类似覆盆式、八棱形，主要用于山面墙的一排柱子下面。尚书第、别架第门楼和中堂（礼仪堂）的檐金柱、须弥座角柱均用红色砂岩打制的八棱开光和方形柱础支垫柱梁，其面上浮雕瑞兽、花卉等传统图案（图4-126～图4-128）。各栋后堂及次间、院廊所用的柱础则另有一番意境和特色，扁鼓形用于廊庑须弥座地栿之上，梯形柱础用于檐柱之下，钟形柱础（图4-129）用于门厅柱下和檐廊隔断处，真

图 4-126 "包袱锦""牡丹
竹节纹"须弥座角柱础

图 4-127 八棱开光"卍字号"花卉纹柱础

图 4-128 瓜形八棱开光"花卉纹"柱础

图 4-129 山面墙钟形柱础

是"分工"明确，恰到好处。

（三）石花架和花架水缸的装修装饰

（1）石花架在杉阳古城的宅第中普遍使用，多为素面石雕，一部分用简洁的线条装饰，少部分用缠枝花卉装饰，个别用大型超高花柱装饰。别驾第后天井有一根"巨无霸"花瓶式石花架，可谓是举世无双。最引人注目和赞叹的是，尺度巨大的花柱的视觉艺术效果十分震撼。该花架四面、十三层工艺十分罕见，花柱上浮雕各式传统纹样、花卉、瑞兽等。自上而下，第一面为"卍""阴十字锦""洋牡丹""中牡丹""如意包袱锦""牡丹钱纹""麒麟送书""洋莲"贯套"折枝如意花""祥云海马""缠枝花""莲纹如意""缠枝莲"；第二面为"卍""阳十字锦""洋如意""折枝菊""马驼官印"（"马到成功"）贯套"洋莲""折枝牡丹""如意包袱锦""钱纹""如意莲纹""路鱼跃龙门"（"指日东升"）；第三面为"卍""阴十字锦""洋如意""折枝茶花""如意包袱锦""钱纹""狮子戏球""洋莲"贯套"如意""折枝太阳花"（"三角花"）"双龙戏珠""如意莲纹"；第四面为"卍""阴十字锦""折枝大丽花""包袱锦""钱纹""麒麟送瑞""折枝洋莲"贯套绶带"缠枝花""折枝菊""如意海水飞马""折枝如意牡丹",以及其他边饰（图4-130）。

图4-130　大型花卉
纹石花柱（架）

　　石花架和花柱组合个性十足，个别花柱巨大，是其他古建筑未见的，显得十分珍贵。90%为缸柱组合，其余的为缸架组合。花柱上高浮雕、浅浮雕的各类"缠枝花""卍字号"等，还出现石花瓶造型的花柱，体现平安如意的意愿。部分纹样还含有西洋风格的表现手法，这与明代兵部尚书李春烨在京城为官借鉴官样园林石雕纹样有关。这是所有杉阳建筑前、后天井处中常见的，基本上是用红色砂岩打制。石缸多为方形圆角，亦少见圆形、半圆形，上部略大些，平底，大多数为素面，部分在口沿上线刻阴线纹。

　　（2）花架水缸。尚书第各天井内摆放的石雕花架与长方形石水缸，增添了古建筑中的情趣和美观，花架有花瓶式、柱状式、过桥式几种，架上及座上浮雕"竹节""洋莲""开光双葫芦""牡丹"贯套"莲纹"等，架下所配的水缸有素面的，开光花柱加壶门式底座，它们安放在天井的中部，起到美化环境的作用，应急时亦可作为防火的水源。工匠们在处理排水口时别出心裁，入水口用"钱纹"装饰，而且放在隐蔽处，意在财水不外流，出水口为葫芦形，并刻有瑞兽纹等，目的是把福禄和瑞气送给大家。杉阳建筑中的前天井、中天井、后天井、侧天井往往摆放用红色砂岩打制的各种形态石花架和水缸，以增加建筑空间的美感（图4-131～图4-134）。

图4-131　"缠枝花"纹饰花缸花架组合

图4-132　青石雕"鱼化龙"纹饰花缸

图 4-133 主栋石花缸与石花架　　　　　图 4-134 石仿木花缸花架

二、砖雕装修装饰

杉阳建筑砖雕雕刻手法与木雕、石雕类似，剔地、隐雕、浮雕、透雕、圆雕、多层雕等相结合。根据出窑砖雕完整度、色泽度、细腻度、光滑度，以及纹样一致性进行局部修正，二次加工，三次添纹，将砖雕细磨，使产品达到不含气孔、没有裂隙、质地匀净、软硬适中。特别是特意设计纹样的砖雕，要更加细致地雕琢、水磨，多次雕刻艺术化，以达到砖雕的完美境地。实施砖雕工艺的基本手法：根据需求，设计完整的全稿，按比例大小，在选择烧制好的砖坯上进行画稿，先勾勒所需画面的轮廓，拟出画面的主要轮廓，纹样层次，并不断进行修正和完善。运用各种工具，即特制的凿子、刻刀、镂钻等，采用铲、刻、挑等技法相结合，刻画砖雕细节，形成最终理想的成品。砖雕材料烧造工序：砖雕工匠们于河谷腻泥、山野沼泽、田里深坑选择颗粒极为细腻的黏土做烧制砖雕的主原料。其工序：细致遴选、淘洗捣练、陈腐发酵、制泥制模，模具脱坯，上架凉坯，入窑摆放，点火加温，烧制看火，适宜上水，冷却开窑，端整出窑等。

杉阳建筑中明代的砖雕装修装饰简洁、大气，清代繁缛、精细。门脸普柏枋和额枋面上多为一跳花穿、双层出跳斗栱、一组栌斗，其间安置砖雕垫栱板；在门楼上的补间铺作的一斗三升、垫板栱、花板、额枋，纹样大多是"缠枝牡丹""寿桃""菊花""什锦花""卍字号"等，以及"凤凰""猴子""梅花鹿"等瑞兽。世德堂门额砖雕是杉阳建筑中现存最早的砖雕，江日彩进士门楼砖雕是现存砖雕中唯一有年号的砖雕，尚书第砖雕是明天启年间的砖雕，种类有出挑斗栱、栌斗、雀替、花牙子等。清代杉阳建筑中的砖雕普遍存在，主要体现在门楼、门脸、檐口、隔心墙等地方，可以说是砖雕堆砌得繁缛而又有层次，精美绝伦。

（一）明代砖雕

世德堂主门门脸正面顶部的额枋上用细致的"折枝牡丹""卍字号""寿桃"组合砖雕纹样装饰，显得简洁、大气。明万历丁未年（1607年）江日彩题额的"进士"门脸，左侧砖雕两只硕猴骑于牡丹树上，树下两只引颈雄鹿张望硕猴，意喻"辈辈封侯、高官厚禄"；右侧砖雕四只动态十足的"飞凤"穿戏于"牡丹"中，象征吉祥富贵。尚书第砖雕门脸有六处，南主门普柏枋上预制好的砖雕"一斗三升"斗栱组合，面上浅刻雕刻弯曲细线纹；尚书第第二栋主门楼隔心墙顶部有件特别的砖雕木构件垫栱板，板上浮雕"折枝花卉"，是杉阳建筑中唯一见到的建筑构件（图4-135～图4-138）。

图 4-135 世德堂门楼上的"折枝牡丹"砖雕

图 4-136 进士第"辈辈封侯、高官厚禄"砖雕

图 4-137 进士第"凤穿牡丹、吉祥富贵"砖雕

图 4-138 尚书第砖雕垫栱板

（二）清代砖雕

这个时期的砖雕可谓是琳琅满目，艺术感染力强烈，其中朱口镇最为集中，现存的福善王庙、童氏大院是砖雕精品中的精品；下渠乡的廖氏宗祠门楼超大型砖雕组合造型，大型奇特，鹤立鸡群。清代砖雕艺术表现手法更加丰富多彩，形态琳琅满目。远望气势恢宏，近观身心震撼，艺术感染力强烈，装饰题材以"龙凤呈祥""鲤鱼跃龙门""鱼化龙""松鹤延年""梅兰竹菊""松柏山茶""石榴玉兰""牡丹荷花""菊花""大丽花"等人们喜闻乐见、寓意吉祥等内容为主题纹样，一些"莲瓣""回纹""卍字号""缠枝花藤"做辅助纹样（图4-139和图4-140）。

图4-139 福善王庙主楼砖雕

图4-140 福善王庙主体砖雕

　　我国古建筑保护专家罗哲文先生评价福善王庙砖雕：考察了许多砖雕古建筑，唯有此庙砖雕最为精细。八字开的门楼被五大层砖雕完全覆盖：顶层镂透雕三层"如意"形砖雕与叠涩斜角砖雕组合承托着整体屋架；二层倒圆的"莲瓣"与三角"如意纹"普柏枋和镂透雕"缠枝茶花"的普柏枋相夹，其间四根镂透雕的"双龙""双凤"方柱相隔的空间用砖雕花板装饰，那近乎圆雕的正面龙衔着"福善王庙"门额，体现出尊严的等次；两侧多层功透雕、镂雕、圆雕的"福""禄"两王喜气洋洋地端坐在堂上。三层采用透雕、镂雕、圆雕，结合高浮雕、浅浮雕、线刻等手法雕饰"云海神龙""天空飞凤""天兵神将"降福人间的场景。四层透雕、镂雕、圆雕"翻滚双狮"，"长飘绶带"组合的欢天喜地迎宾客画面，给人一种欢腾喜悦的动感。五层左右隔心墙上多层功圆雕、高浮雕、浅浮雕、线刻"松风溪流""帆船码头""携琴访友""山岭透迤""桂树峻石""折桂高中"，体现出文人雅兴、状元及第的画面。门楼两侧透雕、镂雕、圆雕，结合高浮雕、浅浮雕、线刻等手法装饰"鱼蕉农耕"与"田园农舍"，"状元出行"与"夔龙"，"打柴苦读"与"郊外山石"，"琴棋书画"与"花瓶"，"穆桂英比武"与"夔龙"，"万福"与"蝙蝠卍字号"等。

　　杉阳建筑中祠堂的巨型砖雕和巧色砖雕，童家大院的"八骏图"砖雕十分醒目。廖家宗祠用高浮雕、浅浮雕、线刻"丹凤朝阳""牡丹花枝""五色奔鹿"与"太阳"，行走欢快的"大象群"，"龙凤"和"牡丹"组合的"福"字巨形砖雕门脸，远远望去画面超群，气势恢宏。黄家宗祠隔心墙的青、白双色"龟背纹"砖雕窗棂组合，将原单调的砖雕富有变幻，给人一种清新的艺术感受。童家大院门脸隔心墙的"八骏图"，伯乐辨识其间，弥勒佛舒坐石上，松树和桂树下，骏马或奔、或卧、或滚、或昂、或低、或舔、或食、或嘶，十分灵动，显示出"伯乐识马""马到成功""放马南山""老马识途""龙马精神""引蚊救主""弥勒护佑"等美好意喻（图4-141～图4-143）。

三、墨彩装修装饰

　　杉阳建筑彩绘一般不多见，梁架结构、斗栱上油彩只出现朱红、铁红、黑、金三

图 4-141　大型"福"字砖雕

图 4-142　"龟背纹"砖雕

图 4-143　"八骏图"砖雕

彩。门楼、门斗、隔断门顶部叠涩出跳斗栱间的小空间常常用墨彩彩绘各类折枝花卉，吉祥图案是杉阳建筑中的特征，墨彩肃穆、庄重、淡雅，显得另类。墨彩以手绘为主，有实笔、晕染、添彩、勾勒等手法。彩绘题材几乎都是树木枝花，如"牡丹""菊花""玉兰""兰草""松""梅桩""翠竹""黄菊""石榴""垂柳""茶花""大丽花"等（图 4-144 和图 4-145）。

图 4-144　檐下墨彩（一）

图 4-145　檐下墨彩（二）

四、门额堂号匾额

　　杉阳建筑门额最多使用的是尚书第，其次是世德堂，其余建筑中或多或少也有悬挂。年代最早的是世德堂门楼内墙石雕门额，其用红色砂岩，采用勾勒楷书打制，"诗礼庭训"四个大字，落款为"吴郡周天球书"，印章一枚，横 2.65 米，纵 0.86 米。"诗礼庭训"指的是世德堂应是文化氛围的庭院，要让孩子从小就接受家庭的严格教育，用儒家经典和道德规范来代代相传。经查周天球为明嘉靖年间著名书画家，公元 1514

图4-146 "诗礼庭训"内门额

年出生，1595年去世，字公瑕，号幻海，又号六止居士、群玉山人，侠香亭长。南直隶太仓（今属江苏）人。随父迁居苏州吴县，从文徵明游，得承其书法，闻名吴中，尤擅大小篆、古隶、行楷，一时丰碑大碣，皆出其手，亦擅画兰草。世德堂石雕门额虽然是一通石刻横额，但其意义重大。事实证明，现存年代最早、有具体年号的明杉阳建筑是世德堂，为研究我国明代建筑及书法艺术提供了珍贵的实物资料（图4-146）。

（一）尚书第四世一品门额

四世一品门额是李春烨得到当朝者的肯定和光宗耀祖的象征，含义是一家四代人享有一品官的荣誉。明朝的封赠制度规定：凡一品官封赠官员本人及妻子、父母、祖父母、曾祖父母四代；二、三品官封赠本身及妻子、父母、祖父母三代；四至七品官封赠本身及妻子、父母两代；八品、九品仅封官员本人和妻子。李春烨的本职官位为正二品，加虚衔为从一品，因此可以享受封赠四代的荣耀。封赠只是一种表示荣耀的名份，并非授予某种实际职务，也不发给相应的俸禄。

（1）"孝恬"横匾（图4-147）。"孝恬"，孝即孝道，恬即恬静、淡然处事。民间口口相传匾额上"玉音"两字，可能是天启皇帝口御，由内阁大学士张瑞图代写的。李春烨的母亲年事已高，一生清苦，李春烨常挂在心，其百般呵护母亲的动人事迹，感动了天启皇帝和同朝为官的张瑞图，故而专门为李春烨制作了此匾。张瑞图（1570—1644年），明代官员、书画家，福建省晋江市二十七都霞行乡（今青阳镇莲屿下行）人。万历三十五

图4-147 "孝恬"横匾

年（1607年）进士第三（探花），授翰林院编修，后以礼部尚书入阁，晋建极殿大学士，加少师。崇祯三年（1630年），因魏忠贤生祠碑文多其手书，被定为阉党获罪罢归。他以擅书名世，书法奇逸，峻峭劲利，笔势生动，奇姿横生，为明代四大书法家之一，与董其昌、邢侗、米万钟齐名，有"南张北董"之号；又擅山水画，效法元代黄公望，字体苍劲有力，作品传世极稀。

在泰宁县城李春烨是出了名的孝子，他把百善孝为先的儒家精髓铭记在心，在母亲最需要自己的关键时期，离弃纷繁复杂的官场，泰然处事地对待高官厚禄，回乡履

行孝道。

（2）"孝友堂"堂匾（图4-148）。这是李春烨在尚书第留下唯一笔迹的大横匾，孝友是孝顺父母、友爱兄弟的意思。这块匾是李春烨亲笔书写送给一个名叫肖重熙的人的。肖重熙，本县城关人，与李春烨生活在同一时代，肖重熙学识渊博，为人清介，曾担任过江西靖安县的知县。

（3）"大司马"横匾（图4-149）。悬挂在尚书第的仪仗厅正门内，主要是显示李春烨的"丰功伟绩"。大司马本是秦汉时官中分管军事的最高长官的称谓，在汉代，其与丞相、御史大夫并称为"三公"。明清时期，它是兵部尚书的别称。李春烨于天启六年（1626年）任协理京营戎政兵部尚书，为此立匾额。

图4-148 李春烨绝笔

图4-149 "大司马"匾额

（4）"清朝师柱"匾额（图4-150）。这是福建布政使司分守建南道右参政莫俨皋为李春烨制作的一块匾额。师指"太子太师"，柱就是"柱国"。"太子太师"是李春烨的加衔，"柱国"是朝廷给李春烨授的勋。它们都是明代表示官员品级的一种虚衔，表示从一品。明清时期，朝廷常常给文武官员加授高于本职的官、勋、阶等，用以表示优崇，但没有实际权力。

图4-150 "清朝师柱"匾额

（5）"青宫太师"匾额（图4-151）。"青宫"应为"清宫"，古代"清"与"青"常常通用，青宫是太子居住的地方。青宫太师即太子太师，它是一种加衔，只表示官员的品级，而不参与辅导太子读书的工作。

（6）"熙朝少保"匾额（图4-152）。"熙朝"指繁荣昌盛的朝代，"少保"是一种没有实际权力的官衔，与"少师""少傅"合称为"三孤"，品级为从一品。"熙朝"与前面的清朝一样，都是粉饰太平的词语。实际上李春烨所在的天启朝，地方连年灾荒，百姓食不果腹，朝廷宦官擅权，政治腐败，边境又屡屡报警，已经到了风雨飘摇的王

图4-151 "青宫太师"匾额

图4-152 "熙朝少保"匾额

朝末日,哪谈得上繁荣昌盛。

（7）"柱国少保"门额（图4-153）。是杉阳建筑体量最大的石雕门额之一,阴线勾勒阳文的"柱国少保"显示出其显赫的地位。"柱国"和"少保"都是明代文武官员的加衔,并无实职。天启七年（1627年）,李春烨又一次被加封为"柱国""太保",由此可以证明李春烨当年的仕途是很顺利的。

（8）"都谏"门额（图4-154）。雕刻技法与"柱国少保"如出一辙。这是六科都给事中的俗称。明朝廷设吏、户、礼、兵、刑、工六部,另设吏、户、礼、兵、刑、工六科。六部为分掌全国庶务的机构,直属于皇帝;六科却是监察机构,掌封驳、纠劾之事,具体任务有三,一侍从规谏,二稽查六部百司,三承内旨封驳奏章。六科设都给事中一人,七品;左右给事中各一人,从七品;给事中五到十人,并从七品。都给事中称"都谏",给事中称"谏官"或"言官"。李春烨于天启三年（1623年）十二月出任刑科都给事中,所以称为都谏。由此也可推断尚书第第五栋建造的年代就在这一年。

图4-153 "柱国少保"门额

图4-154 "都谏"门额

泰宁古城·杉阳建筑

184

此外，李春烨在建造尚书第时对增加建筑的文化品位、融入儒学的中庸思想、丰富建筑的文化内涵都煞费苦心，这在门额、内门墙门额、主堂门额上的阴刻文句中可见一斑。

（9）"礼门"门额（图4-155）。从尚书第南门进入尚书第第一道内隔门时，便可看见"礼门"门额。门额上的"礼门"二字说明了人要注重礼教。《孟子·万章（下）》说："夫义、路也。礼、门也。唯君子能由是路出入是门也。"义路、礼门两句合起来的意思是：通过仁义之路，进入礼教之门。其对应的背面"依光日月"门额（图4-156），本意是依靠日月之光，意在象征李春烨家族蒸蒸日上，兴旺发达。

图 4-155 "礼门"门额

图 4-156 "依光日月"门额

（10）"义路"门额（图4-157）。释义为仁义之路。为北门进入的第一道内门额，与其对应的背面是"曳履星辰"门额。整句话的意思为紧跟着宇宙星辰运转，象征家庭天长地久，长盛不衰（图4-158）。

（11）朱熹"四季诗"碑刻（图4-159）。传说宋代大理学家朱熹在南宋庆元年间，避难隐居在泰宁县古建筑内墙壁题写的，明代文人墨客临摹并刻于质地细腻的黑色页岩上，至今收藏在泰宁县博物馆内。朱熹"四季诗"共四组80个字，主要是在特殊的时代、特定的环境、特别的人生阶段，用春、夏、秋、冬四季来抒发自己此景彼情的

图 4-157 "义路"门额

图 4-158 "曳履星辰"门额

图 4-159　朱熹"四季诗"碑刻

感慨。乾隆《泰宁县志·流寓》谓："朱熹，字仲晦。庆元间，籍伪学，避居邑南小均坳数年。"明何乔远《闽书》记载："宋伪学禁起，晦庵朱子过泰宁，宿小均李氏，遗琴一张，为书'恂如'而去。"

第一组是春季诗："晓起坐书斋，落花堆满径，只此是文章，挥毫有余兴。"清晨时分一起来就独坐书房，透过室外发现一夜风吹雨打败落的花叶堆满了出门的小径；此时只有四书五经之类的文章，使得诗人怀着极大的兴致挥毫书写自己的感想。诗人感慨：春天原本是个五彩缤纷、生机盎然的季节，但已经是垂老暮年的他，生活在政治险恶的氛围之中，即使在清新的早晨，他独坐书房，凝视窗外，扑入眼帘的是被无情的风雨打落的满地残花败叶，他再也没有青年时期所写的"等闲识得春风面，万紫千红总是春"那种刚刚出道时无比欢乐的心情，忧郁和寂寞代替了潇洒和奔放，能够激发他兴趣的也只有那写不完的道德文章了。

第二组是夏季诗："古木被高阴，昼坐不知暑，会得古人心，开襟静无语。"高大的古木遮住了阳光的照射，白天坐在树阴下，全然感觉不出夏日的炎热。正所谓古人种树后人乘凉，此时的朱熹忽然领悟到了古人忧国忠君的情怀，于是敞开胸襟，心里也就平静了。

第三组是秋季诗："蟋蟀鸣床头，夜眠不成寐，起阅案前书，西风拂庭桂。"清秋也有花好月圆、赏心悦目的景致，晚年凄凉的朱熹已经难以看到了，那蟋蟀的鸣唱曾经牵动了多少诗人的心弦，可在此时的朱熹听来却是一片恶意的喧嚣，使他彻夜难眠。秋风送来的不是桂花的飘香，而是肃杀和惨淡的感觉，此时的他依然是翻着书、看着书、写着书。

第四组是冬季诗："瑞雪飞琼瑶，梅花静相倚，独占三春魁，深涵太极理。"在美玉般雪花飞扬的世界里，朵朵梅花尽相依偎，安然娇艳。傲雪独立的梅花，高风亮节，报告春的信息，这里蕴涵着深刻的哲学道理。

"四季诗"只在泰宁县发现，关于朱熹在什么地方书写的"四季诗"历来争议纷纷，然而，康熙年间泰宁县教谕康天墀经过仔细考证，他认为是朱熹在泰宁小均坳"避难"时书写的。清乾隆年间，泰宁古城的教谕李开将"四季诗"镌紫石板五块（诗石板四块、后记石板一块）藏于文庙。后因年久墙废，碑文断裂，于20世纪80年代被县博物馆珍藏，亦可证实"四季诗"的出处。

另外，泰宁古城还留下了"读书之乐乐何如"和"绿满室前草不除"两幅读书匾额，从文字风韵、手法艺术来看，都属朱熹所作。

（二）其他匾额

杉阳建筑中最早的堂匾是"世德堂"横匾（图4-160），依据明嘉靖周天球题词的"诗礼庭训"石刻横匾为证，该匾应为同时期的。"云门"横匾（图4-161）是明代张瑞图题写的。

图4-160 "世德堂"匾额

图4-161 "云门"匾额

（三）"如意"匾托

这是杉阳建筑常常使用在正堂、后堂额枋（当地工匠们称为"由枋"）上的匾托，主要是承托堂号匾或其他匾额，其形态为"折枝如意花"状，很是特别，明代更大些，清初略小些（图4-162）。

（四）其他装修装饰

（1）压画杆与轴。压画杆与轴是厅堂、书院、客厅等处，用于挂画下摆固定用，主要是防止风吹

图4-162 额枋上的"如意"匾托

而使得画面变形。其形态各异，小巧玲珑，如图4-163～图4-172所示。

（2）花梨木雕围屏。其为明末年间李春烨为女儿出嫁时赠予的嫁妆，也是目前尚书第留传下来唯一的围屏。该围屏为十二折围拢式落地屏风，是用泰宁本地深山崖中一种珍稀树种——花梨木制作而成，小方木做框，五抹头，由上绦环板、屏心、下绦环板、裙板、底护板构成，首尾两扇略不同其他十片，其外侧两片竖式排列，分别透雕"八仙过海，各显神通"之场景和可更换的活动式楹联，八仙各自行走于所喜欢的山石、树木间，手握各自的法器在做法事；下绦环板上透雕"拐子龙地纹"、上绦环板上透雕代表春、夏、秋、冬四季花卉的"牡丹""莲花""菊花""梅花"，意喻四季发财和事事如意的四季花和如意花；裙板上透雕"拐子龙地纹"，长方形变体"如意长寿"组合纹样；屏心敞开，实为根据不同喜事而创作的不同题材，贴于框上，嵌于屏

图4-163 "飞鹿"形挂画轴　　图4-164 "凤凰"形挂画轴　　图4-165 "花瓶插花"挂画轴

图4-166 可调挂画杆　　　　　　图4-167 "灵芝花"挂画轴

图 4-168 "龙"形挂画轴

图 4-169 压画杆

图 4-170 "鱼龙"形挂画轴

图 4-171 "折枝牡丹"画轴

图 4-172 "竹节"形挂画轴

框内，这种一屏多用的围屏，别开生面。围屏整体主题分明，纹样简洁，形态大气，雕刻精美，制作精良（图 4-173）。1982 年，泰宁下渠乡大湖村李春烨之婿罗于卜后裔将此围屏献给县博物馆。

图 4-173　花梨木雕围屏

第五章
杉阳建筑有关问题的讨论

　　泰宁县历史源流久远，先民们在杉阳古城这块良好的河谷盆地生活久矣，新石器时代晚期便有人在这里繁衍生息。据《将乐县志》和《泰宁县志》记载，西汉元光至元鼎年间（公元前134—前111年），闽越王无诸、东越王余善在现将乐、泰宁境域先后建造乐野宫、高平苑、校猎台，作为游乐、围猎之地。《泰宁县志》记载："高平苑，汉闽越王无诸校猎之所，又名乐野宫，在水南状元坊。"而《福建通志》记载，共有两条：一条在卷廿七将乐县名胜志（汉初，泰宁、将乐、建宁同属会稽部）记载"汉高平苑在县南"；另一条在卷四十泰宁名胜志记载："高平苑在县南水南保，汉闽越王无诸校猎之所。乐野宫在西隅街前，上抵卢家巷，前及南门街，北抵西隅街，今为民居矣"。据此记载，高平苑和乐野宫应为两处。乐野宫一直到宋代可能还有遗迹，有一首邹应龙诗为证："闽越遗宫蔓草青，萧萧衰排满孤城。吟余独向荒台望，落日江山万古情。"看来，公元前两百多年，闽越王无诸就对泰宁的这片山水情有独钟，常来这里校猎，无怪乎泰宁西五华里至今仍有泰宁语音的"苦竹坑"地名，实际上可能是"无诸坑"。

　　然而《将乐县志》（明弘治十八年版）亦载："将乐县传东越王时，将乐西乡有乐野宫，又以邑在将溪之阳，土沃民乐，故曰：将乐"，又载："高平苑，在县南六十里。乃越王校猎之所"。《福建通志》记载，高平苑的校猎有大校、子校之分。"故将邑今有大校、子校二村"。因将乐话"祖"与"子"谐音，因此，人们便认为这是黄潭的祖教村，而"乐野宫"是在黄潭的祖教至将溪一带。两个县，两个汉代地点，有待考古学家今后的科学发掘佐证。

　　后梁太祖开平三年（909年），闽王封邹勇夫为尚书左仆射，领军镇守西北门户——归化（泰宁）。邹勇夫率军抵达归化时，归化还只是一个"榛芜亘野、烟火仅百家"的小镇。邹勇夫到达后，加强战备、阻遏外侵、剿灭山寇，率将士广修房舍用以招抚，安顿中原逃难者。在那个狼烟四起、民不聊生的时代，邹勇夫把归化这个与世隔绝的偏僻小镇建成了一个世外桃源。在短短的几年中，容纳了大批的人口，引进了中原先进的生产技术，垦殖出大片农田，呈现出"人物蕃、田野辟、相安无事"的小康景象。邹勇夫也被后人尊为开泰公。

　　经过一百多年的发展和中原移民南迁后，归化县经济、文化都进入一个高速发展时期，呈现出一派"草莱尽辟、鸡犬相闻、时和年丰、家信人足""比屋连墙、玄诵之声相闻""名荐天下而爵列王廷者，相继不绝"的繁荣景象。因"归化"具有归顺、臣服，有化外蛮夷来归附天朝的含义，北宋状元叶祖洽认为继续沿用不太雅，"有负兹土"，想换个好听县名。元丰八年（1085年），叶祖洽在朝廷任兵部职方司郎中时，好友张汝贤调任福建按察使，叶祖洽请他奏请朝廷更改县名，元祐元年（1086年）朝廷允奏，哲宗帝亲自将孔子阙里府号"泰宁"赐为新县名。叶祖洽在十年后写过一篇《诏改泰宁县名》的追忆，对"泰宁"二字进行了解释："泰之为言，贤者以类进，而志通于止之时也；夫然后宁。"也就是说，德才兼备而勇于进取，其志向通达于君王的时候，然后才能得到平定安宁。

泰宁历史呈现了两个繁荣时期：一是两宋时期，曾出现"一门四进士、隔河两状元、一巷九举人"之盛况，其文化、经济的繁荣景象至今也让后人感到难以逾越。两宋时的繁荣距离我们过于遥远，留下的地面实物难以寻觅，只能从文字史料和地下的一些出土文物去感知那时的世界。泰宁的第二个繁荣时期就是明代。明代与两宋相比虽然略为逊色，但也仍然是值得后人仰慕的一个时代，虽然明代距今已有几百年，但这段历史仍然能触手可及，县城仍保留着明代格局和近四万多平方米的明代民居建筑群，如尚书第、世德堂、别驾第、邱家、江家等，其建筑规模宏大、布局合理、结构独特（连片式）、保存完好，是目前全国发现的最大规模的明代建筑群。

第一节　泰宁古城及建筑风格

从史籍记载和古城考古发现，泰宁古城始建于北宋，南宋初具规模，明代持续发展，明中、晚期渐进繁荣时期，明末清初处在黄金时节，清代维持街巷、古建筑原貌，少部分改建、添建，古城进入相对稳定时期，清末民初渐渐衰弱，明、清建筑处于维修养护关键时节。改革开放后泰宁古城喜获新生，国家级文物保护单位的公布，"杉阳明韵"特色旅游事业的蓬勃发展，成就了古城的保护、开发、利用进入了快速发展时期。经许多文物专家实地论证和评定，泰宁古城明代民居具有三个特点：一是目前全国发现的保存最为完整、规模最大的明代建筑群；二是泰宁明代建筑是超规格的民居建筑；三是采用了宫廷式建筑与民间民居建筑相结合的建筑手法。上述三点意见，足以奠定泰宁明代建筑群在中国古建筑群中的地位。

一、实地勘察　权威论证

长期以来，人们将福建省三明市泰宁县大量的明、清建筑归类为徽派建筑体系，其实有失偏颇。杉阳古城中的全国重点文物保护单位，如尚书第、世德堂建筑群，岭上街片区的明、清建筑群，城北片区的明、清建筑群，以及其他乡村片区的明、清建筑群，总面积多达15公顷，城中约占9万平方米的明代建筑，这不仅在福建省仅见，在国内砖木结构、府第式建筑中也十分罕见。由于缺乏深层次的勘察、考古、研究、对比，泰宁古城中近9万平方米的明、清建筑，长期以来被大家误认为徽派建筑系列，而失去了自身光芒，这无论是对真实的泰宁古城，还是杉阳建筑与文化的研究，都是一大损失。所以，为泰宁古城独有风韵的明、清古建筑正名非常有必要。

经过大量的实地勘察和考证，泰宁古城及明、清建筑含有特别的街巷和建筑格局，其总体印象是：①独特的平面布局，即"三厅九栋"格局，以中轴线为基线，以大、小天井为递进，依此布建门楼、廊庑、礼仪堂、后堂、后楼、花房。各栋相对独立，辅房、堂、房、厅之间以内隔墙、便门贯通，是一种多空间布局的建筑。②独特的立面效果。内嵌式直角门楼，各门脸一般设置门簪装饰，官宦府第类建筑多四柱门簪，多层砖雕出跳如意斗栱，额枋上彩绘简单的贯套纹样，还设有门额，额上阴阳刻"四世一品""进士"等文字；其他建筑设置双门簪，有石雕和木雕两种。屋面基本上是两面坡加两侧封火墙，屋脊的正脊基本上是宋代官帽长翅脊，中间用瓦立有官印堆塑，多数单脊，少数重脊，极少数脊两边用瓦和灰泥堆塑成花叶翘角。瓦垄密集厚实，檐口悬挂瓦缸胎水枧及斑鸠形枧钉盖。③独特的梁架结构。硕大、超高的柱子，粗壮超长的扛梁和架梁，敦实、厚重的如意形柁墩、矮胖瓜柱错落有致地安置在架梁之间，大空间、大隔扇、大神龛、大槛窗，高大的封火墙、内隔墙充分显现了泰宁明代民居独有的风格。柱础几乎是使用红色砂岩打制成钟形、八棱形，而且绝大部分都支垫石栀、木栀；早期瓜柱矮墩浑圆，如意形柁橄普遍使用，大型精巧的象鼻栱和浅盘大斗栱，都是泰宁明代建筑的典型特征。④独特的建筑结构。特色建筑台基如门楼、照壁墙的须弥座，廊庑、厅堂地面的双层、雕花台明；封火墙、内隔墙等用红色砂岩垒砌基础，用厚重的"城墙砖"垒砌眠砖墙，以条砖和望砖垒砌内部相互勾连的匡斗墙，用条砖、方砖或红色砂岩做墙帽，内部隔墙多以板墙、竹编泥夹墙相隔。

在考察、研究过程中，有的专家认为，泰宁古城中大面积的明、清建筑属徽派，也有专家认为属浙江、江西古建筑范畴……然而无论如何表达，皆欠缺科学依据，没有充分的实物佐证，即便是与近在咫尺的邵武市和平古镇的建筑对比，也没有"一脉相承""同父异母"的基因。而我国最权威的已故古建筑专家罗哲文先生在细致考察泰宁古城之后，发现杉阳建筑与其他建筑及文化，无法很科学地归类于某一个古建筑系列中，没有很强的比照性。他综合杉阳建筑特色后评价道：泰宁古城中的建筑，尤其是尚书第、世德堂建筑群的归类要谨慎，不要妄断。其原因是：①这类建筑不能归入徽派建筑类型；②这类建筑在平面布局、空间形态及结构、装修装饰等方面有超规格的"僭越"行为，部分含有京城官府建筑元素；③这类建筑架梁结构独特，其间的斗栱、柁墩，尤其是象鼻栱和枫栱非常特别，部分建筑结构和构件在其他地方的建筑中未见，极富地方特色和典型性。国家文物局资深专家谢辰生也要求泰宁县博物馆的同志进一步论证泰宁古城中的建筑，认为泰宁古城可以申报国家级历史文化名城……清华大学著名教授王贵祥先生认为：泰宁明代建筑独具地方特色，非常珍贵，值得深入研究……

泰宁古城建筑成规模，年代早，特性鲜明，有其优越的自然环境，坚实的文化基础。泰宁地处武夷山中段的杉岭支脉东南麓的闽西北山区，有满山遍野、几近绝灭的建筑材料——老杉木。此外，泰宁古城活跃着一批优秀的民居建筑技师，传承了精湛的传统建筑工艺和技艺，明初的何道旻、明末的李春烨都涉足过京城、故宫的修缮工程，无怪乎泰宁古城中的建筑独领风骚。泰宁古城中的建筑个性十足，从建筑空间格局、架梁结构、装修装饰手法，以及独一无二的建筑符号来看，杉阳明清风韵建筑区别于徽派建筑，是一种"另类"的古建筑群体。杉阳建筑与闻名遐迩的丹霞地貌、大金湖、上清溪、寨下大峡谷等自然资源，以及特有的北方传统府第式、南方大型院落式、客家建筑、官式建筑元素等，都值得人们发掘、整理、研究、保护、开发和利用。

二、匠官亲历　文史佐证

杉阳建筑极富个性，这在史料方面可以找到证据，如明洪武三十年（1397年）《四堡邹氏族谱》版中记载：何道旻，字伯清，号芝城，福建泰宁人。元至正二十五年（1365年）生，明正统二年（1437年）卒。少年聪颖，明洪武二十四年（1391年），以闽中选贡第一名，入国子监，升任监察御史，洪武二十八年（1395年），任大理寺评事。时有强盗"大脚板"疑案长期不能裁决，明太祖旨谓何道旻："若得无受其贿耶？"何道旻力辩于廷。事态晓白后，升任监察御史，疑狱多所平反，深得明太祖器重。洪武二十九年（1396年）正月，升为都察院京畿道监察御史。

值齐邸谋叛，何道旻受命前往处理。事毕，调任江西按察司副使，考察郡邑官员贪廉，舆论赞其公平允明。皇帝诰命有称："何道旻器度尊严，才犹拔允矣。""贤股肱笃志表率，以襄天下太平之盛。"赣州城陈平作乱，旨命何道旻讨平。到赣后，何道旻亲自察访，了解到所获之"贼"多是受诬平民，于是仅诛巨魁，释放无辜，民赖以安，而贼风平息。对权贵无所畏惧。何道旻谳狱能深入实际，掌握下情，对权贵无所畏惧，被喻为"何青天"。后因论朝政得罪权臣，被免官。

查获宪使罗美贪赃案，处治分明。明成祖继位后，起用何道旻为广东按察司佥事，查获宪使罗美贪赃案，首奏黜其职。承命济雷州灾情，兴修东洋水利，垒石砌堤，联合雷州、东洋二邑，长达13 800余丈，灌溉田亩70万顷。二邑数千民众皆获其利，立石碑以颂其功德。不久，受命督浙江工匠，上北京营造都城及宫殿，前后历经6个寒暑。对工匠病者给药、死者给以抚恤安葬，众皆感激。后调任四川巡按。明宣宗继位后，何道旻受任永州府知府。上任后，明刑狱，劝农事，兴学校，敦教化，事情不论巨细，都亲自下察实情，赏罚分明。时值大队军马过境，别的州郡筹措粮草军需仓皇失措，影响行军，唯永州府军需准备充裕，受到嘉奖。何道旻目睹永州府署久毁，竭力筹划，修复一新；并致力兴办教育，造就人才。

宣德七年（1432年），何道旻告老归乡，三奏方准。为官40余年，宦迹8省，所至州、郡，皆著政绩，回乡之日，行李萧然。回乡后，积极为乡里谋福利，自资凿建"崇仁"三井，解决城东街巷人们饮水之难。又于城东的小东门建筑"昼锦亭"（今已不存）。何道旻年将古稀，仍形貌光伟，声如铜钟。临终嘱言："人生在世，出则报国家以忠，处则事父母以孝。不读即耕，亦是正途。持家须勤俭，教子孙戒奢侈。"明正统二年（1437年）五月二十六日，何道旻倚椅而逝，墓葬在县城东关外滩头，以乡贤受崇祀。

明初何道旻曾经带领工匠班参加北京故宫兴建工程，杉阳民众引以为豪，故在古城中兴建了"绣衣坊"（明代荣誉官名）。绣衣坊，又称昼锦亭、诰封坊。位于泰宁城东大巷口，始建于明宣德七年（1432年），后毁于洪水，于明弘治十三年（1500年）重建。1989年因建尚书街被拆。该牌楼坐北朝南，上面挂着三块匾额，南曰：绣衣；西曰：海内文宗；东曰：江南兵宪。这些都是人们对何道旻一生清廉正直、刚正不阿的褒扬和肯定。

何道旻曾担任都察院监察御史。都察院的官员除监察朝廷百官外，还代天子巡狩地方。当他们处理公务时，"绣衣持斧"，威风凛凛。所以，"绣衣"是一种权力和地位的象征。何道旻在任监察官期间，敢于直言进谏，不畏权势，铲除贪官，体恤民情。疑狱冤案多有平反，深得明太祖器重。何道旻作风严谨，他所坚守的人生准则是：出则报国家以忠，处则事父母以孝；持家须勤俭，待客勿悭吝；重德不论大小，行事当几微；戒奢侈，黜浮夸。虽说他居官四十载，身居高职，但却清正廉洁，两袖清风。

何道旻是个仁爱笃挚、蔼然可亲的人，以清白著闻。他"待宗族故旧以恩，接公卿士庶以礼"，是继叶祖洽、邹应龙之后的又一泰宁俊杰。他宦绩显著，富贵卓立，当他衣锦荣归时，当地缙绅士庶、牧童樵民"闻其下风而望其余光者，莫不举手加额叹羡咨嗟！"为此，当时泰宁知县奏请皇上恩准，在何道旻居住的东门大巷口建亭，曰昼锦亭，以表彰其德行，并将其发扬光大。该亭后毁于洪水，明弘治十三年（1500年）泰宁知县重新上奏朝廷，由皇上恩准，在旧址又修建坊表，故又称"诰封坊"。牌坊匾额上书写着"恩荣""绣衣""海内文宗""江南兵宪""云归昼锦"。这些大字苍劲有力，熠熠生辉，如先人的眼睛，永远注视着牌楼下过往的人们。

何道旻主持、参加过故宫兴建，相传李春烨在京城为官辅政工部，也曾经赶建过兵营，参与故宫维修，这无形中受到京城"法式"建筑和官样府第式建筑的影响，从而无形中用于杉阳建筑中，存有一定的科学道理。

第二节　杉阳建筑与徽派建筑

泰宁特殊的地理环境、人文环境，丰富的木材资源，为构建中、大型民居提供了建房的物质保证；宋代至明代间，泰宁人在京城和全国各地为官，管理兴建官府建筑和故宫建设的工匠有案可查，加上泰宁民间工匠班技艺高超，无形中把杉阳建筑定格在"官样府第式建筑"上，这点是无可非议的，经得起考察和论证的。泰宁县的杉城、朱口、大田、下渠、开善等乡镇的近百座明、清建筑的建筑环境、建筑布局、空间结构、建筑工艺、建筑装饰，以及屋面、屋身、屋基别具一格，独成体系，明显区别徽派建筑，为了正名泰宁杉阳建筑的真实特点，增加福建古建筑内涵，有必要厘清这类建筑的属性，并正名为"杉阳建筑"。

泰宁古城从宋代至今，建筑基址基本不变，从明代开始营建的城中街巷，杉阳建筑空间、结构和建筑文化特点基本未变，既重视规划、尊重自然、合理布局，主次分明，公私分明，又注重使用空间科学安排，还讲究传统建筑技艺理念的运用；炉峰山，金溪河的自然环境始终没有改变，左护右卫的何宝山等始终是郁郁葱葱，轴线对称布局不变；杉阳建筑以坐西向东为主、坐东北向西南次之、坐西北向东南居三，始终保持"紫气东来"祥瑞之气，阳光、氧气，始终温暖、清新着泰宁古城及杉阳建筑的大街小巷。

将泰宁古城中珍贵的明、清建筑误认为徽派建筑，并在学术研究、相关论文中归类到徽派建筑体系，令人惋惜。由于缺乏深层次的普查、勘察、研究和对比，得出结论为泰宁古城中近9万平方米的明、清建筑都归属徽派建筑，这无论是对真实的泰宁古城、古建筑文化的研究，还是特色建筑文化旅游的发展，都是一大损失。因此，为泰宁县独有风韵的明、清杉阳建筑正名非常必要。

泰宁古城中的明、清建筑直观效果简而言之可归纳为：黑瓦匡斗吉庆墙，三厅九栋大厅堂。虽然其含有一定的京城府第式建筑及文化元素，还出现了超标准、高规格（存在"僭越"）的构筑行为，但其空间结构始终按规矩的"九宫格"式的三厅九栋形式进行。普遍构建的门厅（有些还是双门厅）、仪仗厅、双层轩廊，还采用高举架、抬梁穿斗混合结构，营造出了理想的使用空间。

泰宁古城的屋面处理古朴、干练，正脊，以宋代官帽样式堆砌，即幞头纱帽后面分别加上长翅，正脊中部用瓦堆砌"官印"瓦柱，两边用瓦片规则堆放长翅飞檐翘角，有的还在"官印"瓦柱两边配以牡丹纹长翅翘角，脊前后为两面约45°大坡屋盖。宋官帽脊的使用，印证了泰宁史书记载"汉唐古镇、两宋名城"之说，从一个侧面证明了杉阳建筑屋面形式在宋代就已成规制，也证明了杉阳古建筑屋脊的这种形式区别于徽派建筑屋脊的处理，同时在时间上也与徽派建筑有差距。

地下排水系统特意做成龙形走向，还在合适部位设置含有龙首形式的方、圆窨井，这也是杉阳建筑中独有的排水系统设施。

泰宁古城是明代杉阳建筑的聚集中心，其分布于朱口镇、大田乡、下渠乡、开善乡、上青乡等地，范围仅限于泰宁县域，其影响面小。这种大同小异的官样府第式建筑，基本格局、营建规律基本是一致的，这不得不吸引研究者的关注和思索，从建筑设计、工艺技巧、装修装饰，还有住户对建筑的特别喜好等判断，可能是一个或几个"同宗"的工匠班，按照杉阳建筑自身发展轨迹而发展，一些技法和结构消化、借鉴了京城官府建筑的空间尺度、装修装饰等做法，最终"创造"出含有官府建筑风格又有泰宁传统木构建筑特点的府第式建筑来。这些工匠班又因"业务"繁忙，人力、物力受限于泰宁县城区及周边乡村构建杉阳建筑。从建筑历史源流和象鼻栱特色构件来看，也能在浙江一些地区窥探到一点影子，但年代上比杉阳建筑稍晚些。这可能源于明代早期何道旻携带工匠班参与故宫建设过程中取得的构建经验，并经潜移默化传播、影响了泰宁杉阳建筑，然而这只是杉阳建筑中的一部分，真正形成的杉阳建筑体系还是泰宁县工匠们自己创造的。

作者及其课题组一直强调，泰宁杉阳建筑外观及特征富有个性，厚厚的黑瓦，勾缝或不勾缝匡斗墙，疏密结合、不夸张的阶梯状封火墙，圆中带方的木柱，高密度的象鼻栱使用的建筑，是地域性非常强的中、大型府第式建筑，在福建仅见，在我国东南地区也属罕见。这类建筑，选址一般是占据聚落的中心位置，即主要集镇、山乡、丘陵、阶地、溪边较宽阔的理想之地。其用砖木结构，基本上是内嵌式直角主门楼、门厅或廊庑、大天井、官房、正堂或礼仪厅、后天井、厢房、后堂等的组合。其他乡镇以门亭或门庭、围墙、内禾坪、下堂、天井、廊庑、上堂、后天井、厢房、后花房等组合。杉阳建筑体系中，世德堂、尚书第、进士第、别驾第、太和堂、耕读堂显得鹤立鸡群，可谓是杉阳建筑精品中之精品。

综上所述，杉阳建筑给人印象最为深刻的是：黑瓦吉庆匡斗墙，三厅九栋大厅堂。建筑形态高大峻拔、端庄典雅、个性十足，高贵中透出儒雅文气，豪华中显现出朴实，古拙中不失灵动，简约中不失精美，集府邸建筑、书院建筑、特色民居、祠堂建筑元素为一体，为独具地方特色的大型、中大型民居，与徽派建筑的建筑环境、建筑形态、建筑空间、建筑结构、装修装饰、建筑文化大相径庭。

一、徽派建筑基本特点

流行于古徽州片区、江西婺源和浮梁片区、浙江淳安片区的徽派建筑，主要分布于乡村，其工艺特征和造型风格主要体现在民居、祠庙、牌坊和园林等建筑实物中。粉墙、黛瓦、马头墙、层楼叠院、高脊飞檐、曲径回廊、亭台楼榭等和谐组合，这是徽派建筑的总体格局。总体布局方面，其因地制宜，精巧构思，平面设计善于变化，加上砖雕、木雕、石雕显赫一身，富丽堂皇，豪华精美之气充满屋宇。归纳起来，徽派建筑有以下特点。

（1）强调融入自然山水大环境。村落基址的地形、地貌，以及水流走向、采光通风等统筹考虑，建筑布局因地制宜，注重交通便利。大部分建筑坐南朝北，具有善于变化的多进院落式布局。还有以天井为中心围合的院落的平面布局、重檐的屋面、幽深的天井、适中的大厅，按地形、规模、功能等灵活分布，韵律感较强，建筑外观富丽堂皇，簇拥聚建，房与房之间高墙封闭并饰以马头翘角，墙面和马头高低进退错落有致。粉墙、黛瓦、小青砖是徽派建筑的主要特征。

（2）细部装饰细致入微。砖雕、石雕、木雕三位一体，结合相宜，雅俗之间令人赞叹不已。

二、杉阳建筑基本特点

从宋代至今，杉阳建筑基址基本不变，从明代至今建筑空间及结构未变，即重视规划、尊重自然、合理布局、注重主次，始终背靠炉峰玄武山，面对金溪玉带河。建筑"小风水"基本是坐西向东为主、坐东北向西南次之、坐西北向东南居三。杉阳建筑是城镇空间的明代建筑成片，清代建筑成群，从文史记载和考古资料表明，古建筑法式尺度、尺寸的原始度，现存古建筑保存完整度的早期木构建筑特点，杉阳建筑年代稍早于徽派建筑。

三、杉阳建筑与徽派建筑的比较

（1）空间形态比较。杉阳古城及建筑属城镇街巷建筑系列，总体布局比较讲究（图5-1），基本同出于一个建筑台基，规划中心置于金溪河北岸，西及西南以炉峰山作靠山（玄武山），南、东南、西南以金溪为玉带缠绕，东及东南方向三重朝山，最远山"起翼"之山是为朱雀山，西南方向有白虎山，东南方向有青龙山，整体古城及建筑遵循传统"风水观"理念，作负阴抱阳之势。古城中心区域历史建筑和传统建筑朝向多是坐西向东，岭上街古建筑多为坐东北向西南或坐北向南，北部古建筑多为坐西北向东南。中轴线对称和不对称布局皆有，多重天井，单层为主，面阔基本上是5开间，随着子孙递增，预先"横向"设计建造院落，或其他地方选址分家建造。

明末画家、园林设计家文震亨认为"居山水之间为上，村居次之，郊区又次之"。徽派建筑基本吻合了这条规律，倚山面水，建筑坡度10°以上，属于"山地建筑"类型。徽州建筑大都融于山水之间，达到山居水景的完美统一（图5-2）。其一般坐北朝南，布局以中轴线对称分列，四合等格局的砖木结构楼房，穿堂式大厅式。平面有口形、凹形、H形、日形等几种类型，面阔3间，中为厅堂，两侧为室，厅堂前方称"天井"，采光通风，亦有"四水归堂"的吉祥寓意。民居楼上极为开阔，俗称"跑马楼"。

（2）平面布局比较。杉阳建筑始终按规矩的"九宫格"（当地称为三厅九栋）形式进行，含有京城官府（存在"僭越"行为）样式的超标准、高规格构筑建筑：普遍构建门厅（有些还是双门厅）、廊庑、仪仗厅、双层地面轩廊，并采用高举架、抬梁穿斗混合结构形成高大、宽阔的理想空间（图5-3）。徽派建筑却相反，即徽派建筑多为乡镇富商、豪门所建，而杉阳建筑是官宦、名门望族、普通人家均有构筑，只不过是面积大小、空间尺度稍加区别。此外，杉阳建筑只是在最后一进设二楼（女眷楼），而徽派建筑一进天井、二进天井，且天井边的厢房多为二层至三层楼。徽派建筑空间因地形、地貌而随机、简洁布建，且有一定的规律，形成了独特的徽派建筑群落，其单体建筑平面多以"日""回""凹"等形态呈现。

（3）建筑结构比较。杉阳建筑的架梁结构，主梁平直且长，两端卷刹非常讲究，

图 5-1　古城中的杉阳建筑

图 5-2　山水间的徽派建筑

图 5-3　杉阳建筑内部结构

基本不出现弓背形，下堂明间不见隔扇隔断和起翘架梁，柱枋梁架普遍使用抬梁穿斗混合结构，特别是前扛梁一贯两端，架于老角柱上，跨度长，且用材超大，举架超高，大比例、大空间，存有"僭越"使用《营造法式》部分规定的建制（图5-4）。

徽派建筑结构方式。普遍使用"冬瓜梁"，两端雕出扁圆形（明代）或圆形（清代）花纹，中段常雕有多种图案，通体显得恢宏、华丽、壮美。高墙深宅，大厅为明厅，三间敞开，可用活动隔扇封闭，便于冬季使用。一般大厅设两廊，面对天井。正中入口设屏门，日常从屏门两侧出入，遇有礼节性活动，则由屏门中门出入。大厅的变化形式灵活，有时有边门入口，天井下方设客房，招待来客居住，或者由正门入口设两厢房。大厅在徽州住宅中主要用于礼节性活动，如迎接贵宾、办理婚丧大礼等，平时也作为起居活动场所，是整套住宅的主体部分。穿堂的位置在大厅背后，与大厅紧连，是大厅进入内室的过渡建筑，其大部分为木地板，小三间与大厅相背，入口则由大厅正面隔屏的两侧门进入。一明堂，两个房间。穿堂较正式三间为小，有天井采光。

徽派民居，四周均用高墙围起，谓之马头墙，远望似一座座古堡，房屋除大门外，只开少数小窗，采光主要靠天井。这种居宅进门为前庭，中设天井，后设厅堂，厅堂后用中门隔开，设一堂二卧室。堂室后又是一道封火墙，靠墙设天井，两旁建厢房，

图 5-4　杉阳建筑主体梁架结构

这是第一进。第二进的结构为一脊分两堂，前后两天井，中有隔扇，有卧室四间，堂室两间。第三进、第四进……结构大抵相同。 这种深宅里居住的都是一个家族。随着子孙的繁衍，房子"纵向"发展，一进一进地套建起来，故房子大者有"三十六天井，七十二槛窗"之说。一般是一个支系住一进。门一闭，各家各户独立过日子；门一开，一个大门出入，一个祖宗牌下祭祀。它生动地体现了古徽州聚族而居的民风。这种高墙深宅的建筑，千丁之族未尝散居的民风，在国内是罕见的。

　　（4）门脸与屋面的比较。杉阳建筑的门脸形式（图 5-5～图 5-8），一般为内嵌式直角八字开，有一定深度的门坪，门前是通体大台阶，砖砌隔心墙，石雕门柱，普柏枋上栌斗、如意斗栱组合承托屋架与屋面，规格高，显得器宇轩昂、无比大气，门两边是封火墙。

　　徽派建筑的翘角门罩形门楼，门洞几乎没有进深，山墙上开门窗，主门加山墙为门面，徽州建筑大门，均配有门楼（规模稍小一些的称为门罩），主要作用是防止雨水顺墙而下溅到门上。一般农家的门罩较为简单，在离门框上部少许的位置，用水磨砖砌出向外挑的檐脚，顶上覆瓦，并刻一些简单的装饰。富家门楼十分讲究，多有砖雕或石雕装饰。徽州区岩寺镇进士第门楼三间四柱五楼，仿明代牌坊而建，用青石和水

图 5-5　世德堂门脸

图 5-6　李氏宗祠门脸

图 5-7　主门脸与甬道门脸

图 5-8　砖石结构门脸

磨砖混合建成，门楼横枋上双狮戏球雕饰，形象生动，刀工细腻，柱两侧配有巨大的抱鼓石，高雅华贵。

（5）屋面比较。杉阳建筑的屋面（图 5-9 和图 5-10）处理古朴干练，正脊以宋代官帽样式中间堆放"官印"柱瓦，有的还配有牡丹脊翘，脊前后为两面坡大屋盖。徽派建筑的屋面比杉阳建筑繁复，常见屋顶脊吻，如正脊鸱吻、脊上蹲兽、垂脊鸱吻、角戗装饰和套兽等。官帽长翅翘角的使用，印证了泰宁史书记载"汉唐古镇"之说，从一个侧面证明了杉阳建筑屋面在宋代就已成规制，也证明了泰宁古建筑的这种形式比徽派建筑时间早。

（6）封火墙比较。封火墙指在每座建筑两侧山墙砌筑高出屋面的墙，其功能为防火、防风、加固、空间分隔等，因形似马头，故称"马头墙"（当地工匠称之为"吉庆墙"）。杉阳建筑封火墙（图 5-11 和图 5-12），一般是三级，多的五级，个别出现"人字墙"，基本不出现偶数，绝大多数不带翘脊，少数正脊为官帽脊或"牡丹花卉"脊。

图 5-9　宋代长翘官帽正脊群

图 5-10　杉阳建筑长翘翘角留白脊特征

图 5-11　杉阳建筑封火墙（一）

图 5-12　杉阳建筑封火墙（二）

山墙上不开门和窗，而泰宁官样府第式建筑为勾缝匡斗马头墙，3～5叠，"如意"墙帽，有的还是红色砂石雕的变体如意形墙帽，徽派正脊无宋代长翘官帽脊。

徽派建筑的"马头墙"，随屋面坡度层层叠落，以斜坡长度定为若干档，墙顶挑三线排檐砖，上覆以小青瓦，并在每只垛头顶端安装搏风板（金花板）。其上安装各种苏样"座头"，有"鹊尾式""印斗式""坐吻式"等数种。"鹊尾式"即雕凿一似喜鹊尾巴的砖作为座头；"印斗式"即由窑烧制有"田"字纹的形似方斗之砖，但在印斗托的处理上又有"坐斗"与"挑斗"两种做法。"坐吻式"是由窑烧"吻兽"构件安装在座头上，常见有"哺鸡""鳌鱼""天狗"等兽类纹样构件。

（7）天井比较。杉阳建筑的天井（图5-13和图5-14）形式多样，有超大的前天井，适中的后天井，面积在30～80平方米。地芯用梯格与棋盘形式铺砌，简洁大方。徽州民居除少数"暗三间"外，绝大多数房屋都没有天井，三间屋天井设在厅前，四合屋天井设在厅中，天井面积20～30平方米居多。天井周沿，还设有雕刻精美的栏杆和"美人靠"。一些大的家族，随着子孙繁衍，房子就一进一进地套建，有的可形成"三十六个天井"。

图 5-13　杉阳建筑大天井（一）　　　　　　图 5-14　杉阳建筑大天井（二）

（8）槛窗比较。杉阳建筑的槛窗（图 5-15 和图 5-16）大部分在天井两侧、下堂次间迎面、正堂后部次稍间设置，其特点是内、外两层，上、下两段，进深较深，细方格花隔芯，饰以黑红漆，显得端庄、厚实，即可规避窥探私密，又可调节室内空气。

图 5-15　杉阳建筑槛窗（一）　　　　　　图 5-16　杉阳建筑槛窗（二）

徽派建筑是在沿天井一周的回廊上采用木格窗间隔空间，分隔室内、外空间等。格窗由外框料、绦环板、裙板、格芯条组成，形式丰富多彩，有方形（方格、斜方块、席纹等）、圆形（"圆镜""月牙""古钱""扇面"等）、字形（十字形、亚字形、田字形、工字形等）、什锦（"花草""动物""器物""图腾"等）。格窗还采用蒙纱绸绢、糊彩纸、编竹帘等方法，增加室内的透光性能。

（9）排水系统比较。杉阳建筑的排水沟（图 5-17 和图 5-18）特意做成多弯、贯通上中下堂的龙形走向的地下砖石铺砌的形式，合适部位设置方、圆窨井，而徽派建筑排水系统是各堂分设，地下大弯排水沟，窨井数量极少。

图 5-17　杉阳建筑地下排水沟　　　　　　图 5-18　世德堂第六栋暗沟与天井相连状况

（10）特色构件比较。杉阳建筑最具特色的构件（图 5-19～图 5-22）就是象鼻栱、一斗三升组合"如意"柁墩、勾缝匹斗墙、多级封火墙上叠压的大而厚重的瓦和条砖，以及嵌有吉祥用语的如意墙帽，而徽派建筑基本没有。

（11）装修装饰比较。杉阳建筑文人气息强，内敛不张扬，不豪华，就是大气、精美的局部装修装饰（图 5-23～图 5-30）也放在内院进行，如尚书第第二栋"四世一品"门楼。大型花柱、水缸在天井中摆放，形成外部建筑素雅大方，简约文气，内部装修装饰的石雕含有西洋风韵，木构件上黑漆红彩，屋檐下墨绘点缀。清代少数建筑的栋梁（随脊檩）上银质镏金"荷池白鹭"，贯套"凤穿牡丹"与"凤凰衔珠串"，显

图 5-19　并列斗栱组合　　　　　　　　　图 5-20　象鼻栱与枫栱装饰组合

图 5-21　象鼻栱所处位置　　　　　　　　　　图 5-22　象鼻栱与并列斗栱组合

图 5-23　正堂金柱上前后象鼻栱装饰　　　　　图 5-24　杉阳建筑尚黑喜红漆饰

图 5-25　银质镏金脊檩装饰（一）　　　　　　图 5-26　银质镏金脊檩装饰（二）

图 5-27　杉阳建筑门脸装饰（一）

图 5-28　杉阳建筑门脸装饰（二）

图 5-29　杉阳建筑门脸装饰（三）

图 5-30　杉阳建筑门脸装饰（四）

得富丽堂皇。

　　徽派建筑，梁架一般不施彩漆而髹以桐油，显得古朴、雅致。其以广泛采用砖雕、木雕、石雕三雕为主要特征，图案组合精美绝伦，表现出高超的装饰艺术水平，如砖雕大多镶嵌在门罩、窗楣、照壁上，在大块的青砖上雕刻着生动逼真的人物、虫鱼、花鸟、博古和几何图案，极富装饰效果。作为一个传统建筑流派，徽派建筑融古雅、简洁、富丽为一体，至今仍保持着独有的艺术风采。

　　（12）文史记载。明代泰宁籍官员何道旻、江日彩，以及兵部尚书李春烨直接或间接参与京城和故宫的营建、修缮事宜，杉阳建筑无不打上了"官样府第式建筑"的烙印，而徽派建筑则没有官员在京参与故宫建设和维修，且未见大空间、大面积、大天井、大台阶、高举架、高台明、大回廊、须弥座的金刚封火墙的使用。徽派建筑尚无这方面的记载。

　　至于泰宁明、清古城及古建筑叫什么名称，如"杉阳派建筑""杉阳建筑""杉阳明韵""泰宁官样府第式建筑""泰宁建筑""五福明城""五福天下"……都不重要，最重要的是它不属于徽派建筑，即不能以徽派的马头墙为标准来断定杉阳建筑。值得说明的是"杉阳明韵"涵盖泰宁明清古城、明清建筑、古街古巷、市井等建筑文化，杉阳建筑的大空间、大面积、大天井、大台阶、高举架、高台明、大回廊、须弥座的金刚封火墙的使用，无不打上了"官样府第式建筑"的烙印。尚书第内外装修装饰见图 5-31。因此，我们认为对泰宁这些特色建筑称之为"杉阳建筑"更为妥帖。

杉阳建筑与徽派建筑的比较见表 5-1。

图 5-31 尚书第内外装修装饰

表 5-1 杉阳建筑与徽派建筑比较

内容	杉阳建筑	徽派建筑
聚落空间	城镇空间的明、清建筑群	乡村空间明清建筑
时间	始建北宋，南宋初具规模	较杉阳建筑晚
平面布局	注重自然环境与古城、建筑的协调关系，古建筑群以"九宫格"官样府第式建筑排列；大部分建筑坐西朝东	倚山向水，融入自然山水大环境，建筑布局因地制宜，注重交通便利。大部分建筑坐南朝北
建筑空间	中轴与风水轴线结合、相对对称的多进院落布局。高举架、大面积、大空间、大甬道、大台阶、大廊庑、大天井、大厅堂	善于变化的多进院落式布局。以天井为中心围合的院落的平面布局、重檐的屋面、幽深的天井、适中的大厅，按地形、规模、功能等灵活分布，韵律感较强
建筑结构	普遍使用罕见或仅见的象鼻栱、如意栊墩，民居中采用最原始的古建筑构建一斗三升和抬梁结构；主梁基本不出现弓背形，下堂明间不见隔扇、隔断和起翘架梁，柱枋架梁超高、超大，大空间、大比例	普遍使用"冬瓜梁"，两端雕出扁圆形（明代）或圆形（清代）花纹，中段常雕有多种图案，通体显得恢宏、华丽、壮美。高墙深宅

内容	杉阳建筑	徽派建筑
装修装饰	大气、淡雅，文人气息强烈，石雕、黑红漆、墨绘点缀	砖雕、石雕、木雕三位一体，结合相宜，融古雅、简洁、富丽为一体
门楼形式	内嵌式（直角八字开），有一定深度的门坪，通体是大台阶，砖砌隔心墙，石雕门柱、普柏枋上栌斗、如意斗栱组合承托屋架与屋面，门两边是封火墙（马头墙）	翘角门罩形门楼，门洞几乎没有进深，山墙上开门窗，主门加山墙为门面，徽州建筑大门，均配有门楼（规模稍小一些的称为门罩）
马头墙	一般是三级，多的五级，个别出现人字墙，基本不出现偶数，山墙上不开门和窗，而泰宁官样府第式建筑为勾缝匡斗马头墙，3～5叠，如意墙帽，有的还是赤砂石雕的墙帽	正脊无宋代官帽脊，随屋面坡度层层叠落，以斜坡长度定为若干档，墙顶挑三线排檐砖，上覆以小青瓦，并在每只垛头顶端安装搏风板（金花板），其上安装各种苏样"座头"
天井	超大的前天井，适中的后天井。地芯用梯格形与棋盘形铺砌，简洁大方	除少数"暗三间"外，绝大多数房屋都未设天井。天井周沿，一般设有雕刻精美的栏杆和"美人靠"
槛窗形式	槛窗大部分在天井两侧，迎面设槛挞衣窗，内、外两层，上、下两段，进深较深，拐子花隔芯，饰以黑红漆	沿天井一周回廊采用木格窗间隔空间，分隔室内、外空间等作用。格窗由外框料、绦环板、裙板、格芯条组成，形式丰富多彩。格窗还采用蒙纱绸绢，糊彩纸，编竹帘等方法，增加室内透光
建筑层数	最后一进设二楼（女眷楼）	一进天井、二进天井，甚至厢房也为二层、三层楼

总之，杉阳建筑外部总体特征明显：黑瓦匡斗吉庆墙（匡斗如意墙）、三厅九栋大厅堂（九宫格局大厅堂），砖木结构，以单层为主，简洁线状多级马头墙相隔合围成规矩的建筑大空间。其面阔小，进深长，平面布局和空间结构基本上是三座一组合院式建筑，每栋三厅、三条正脊（当地百姓称之为栋），总体格局便形成了九宫格式的"三厅九栋大厅堂"的基本建筑形态，这种说法从明代一直沿用至今。其具体由内嵌直角式门楼、高门厅、大台阶、大廊庑、大天井、大轩廊、大正堂、后天井、后堂、后楼、花房、侧厅、侧廊、阁楼、粮仓、厨房等组成。这种空间结构、视觉尺度，以大为特点构造每一个单体建筑，厚黑瓦，高匡斗，九宫格形态的中、大型民居成就了泰宁杉阳建筑的典型特征。

四、杉阳建筑定性

杉阳建筑非徽派建筑体系，通俗地说，杉阳建筑集中在城镇之中，形态高大峻拔、端庄典雅、个性十足，高贵中透露出儒雅文气，豪华中显现出朴实，古拙中不失灵动，简约中不失精美，集府邸建筑、书院建筑、特色民居、祠堂建筑元素为一体，为独具地方特色的大型、中大型民居，归纳起来杉阳建筑有以下特点。

（1）注重自然环境与古城、建筑的协调关系。古城选址的地形、地貌、水流、风向等因素都统筹考虑，将西北部的炉峰山作为整个城市的主靠山，面对东南边玉带缠绕的金溪河，衙署、孔庙、街道、民居等区块布局合理。大部分建筑坐西朝东。

（2）古城整体建筑气度非凡、端庄素雅。堂屋"合纵连横"聚建一起，其间高墙相隔成九宫格状；"如意"墙头高低错落、叠涩有致，红石底座匡斗墙面，白灰勾缝，古朴、典雅。

（3）中轴与风水轴线结合、相对对称的多进院落布局。门楼、单檐的外部特征，大天井、大厅堂、书院（书斋）、街巷、水井等功能一应俱全，科学性、艺术性处理得恰到好处。

（4）装修装饰大气、淡雅，人文气息强烈。杉阳建筑中，内嵌式门楼上的砖雕装饰简约、干练，悬垫柱础的门柱、特制的门额、门簪点饰显得别具一格；槛墙上的槛挞衣窗、堂内其门顶的大型堂号匾、天井内石雕花卉形态的水缸花柱，黑、朱相间的漆饰，外檐下的花卉墨绘等均显现出杉阳建筑特殊风韵。

五、泰宁古城及杉阳建筑价值评估

（一）建筑年代序列清晰

嘉靖年间兴建的世德堂，万历年间兴建的进士第，天启年间兴建的尚书第，崇祯年间兴建的耕读堂、太和堂、郎官第等，这批明代建筑都有具体的始建年代、修葺年代、维修检漏记录，这在族谱记载、创建的祖先的事迹记载、建筑题记，以及架梁结构等资料和实际构件考察得以证明，或直接和间接地证明每一座建筑的始建和完工时间，这在古建筑中难能可贵，为古建筑的科学断代、研究提供了坚实、标杆性的重要依据，形成年代序列的科学性。杉阳建筑类型较多，内涵丰富，府第类建筑大气、精致；祖屋类建筑巧妙、实用；变体类围屋宏大、厚重；居住防御兼顾建筑，填补了福建省防御性乡土建筑的空白。杉阳建筑抬梁与穿斗混合结构的构架，粗犷的方圆形木柱，带木楯的八棱形和瓜棱钟状的石、木柱础，硕大的象鼻栱和超大的扁状方斗，瓜状鹰爪纹的瓜柱，清楚地表明了杉阳建筑构件的独特性，显得十分珍贵。

（二）建筑价值体系完整

泰宁古城中大面积的明、清建筑自成体系，区别于徽派古建筑体系、浙江古建筑体系、江西古建筑体系。杉阳建筑分布区域小，仅在泰宁县域中存在，就是近在咫尺的邵武市和平古镇中同类的砖木结构建筑中也难寻觅杉阳建筑元素。杉阳建筑是独立的建筑体系，尤其是明代建筑群所形成明确构筑、维修年代系列成为古建筑鉴定的标杆，为福建省乃至我国江南古建筑年代系列研究提供了十分珍贵的实物资料。

现存的明、清杉阳建筑，历代建筑维修信息齐全，传统古建筑修复技艺丰富，为现今的古建筑维修提供了借鉴。

综上所述，杉阳建筑特性鲜明，从建筑空间格局、架梁结构、装修装饰手法，以及独一无二的建筑符号来看，明显区别于徽派建筑，是一种"另类"的古建筑群体，具有重大的历史、科学、艺术价值，值得竭尽全力去发掘、整理、研究、保护、开发和利用。

第六章
泰宁古城愈合及杉阳
建筑保护与再生

根据国家"十二五"科技支撑计划项目"传统古建聚落规划改造及功能综合提升技术集成与示范"（项目编号：2012BAJ14B05），本书作者及其课题组在广泛调查的基础上，依据示范要求，选择了泰宁古城及杉阳建筑进行针对性的保护、再生试验。同时从传统聚落营造技艺，古建筑抢险加固、古建筑修缮经验，传统聚落保护与再生等问题入手，采用科学保护、修缮跟踪的办法开展具体工作，从而达到了一些可复制、可推广的试验效果。

第一节　古城保护现状及对策

泰宁古城的主要景观均沿古街、古巷组成的交通线分布，目前逐渐形成了以明代街巷及明代建筑为主，清代古建筑为重要补充的古城旅游黄金线。此外，其还以当地传统特色文化为依托，将建筑文化，两宋时期科举与状元文化，以及特色饮食文化、擂茶文化、红色文化为重点的业态做大、做强，使之成为文化氛围浓郁的理想景观区。为此，认真细致地分析、研究历史街区的真实性、完整性，以及街巷空间格局、街巷尺度的原始性十分必要。再者，为了将古城及杉阳建筑的保护、开发、再生落在实处，研究泰宁古城历史文化街区、街巷系统肌理演变，明、清时期的古城传统业态、市井文化等，对古城的良性发展也是大有裨益的。

一、杉阳古城及杉阳建筑保护困境

（1）古城现状保护、再生的复杂性。泰宁古城及杉阳建筑占据现有城区空间的中心位置，土地价格较高，影响着城市土地利用模式，对古城的开发能否承担高额地租提出质疑。古城周边高强度的商住开发与古城传统居住功能的衰退形成鲜明对比，其保护难度加大。古城区内的原住民居住和部分外来人口入住，内围传统聚落居住功能发生变迁，外围主要进行现代商住开发，从而使杉阳建筑保护处于古建筑逐渐破败，而外围高强度土地开发需求的两难境地。古城的保护、开发、再生风险大，保护与改造的难度大、代价大，必须寻求合理的发展平衡空间。对杉阳古城的保护与开发将面临多方面的困难与风险。

（2）保护方式及措施比较单一。除了全国重点文物保护单位修缮经费可以得到保证、核心区、建设控制地带划定的红线，有效地控制了一切违法行为外，而其他杉阳建筑缺乏更有效的保护手段，许多建筑"风烛残年"，建筑本体及建筑文化等信息濒临消失。当地政府"自上而下"的手段缺乏资金保证，单一的保护方式，远远不能应对复杂的建设、发展现状，保护动力明显不足。由于历史建筑的产权建设多元化、使用方式多样化、建筑风貌的不协调，杉阳古城的保护、开发、利用，即"自上而下"和"自下而上"结合，自助式"保护与再生"所面临的问题十分复杂。目前迫在眉睫的问题是缺乏科学、有效、符合杉阳古城保护实际的规划，缺乏强有力的具体措施，珍贵的明代建筑在损坏、坍塌。由于缺乏统一开发和利用的准则，不少"东家"各行其道，徽派、新徽派、浙派风格"济济一堂"，无序发展且没有地方特色的业态比比皆是，严重影响了杉阳古城的后续发展，这将是影响泰宁古城展现真正魅力的一大悲哀。

（一）对现代性、传统性与民俗化的辨识

满足现代生活、知识、旅游等需求，才能使古城及其传统文化生动起来，要充分认识到，传统性是历史精华的遗存、街区的独特魅力所在，而民俗性，即是街区活力的源泉，但也要认识到单一民俗性使得适宜的古城发展对现代生活功能的需求很重要，不能把古街区当作是活化石，避免历史街区的布景化趋同，否则真正的古城文化品位就难以发挥作用。

实现历史资源与现代城市资源的科学整合，既是城市竞争力的根源所在，也是历史资源的生命力所在。

（二）确定杉阳古城保护、开发、利用的科学规划

泰宁县旅游事业的兴旺发达，巨大发力点是泰宁古城及周边现存的物质文化遗产和非物质文化遗产。在完成"2010 年，把泰宁建设成全国具有一定知名度和竞争力的新兴旅游区，福建一流旅游强县"的目标后，力争在 2025 年把泰宁建成全国著名、国际知名的山城休闲度假旅游区，具体要做好如下几点：①确定古城的绝对保护区并提出翔实保护要求。绝对核心区，包括全国重点文物保护单位的尚书第、世德堂建筑群，昼锦门及古城墙，岭上街及各时期传统民居，罗汉寺、罗汉塔、文塔遗址，天主教堂，南宋状元邹应龙墓地，朱熹小均坳避难所，叶祖洽故居，邹应龙状元故居等，以及红军东方军司令部旧址，朱德、周恩来旧居，烈士纪念亭等。②建设控制地带所有具有历史、科学、艺术价值的文物点，均列入各级文物保护单位，同时严格按照《中华人民共和国文物保护法》，禁止和限制古城及周边任何新建项目，不得改变和破坏历史上形成的格局和风貌。③环境协调区内的新建项目，其高度、体量、色彩和风格等均应与保护对象协调，不得破坏文物保护单位的环境风貌，尤其是炉峰山历史风貌格局。④随着旅游商业等的发展，古城区交通压力日渐增大，交通体系对于消防要求的满足有待改善，拓宽道路及对一些沿街民居的拆迁安置，综合片区整体发展应进行相应的规划和安排。

（三）保护与再生原则

泰宁古城作为历史文化街区而存在，首先它是一个当代人生活在其中的街区，而不是某一段历史画面定格的一个模型。它是历史的，也是当代的；它是街区的，也是城市的。泰宁古城多元的保护价值（历史价值、艺术价值、科学价值），决定了其保护内容的多元性：生态（自然环境）、形态（人工物质环境）、情态（人文环境）和文态（历史与文化环境），因此其保护的方式自然趋于多元化。

作为历史文化街区，从动态保护入手，从可持续发展的角度着眼于泰宁古城的保护与再生，根据其现状确立以下古城保护、开发、利用的原则。

（1）整体性原则。切实保护不可移动的古建筑（如尚书第、古城墙）、传统民居、传统街巷等构成的历史风貌和空间形态，延续泰宁古城的传统文脉。

（2）真实性原则。保护泰宁古城核心传统性及其风貌区的历史建筑、空间格局、绿化种植等物质形态的完整所携带的真实历史信息，在保持社区原有活力和文化底蕴的基础上，植入与古城现代文化、生活相协调的氛围。

（3）可持续性原则。以历史街区为载体，融入现代文化、商业与居住等功能，整治环境景观，改善居住条件，采取多种保护手段，使历史建筑及其周边的环境在保持传统风貌特色的同时，又能满足现代生活的需求，为历史街区注入再生的活力。

（4）分类保护原则。根据传统建筑的历史、艺术和科学价值，现状保存状况，采用分类保护的方法，制定相应的控制规定和整治措施，保护历史文化风貌的多样性。保护与更新主要从保护策略、修复与修缮策略、更新与改造策略、重建与再生策略等四个方面来进行。

二、古城修复应注重实际效果

泰宁古城及古建筑的修复，从1983年修复至今，用的一直是最好的维修专业队伍，如20世纪80年代福建首个古建筑维修专业队伍——福清古建筑修缮队，90年代至今全国知名的泉州赤桐古建筑公司，依据国家文物局法律、法规，由权威设计单位设计出的规范维修方案，先后对尚书第、世德堂建筑群进行了完整、系统的抢险加固和修缮，树立了古建筑维修的标杆。在没有经验借鉴，没用操作范本的情况下，泰宁县文物部门采用边精心维修，边合理利用的办法，激活了泰宁古城及建筑群的潜在文化价值，既保护了文物，又宣传了文物保护的重要性，实际效果比较理想，具体表现如下。

（1）通过严谨、科学、真实、正规的抢险维修实施手段，竭力将泰宁古城及古建筑空间格局、空间尺度、古建筑架构等原貌恢复到"原初"的最佳状态，把明代古建筑的简洁、大气、高雅、清新、幽静、古拙氛围充分体现，使之成为福建省，乃至我国明代木构建筑抢险加固和修缮修复的典范。

（2）采用科学、规范的考古手法，系统、完整地厘清各时代古城发展及建筑文化层，与古城和古建筑维修方案进行比对，确立修复古街巷、封火墙及其相隔出"九宫格"建筑，如尚书第、世德堂等一批明清古建筑，以确保泰宁古城与杉阳建筑的"黑瓦匡斗吉庆墙，三厅九栋大厅堂"的建筑风格，淋漓尽致地显现出宋韵明风的古城特色。

（3）完全掌握泰宁古城杉阳建筑的明代古建筑传统工艺、修复流程、特色结构、装饰装修，以及屋面屋架、屋脊处理等，完整度较高地复原明代时的杉阳建筑风韵。

（4）彻底清理和排除古建筑群中屋面滴漏、淤积成患、地上无积水、排水不畅，使地下排水系统（屋面排水、天井汇集水、贯连排水沟及窨井、檐口出水孔、流入金溪河总排水沟）通畅无阻。

（5）科学汲取难能可贵的泰宁传统建筑分类型保护和修缮技术的设计理念，以及其符合实际的维修方法，拟定出泰宁传统建筑保护、修缮与整治技术规程的编制与技术导则，使泰宁传统建筑工艺流程得以传承与发扬光大，为福建各地维修明代古建筑提供了宝贵的经验。

（6）充分发挥名人效应，以开放的心态，吸引国内外知名专家，特别是权威专家亲临实地考察、论证、研究，彰显福建古城保护、愈合的示范作用，为泰宁古城及杉阳建筑保护、开发、利用保驾护航。

（7）充分利用杉阳建筑无可比拟的特色，进行有地方特点的文物展示。正确处理、保护和利用的关系，力求在不干扰文物保护的情况下，不损伤古建筑本体进行文物展示。在陈列形式、灯光处理、展板上墙、文物入橱等方面都要有制约感，最佳方案是展示道具、设施、设备活动套装集成化，与古建筑各自形成体系，达到保护、展示两全其美的境地。经过全方位、多视角、接地气的试验，多年来泰宁县文物部门在利用古建筑陈列展示中，摸索出一条符合古建筑展示利用的路子，如尚书第建筑群内先后进行了10多个主题和专题展示，无一例外都没有损坏建筑本体，且效果确实令人满意，已成为泰宁县中外游客游览的重要场所（图6-1～图6-6）。

古城杉阳建筑的保护与维修，必须要依据相关规定进行科学设计并拟订维修方案。同时，应按照古建筑保护情况、破损程度，分轻重缓急地实施古建筑维修原则和指导思想。

图6-1　举办婚庆民俗活动的场所

图6-2　演艺场所

图 6-3　展示古代纺织工艺的场所　　　　图 6-4　展示清代文人卧室

图 6-5　展示孝道文化场所　　　　　　图 6-6　展示状元文化的场所

（1）分类型制定古城建筑的保护的指导思想，以及抢险加固、正常修缮的基本原则。鉴于尚书第、世德堂为全国重点文物保护单位，修复工程必须以相关法规为基础，严格遵循"修旧如旧，恢复原样"的古建筑修复原则进行，同时要倚重当地工匠及传统工艺，设计出维修方案，在确保尚书第、世德堂明代建筑体系的完整性、原始性、细节性，在不改变空间结构的前提下，认真达到完美修复尚书第、世德堂等建筑群的最终目标。

认真设计维修方案。按照原形制、原规模，包括原建筑的平面布局、造型、特征，以及建筑结构、建筑材料、工艺技术、艺术风格等进行设计。在进行加固处理和构架维修时，应在不改变文物原状的原则下进行，并充分依据现场勘察的科学数据和结果，最大限度地保存具有历史、艺术等文物价值的建筑、构件，最大限度地复原局部坍塌和将要坍塌的建筑部位。

设计的主要技术依据：①现场实测、勘察的现状资料，包括建筑残毁程度、拆改遗迹等；②对于复原、局部复原部分，参考现存尚书第、世德堂（以明代民宅为主体的居住建筑群）等及其他同时期、同类建筑的形制、细部处理手法；③其他调查所得资料。

（2）应准确无误地反映明代泰宁"官样府第式"民居的历史面貌，以及明代、清代各时期有价值的典型建筑、遗址、遗存、遗迹。在确保文物建筑安全的前提下，尽最大可能保存始建建筑时期、明清时期的修葺、改建、添建等重要历史、艺术、科学信息及有价值的建筑结构和构件，以及传统木作、泥作、石作、漆作等工艺。

（3）注意保留一些具有重要历史信息、重要结构、重要建筑元素、重要建筑符号的后期改建结构和构件，体现典型古建筑历史发展渊源和轨迹。对于损坏的建筑构件应实行能修理的则选择修理，能加固后使用的则加固修理后使用的原则，不得随意更换和添加构件，以达到最大限度地保留原来的构件，不降低文物价值的目的。

（4）实行拆除不合理的改建和加建部分、恢复文物原状的原则。由于历史上随意性的改建、加建，破坏了尚书第的整体性，应加以甄别后，做好记录，在证据充分并证实拆除不影响结构安全的情况下予以拆除和局部复原。

（5）必须使用现代材料修复、加固的古建筑构架与构件，其使用过程应遵循可逆、隐蔽的原则。为了保护更多有价值的构件得以修复，修缮工程允许科学、适量地使用现代材料，但使用时应以不影响今后的古建筑的保养维修，不破坏、不影响文物建筑的外观为准则。典型建筑的重要部位使用现代材料维修，应事先试验其可靠性后，方可继续进行，然后再推广。

（6）维修方案要坚持在传统建筑格局、工艺等不改变的前提下进行。针对尚书第长期以来在使用过程中的各种拆改现状、残毁现状，修复设计的基本处理方案是：在技术手段和工程做法方面，坚持传统做法、使用传统材料。当传统技术不足以克服自身缺陷，以及排除隐患保证建筑的长久安全时，则应发挥现代材料和技术的优势，对所修复的建筑进行补强。补强的主要方面有：①结构加固；②防腐和阻燃；③防水处理；④不追求焕然一新的修复效果。

（7）施工单位应依据维修施工设计说明，结合维修设计图纸，在施工时认真鉴别建筑物各种残损情况，分析其损坏成因及对建筑造成的危害，根据对建筑安全构成的威胁程度，采取最恰当的维修方法。许多隐蔽结构，因设计人员水平高低产生的设计失误，图纸上难以准确体现，因此要在施工期间认真甄别、切合实际地完善后再进行施工。

（8）修缮要求。①维修施工开始前，施工单位、监理单位必须详细阅读维修设计方案，理解设计意图，制订详细、合理的施工方案后，方可开工，维修中所采用的维修手段对文物本体的损伤和干扰应控制在最小的范围内；②施工单位在施工中注意做好记录，并做好施工中的补充勘察工作，核实建筑最终损坏范围和数量，如发现与设计不符的情况和新的病害，要及时与设计单位联系进行补充更正；③施工中应严格控制水泥、混凝土、胶合剂等现代材料的使用范围和用量，未经同意，现代建筑材料的使用不得超出设计范围；④保护工程维修前应该先对整座建筑物进行白蚁防治工作；⑤凡新增大木构件，均选用杉木，木材要求自然干燥，木材含水率≤22%。

泰宁古城及古建筑之所以取得了保护、再生的显著效果，是准确执行了古建筑维修工程再生规程，即组建总体设计管理小组—制订维修方案施工程序—常规维修质量检查—维修工程进度督促—维修工程变更审定—重点难点问题分析定夺—维修工程验收—维修工程预算结算。

确定了修缮的原则与办法。首要考虑的问题是要解决杉阳古建筑内拥挤的居民居住空间不利于古建筑的修缮，再就是科学分析自然和人为所造成的古建筑本体"病害"，如砖、木、石结构的古建筑，历经500多年的沧桑风雨，其残损程度令人堪忧。①火灾破坏。历史上曾有多次、多处过火，这可以从遗存灭火时因水火温度差异大所产生的特殊裂纹现象得到佐证，如尚书第的第一栋后楼、第二栋"四世一品"前堂、第三栋后楼、辅房后两进，均在火烧后改建。②水浸潮湿的损坏。南方雨量充足，潮湿季节长，木作部分极易滴漏、渗水、潮湿而朽烂。③自然风化损坏。除地砖因年久踩踏部分边角磨损外，部分墙体因盐碱腐蚀而风化、酥化。④基础材料不佳。尚书第石作部分几乎采用本地红色砂岩，这种石质空隙大、不坚固，极易产生风化。

科学分析古建筑"病害"所造成的危险，这是抢救维修、常规修缮时必须注重的问题，同时要相应制订符合古建筑保护的维修方案，以便取得可复制、可推广的修缮经验。

（1）根据国家文物局制定的古建筑"修旧如旧、保持原状"的原则，对古建筑——尚书第各栋建筑破损程度、维修细目分别设计出符合泰宁古建筑保护实际的维修方案。在当时没有可以借鉴的维修体系和工艺流程的情况下，技术上必须依托国家、省文物主管部门的技术力量，结合当地传统建筑工艺特点，由县级文物部门于民间寻找有传统古建筑维修技艺的师傅和班组承接维修。

（2）最大限度地保留原构件，同时在民间采购同时期、同风格的原材料制作缺失的构件，竭力恢复尚书第的原结构、原构件。截取可利用的原旧料制作、修补一些特殊结构，以保证修复质量。修缮黏合剂的使用严格按传统环保的材料进行配比。精心保留梁架结构上残余的彩绘图纹，清理附着漆饰表面的钙化、风化层，恢复装饰原风貌，之后在其面上施一层桐油大漆，以达到封护、防虫、防蛀的目的。

（3）尚书第各栋空间形态、建筑结构、使用功能、装修装饰基本类似，但一些局部空间与结构存在差异，故在实际修缮中，应采用科学的办法，即采取"解剖麻雀"、先易后难的办法进行，从愿意先搬迁、收储的居民入手，在取得成熟经验后，可行的修缮方法便可全面推广。

（4）负责修复工程的负责人要有较强的责任感，也要有丰富的古建筑知识，特别是古建筑修缮知识，同时要具有系统的古建筑修缮理论水平，以及理解和结合当地传统工艺技艺的能力，因而举办高级别的古建筑培训十分重要。1983年6月，福建省特别选派泰宁县的有关人员参加国家文物局在扬州的华东文物中心举办的"古建筑测绘及维修"的培训学习，回县后主持当地的维修工作。

（5）基于技术、搬迁、收储的难度大、费用少，尤其是少数群众思想工作难以疏通等原因，修缮工作采取了逐栋搬迁、逐栋维修，以及边搬迁、边维修、边利用等措施。同时拟定10年或更短时间完成主体的搬迁和修复工作的计划。由省有关文物部门与县政府订立经费、征地、技术等协议，确定省文物部门负责维修经费，泰宁县政府负责搬迁，县博物馆负责维修工程的职责分工。

（6）在确保文物安全，不影响古建筑整体维修质量，不危害建筑材料寿命，不妨碍古建筑维修进度的情况下，开展科学数据分析、建筑小环境测试、构件破损保护试验、传统技艺传承记录、古建筑修复工程各工序观摩，古城古建筑再生试验，以实现古城、古建筑的保护、开发、再生、利用的良好社会效应。

第二节　杉阳古城修缮回顾

20世纪80年代，在福建省首次开展了全国重点文物保护单位的大型民居修缮试验工作。这个时期，福建古建筑修缮处尚处在探索阶段，修缮工程没有系统化的技术支撑，大面积保护、收储、修缮更是没有经验可以借鉴。杉阳古建筑的综合修缮开创了三明市，乃至福建省维修国家文物保护单位的先例。当时国家文物局专家亲自指导，省文化厅文物处、福建省博物馆专业人员全程监督，现场指导修缮工作。修缮工程的一切工序都在摸索中进行，如从各乡镇村寻觅有经验的工匠班和师傅，依托泰宁古建筑传统工艺修缮技法，恢复和获取符合泰宁古建筑修缮之经验，从而形成了泰宁独具特色的古建筑修缮工艺流程和具体做法。

泰宁古城、杉阳古建筑保护与再生试验以明代建筑群为开端，历经30多年，经历五个阶段：①1982年的普查认识阶段；②1984～1989年的搬迁试验修复阶段；③1990～2011年较大规模的维修阶段；④1989年利用修缮后的尚书第作为福建省第一个利用古建筑作为对外开放试验点；⑤2000～2014年的尚书第、世德堂古建筑群系统维修。之后不断发掘尚书第、世德堂及泰宁古城建筑，将独有的"官样府第式"建筑文化底蕴融入高端文化品位的趣味旅游中，至今已步入良性循环的保护、再生轨道。

一、杉阳古建筑保护过程

重要古建筑的发现和价值认定是古城、古建筑的保护、再生的关键，当地政府以收储杉阳建筑进行保护、开发、利用是文物安全的保障，也是文物再生的珍贵资源，两者缺一不可。从1958年秋开始。当时华东部分省市文物专家组成的文物普查队，对隶属南平专区的泰宁县进行文物普查，勘察了位于杉城胜利二街福堂巷的尚书第等建筑群，当时普查人员面对含有"官样府第式建筑"的明代大型建筑群的建筑形态、构筑技艺、建筑规模、平面布局、建筑结构，以及历史、艺术、科学价值进行了评估，常规性地记录了这些占地面积大，多栋连片、举架高大、门楼精美的明代建筑群。后来在资料统计和汇总、数据核算、类型比较时发现，杉阳建筑规模大、单体建筑面积大、空间尺度大、举架高大、用材硕大，以独特的抬梁穿斗混合结构、梁架补间铺作和柱头铺作进行构架，这在其他省份是未见的，没有可比性，由此得出结论，即其为东南诸省仅见的大型特色民居，故将杉阳建筑群编入1958年12月《闽北十一县文物调查报告》专辑中，之后，尚书第明代建筑就一直被海内外有关部门和专家关注。

1966年，泰宁古城及杉阳古建筑等文物点遭受重创，短时间内砸毁了北门庭大门前的明代抱鼓石，建造于明天启五年（1625年）、褒扬兵部尚书李春烨忠孝两全的精美的"恩荣"石牌坊也在劫难逃，被推倒损毁。在尚书第"四世一品"居住的居民们看在眼里、急在心里，一位老奶奶急中生智，带领邻居们搅拌黄土拌泥浆做底子，用白灰面做护面，将红色砂石高浮雕的"状元出行""四世一品""丹凤朝阳""凤穿牡丹""包袱锦"等构件全部糊抹遮盖，从而才使得目前仍然可以清晰看见这完美无缺、精美绝伦的石雕艺术。

1982年，我国文物保护工作重新步入正轨。6月间，第二次全国文物普查开始，福建省开展了文物普查和复查工作。由当时三明地区文化局文物干部组成的文物普查组，于同年10月在泰宁县先行试点，省博物馆指派有关人员担任普查工作的技术指导，泰宁县文化局和文化馆一起参加了普查工作。普查试点工作中，他们对古城内成片保存的明清木构建筑进行了详细的勘察，一致认为尚书第和世德堂的建筑群十分罕见，公布与保护势在必行。1983年泰宁县人民政府率三明地区之先公布了"尚书第""朱德、周恩来旧居""舍利塔"等十五处文物点为首批县级文物保护单位，开创了成批公布三明市文物保护单位的先河，为全市乃至全省起到了文物保护的示范作用。1983年4月，"全省文物工作现场会"在泰宁召开，推广泰宁文物保护经验，代表们参观了尚书第，并给予它高度的评价。会后，福建省文管会，泰宁县政府、县文化局共同研究尚书第的保护事宜。泰宁县人民政府下发了对尚书第住户进行搬迁的通知，同时有条不紊地开展了一系列搬迁、安置、补偿工作，取得了文物搬迁、收储的丰富经验，1983年9月尚书第的保护、修缮筹备工作自此正式开始。

尚书第保护修缮工作最大的难题就是原住户的动员搬迁问题。尽管屋旧拥挤、卫生条件差，但占据城中便利位置，住户都不愿意搬离，五栋院落的尚书第一共住了50多户居民，大小250多口人。特别是李春烨的直系子孙，在这里居住了五六代或七八代，故居难离，不愿搬迁。当时的县委书记亲自到尚书第召开住户现场协调会议，阐明尚书第保护、修缮工作的重大意义，并号召有关党员、干部带头执行县委的决定，同时现场解决了其中几家困难户的实际问题以后，住房才陆续答应搬迁。尚书第第三栋成为古城古建筑搬迁、修缮的开端。

搬迁遇到的第二个困难是搬迁的经费问题，当时，县财政并不宽裕，要拿出一定数量的经费有不少困难。为此，时任县长亲自主持召开了县直机关科局长以上干部的工作会议，专门讨论经费问题。经过热烈讨论，最后议定：由县财政先拨8万元作为尚书第居民的第一期搬迁费用，区区8万，在当时是一个不小的数目，可见泰宁县领导保护文物的决心，这在当时是楷模性的举措，为泰宁古城保护奠定了基础。

保护、再生的另一个关键是科学保护的问题，利用传统工匠修缮珍贵的古建筑是泰宁的首创，1983年夏天，规范性、传统性的修缮工作在尚书第第三栋正式展开。修缮工程由县建筑公司承包，特意从儒坊乡聘请了8名老木匠师傅负责木构架的维修，又从朱口乡聘请一位有经验的石匠负责打制柱础和修理墙体，1984年9月底基本竣工。1984年12月县政府适时成立"泰宁县博物馆"，馆址就设在刚修复的第三栋内，迈开了文物保护、再生的第一步。

经过10多年努力，"尚书第"和"世德堂"建筑群分期、分批顺利地完成了主体建筑内住户的搬迁任务，截至1994年搬迁居民49户、计250多口人，搬迁户建房征地15亩，房产补偿、土地征用等相关费用达数千万元，文物维修专项经费也多达数千万元。同时获取了一大批文物保护单位维修组织、招标、抢险加固、传统工艺维修、文物安全等珍贵实践经验和资料，为福建省，乃至全国文物收储、维修起到了积极的借鉴作用（郑明金，2013）。

二、科学、认真细致勘察

尚书第原始建筑规模宏伟、秀丽、古拙。经史料查阅和现场勘察，尚书第历史上多处失火，最严重的一次是康熙年间，"四世一品"前厅被火烧毁，部分地基、阶条石、天井石、廊沿石、柱础石，墙体及角柱石等石结构均造成粉碎性毁坏，部分残存的阶条石、柱础石，以及门楼个别石雕构件开裂，隔心墙和照壁墙部分方形石柱位移，墙体及基础局部下沉。当年李家即进行了重建，空间结构与原貌差异无几，但木雕和石雕纹样有些差别。北门庭外沿街的辅房为清末改、仿建。尚书第第三栋、四栋和"柱国少保"（第五栋）后楼于清代、民国时期陆续拆毁。尚书第一栋后楼是清中早期重建的，此后楼也是尚书第建筑群后楼形态的孤本。

（1）北门庭（仪仗厅）。据传，北门庭为迎送宾客的场所，面阔11.5米，进深8.5米，面积约100平方米，建筑风格朴素、庄严，有门庭高贵之感。整体空间尺度被后期改造，据考证现存格局和构件为晚清风格，原明代架梁及结构损坏严重：①望板横铺，抬头见缝，规格不一致，腐朽坍落；②屋面零乱，瓦片规格大小各异，正脊无存；③斗栱、雀替无存；④没有隔扇也没有槛窗；⑤抱鼓石缺失；⑥四周板壁荡然无存；⑦大司马横匾被毁；⑧地面石板破损、凹凸不平；⑨大门石门槛遗失；⑩砖墙体倾斜、鼓闪，多处空洞。

（2）第一栋。据传为李春烨之下人、奴仆居住之处，从空间尺度、使用功能、空间形态综合判断，实际上是尚书第主人后辈居住的空间。面宽13米、进深49米，面积640平方米。原大门无存，由面对主门厅的左边开设一独立宅门出入院内外空间。①现存宅门、前回廊、天井、轩廊、前堂及后厅、后天井及后厢房，后堂、后楼等建筑为明代原构架，其中后楼为清代重建，其余均为原建筑物。②原屋面瓦件零乱，瓦片大小规格不一致，正脊无存。③门楼及廊庑望板、椽子等木构件腐朽，局部长期漏雨，坍落。前堂、前檐、后檐椽子、望板及瓦件已坍落无存，前堂架梁左边榫头已完全腐朽，后设立柱支撑加固。前檐原檩条直径220毫米，后檐檩条基本中部折断，形成空心檩条。④前廊庑主要受力构件为抬梁上的瓜柱，屋面斜形天沟损坏，长期漏雨，致使梁架头榫头腐朽，廊庑檐柱柱脚均腐朽达三分之一高度，部分柱子中间锯断，少数立柱锯至枋座。廊庑左右两边都改建为厨房。⑤大部分梁架已脱榫，梁枋的头部都有不同程度的腐朽劈裂现象，50%的雕饰构件如斗拱、雀替脱落缺失，后期修复仿制。⑥所有槛窗、后厅隔扇均歪闪、坍塌、缺失，只有四扇后厅其门（中后部屏风门）属明代原物，为今后尚书第修复提供了可靠的实物资料。⑦堂内房内木地板虽经后代多次翻修，但大多糟朽而破烂不堪，部分房内板壁已被后期居住者拆除，前、后厅堂（明间）山面墙大部分裙板已被改变原式样。后堂厅面部分山墙改为砖墙。⑧方砖对角铺地已基本无存，仅见靠墙少部分边缘，但也破损严重。⑨檐廊阶条石和台阶石大多下沉，上、下脱离原位，部分分离他出。⑩地下排水明、暗沟的进、排水不畅，淤积严重。

（3）第二栋（"四世一品"）。第二栋为尚书第最主要的厅堂，规模及等级均大于其他四栋，是专门迎驾圣旨、商议大事的场所，由前内空坪、须弥座、照壁墙、门楼、廊庑、插屏门、天井、正堂、后厅、后天井、厢房、后堂、库房等构成。据传，礼仪厅，面宽15.7米，进深约12.5米，面积196.25平方米，两侧还设狭小的空间，据说是放轿子和作内通道用。门楼为石结构，其上雕刻有人物及"飞凤""卷草""团花""包袱锦"等图案，门楼上设三层出跳一斗三升补间铺作，门上嵌石匾书"四世一品"，门口设置一对高约2米的抱鼓石，空坪前设石结构花台须弥座，整体风格庄严、肃穆，但门楼及后堂为原始建筑，前廊庑与礼仪堂为明代火焚、清初复建。

病害勘察：①空坪前花台石雕刻构件残缺，石构件部分断裂、下沉，照壁墙倒坍改为土坯墙，20世纪八九十年代恢复砖砌匡斗墙。②门楼破损较严重，抢险加固迫在眉睫。门楼墙体向院内整体歪闪，隔心墙上部裂缝达15厘米，导致部分门楼石柱、石枋断裂错位、脱榫，石枋榫头劈裂、枋下雀替缺失，门楼框石、大门楣石断裂，门柱歪闪，门楼屋面轩棚的椽子、望板严重糟朽，普柏枋上部砖雕一斗三升出跳斗拱部分脱落，现存构件组合也严重松散，前墙次间方砖对角铺砌被住户凿挖窗洞，改变了原状，檐口大额枋的黑、白、红彩绘贯套花卉纹风化严重，门楼檐口及相连的封火墙部分墙帽脱落。③前门厅台阶垂带石残缺不齐，廊庑地面石板碎裂、凹凸不平，清康熙初年火灾后复建的部分构件也残存不全，部分梁架结构歪歪斜斜，呈不规则分布，特别是廊庑乱搭盖、堆放杂物现象严重。④虽然后厅堂梁架保存尚好，但大部分装修、装饰构件被改观或毁坏，各时期材料杂乱无章。厅前后隔扇、屏门均无存，呈现形态各异的槛窗和后期制作漏窗，斗拱、雀替多已脱落，穿枋下垂，椽子、望板糟朽，局部屋面被后人拆改设天窗，前、后檐廊面均无序搭盖，堂上裙板被拆光，编竹泥夹墙泥面脱落严重。⑤左、右次间房间被拆改为砖混结构二层楼房。⑥库房倒坍，仅保留一面隔墙和门洞。⑦整栋封火墙、内隔墙的墙体空鼓歪闪，匡斗墙竖砖大多脱落，且多处孔洞。⑧屋面瓦片为清代及民国后期添盖，大小、厚薄、青红混杂使用，官帽长翘正脊荡然无存。⑨地下排水系统淤积堵塞，排水不畅。

（4）第三栋。该院落历史上历经数次易主，但整体保存尚好。其原为李春烨子孙居住，面阔 12.2 米、进深 9.73 米，面积约 118.7 平方米。勘察发现：①整个门楼及门厅、门楼补间铺作、门楼面墙经后人改建，并前移了约 110 厘米；②门厅、廊庑被后居者分割占用，失去原有空间，天井仍完好无损；③前堂、后堂、厢房保存完好，均为明代原物，成为修缮的重要依据，前堂前侧门、中厅槛门已拆毁无存，左山墙过道也均被扩建为房间；④第三进的后厅早年火焚未修，但被后居者搭盖其他构筑物，左侧空间辟为连片的厨房，右侧除一砖木小楼外，成了几间联建的猪栏；⑤原后花园处的二层木房系民国时期重建建筑。

（5）第四栋。第四栋为李春烨子孙居住，面阔 13 米，进深 52 米，面积 676 平方米。勘察发现：①门楼整体下沉、开裂、上部墙体已坍塌，木门过梁已严重腐烂，门斗上三层重叠斗栱残缺，大部分斗栱已严重腐朽。②前廊庑左、右两侧被改建成厨房。③厅堂大部分梁架已脱榫或榫卯腐朽，另用立柱支顶加固。④大部分雕饰木构件已缺失。⑤前堂四扇隔扇门遗失两扇，现存两个隔扇门表面雕刻花纹风化，模糊不清，后堂前檐隔扇门荡然无存，后檐内其门（后屏风）仅存一扇。⑥院内槛窗风格不一致，仅有厢房槛窗为原物，但已腐朽严重。⑦堂前、后檐挑梁已严重下垂，院落整体屋面、椽子、望板已严重糟朽，部分地方已坍落漏雨。屋顶瓦件大小不一致，铺盖零乱正脊无存，天沟弯弧不直。⑧石铺地面断裂下沉，台阶下垂部分构件分离，部分阶石、阶条石件遗失。⑨厅堂地面长方形铺砖不规整，小部分原始方砖对角铺砌地面尚存。⑩院内进排水沟不畅、淤积严重、致使天井大量积水。后楼坍塌无存。

（6）第五栋（"柱国少保"）。第五栋最大的特色是内外院落，中部设单门三楼门楼，内不设回廊，前、后面阔不对称。从空间结构、使用功能、标志性构筑物等判断，应为李春烨接待客人、展示功绩、佛教祭祀的地方。房间前面阔 11.6 米，中面阔 15.8 米，后面阔 16.2 米，总进深 49.5 米，面积为 760 平方米。勘察发现：①门楼保存尚好，并无出现较大的变形或损坏，但门额被石灰浆封护，石面残留难以去除的污渍。②门楼内左、右厢房原建筑被毁，并改建成三层楼房。③二进天井空间左、右两侧搭建成二层木构房屋。④前堂梁架保存较好，大部分斗栱雀替尚存，小部分缺失，约 35% 木构件表面出现风化、糟朽、残缺。⑤前堂屋彻上明照之望砖多为明代遗物，但因年久失修整体屋面残破不堪，椽子普遍腐烂并多处出现歪闪、陷落，屋面局部坍塌，编竹泥夹墙灰泥剥蚀、脱落。⑥前厅左边（朝向）为内廊，右边（朝向）设观音阁，整体保存较好，少数檩条、椽子糟朽。⑦后天井左、右两侧厢房，外观尚属明代原始建筑，但房间内部已被改建，增设阁楼，外檐金柱象鼻栱补间铺作雕花饰构件已脱落，柱脚腐烂，右边（朝向）槛挞衣窗扇为原物。⑧整体瓦面呈现杂乱无章状态，正脊残缺不全，原建筑物和后期修葺、改建特征无法辨认，70% 的墙体破损、空鼓。

（7）书院、辅房、马房。处于最北边的两进小院落为书院，进入北门主甬道东边一排单层平房为辅房，沿街比较偏僻的角落为马房。书院地处尚书第院落最深处，符合古建筑院落传统布局轨迹，是专门供自家子弟读书的房间，类似私塾功能。辅房是专门用于堆放杂物及储藏稻谷等。勘察发现：①原书院，被后期住户根据使用功能而进行拆改，但主要厅堂，尤其是明间的梁架尚保持着始建时状态。入门墙体为清代增砌，门厅房面结构改建为辅房，一进天井回廊部分原建筑拆毁、构件缺失，从结构和用材判断为解放初期为增加住房而改建。②书院厅堂原构架基本存在，但整体构架65%糟朽，与二进相连的后两进辅房，从砖石碎裂痕迹判断，清初被火烧过，故原建筑构架已无存，现有建筑为新中国成立初期搭建的，没有文物价值。③书院整体屋面均存在明显的渗漏迹象，椽子、檩条糟朽，梁枋局部腐蚀、霉变，部分结构性构件劈裂但未形成危险状态。④辅房柱脚、柱身、柱头不同程度糟朽、歪闪，架梁上部分斗栱、雀替残损或缺失。因木构架糟朽导致不少构件弯曲、空悬，尤其是承重木构架承重强度严重下降，大范围的坍塌随时都可能发生，房间内装修的地板和板枋大多糟朽，且高低不平，少数出现空洞。⑤书院、辅房等廊道砖石地面残破不堪。堂内原装修隔扇门大多缺失，除隔断构件外大部构件出现改建，墙体局部空鼓、开裂。⑥书院、辅房等院内进、排水不畅。⑦书院、辅房等建筑油饰仅有少量痕迹遗留。⑧马房为新中国成立后搭盖的泥筑墙木质平房。⑨沿街辅房均属搭盖的参差不一的小店或猪栏等。

（8）甬道及其他空间歪闪勘察：①除主甬道条石拼彻安稳保存完好外，"四世一品"（第二栋）、第三栋、第四栋门前甬道铺石部分裂痕，局部下沉较为严重。②第二栋前空坪须弥座花台及照壁墙，南边墙顶部大多坍塌，出现参差不齐的残状。③南大门天平处贴砖松动。

三、尚书第各栋维修

尚书第的早期修缮，郑明金先生在《尚书第保护工程维修报告》中有过陈述。1988年由北京文物研究所及有关部门设计并制订了详细规范的修缮方案。尚书第修缮工程大致经历了几个阶段：尚书第被公布为县级文物保护单位之前群众自发的维修，被公布为县级文物保护单位、省级文物保护单位、全国重点文物保护单位之后的修缮。尚书第修缮程始于1983年秋至1997年2月，历时10余年，基本完成了五栋建筑的维修工作。目前与尚书第相连的世德堂也已修缮完成。

修缮主要内容：①对尚书第各栋的屋面、挑檐、瓦脊进行整体掀揭卸落，检查、更换糟朽的椽子和望板，修补糟朽檩条，重新按照明代做法恢复瓦屋面。②对所有的木柱进行检查，根据伤害程度剔补糟朽柱，对糟朽空洞三分之一以下的柱子进行墩接，对承重、糟朽空洞三分之一以上的柱子进行更换。③对受力弯垂超值的木结构先行抗弯压力检测，不能满足要求的构件进行加固，超压的应予更换。④对架梁结构承重节点进行细致检查，已经开裂变形构件进行定量分析，之后有针对性地对病害程度大小予以修复，以提高建筑应力稳定性。⑤对空鼓、歪闪、开裂的墙体（含匣斗墙、眠墙、丁顺错缝墙）进行拆卸并按原样砌置恢复。⑥修复各栋台基（明台）及室内、外的砖铺、石铺地面。⑦按照尚书第古建筑装修、装饰的原风格、纹样、色彩修复古建筑。

⑧拆除第三栋、第四栋添建的违章建筑。⑨清理尚书第所有庭院，疏通地上、地下排水系统中的淤积物，同时恢复地面铺装。⑩根据文物保护、展示功能等用电需求配置电网系统，设置消防用水管网，增设消防、安全报警系统。

（一）尚书第第一栋维修情况

第一栋1994年3月开工，1994年12月主体竣工，1996年5月～1997年1月后楼修缮完工。其维修方案及修缮内容：对隐蔽部位的构件进行揭露性检查，并详细记录，绘制工程施工图。在保证安全的前提下，尽最大可能保留原有的结构构件，尤其是明代原始构件，装修、装饰一律依据现存原物纹样进行复原。

（1）落架前对每一构件绘出大样，并进行轴位编号。制订具体实施措施，如前厅回廊整体落架，统一堆放；分出较好的构件，理出损坏严重需加固或更换的构件，墩接、加固的构件应按设计要求进行具体制作。

（2）木作要求。①梁头对接。采用凹凸榫粘环氧树脂胶对接锚固，长度为3倍梁径，外加二道钢箍锁紧。②柱子墩接。采用刻半墩接，墩接长度不少于40厘米，并黏合环氧树脂胶。口径小的柱子用6寸长钉钉牢，口径大的柱子用螺栓或用铁箍二道拴牢。③构件加固。对前厅外檐8米多长、梁心腐烂的扛梁进行更换。④对前厅厅后大门贯穿断裂三段的楣石，采用钢架加固。⑤对所有的隔扇门、槛窗进行保留修复，对缺失的门窗，根据现存明代门窗式样对比修复。⑥部分缺失的斗栱、雀替与装饰花卉等图案及其风格、尺寸、比例等参照第四栋同类构件风格进行浇模仿制。⑦恢复后楼一层右次间三扇排柱，左次间三扇排柱及中通柱。⑧修复人为破坏的楼板、裙板、柱枋等构件。⑨对所有屋架进行整体翻修，按统一的明式板瓦并以明代铺瓦手法进行铺盖，正脊和宋代长翅官帽形态加以复原。

（3）打牮拨正歪闪的柱梁，加固脱榫松动的梁架构件。对部分原脱落的构件进行归位加固；修复包镶糟朽的柱脚，挖剔修补糟朽的柱子，墩接腐烂的柱子，同时用长钉钉牢，必要时再以铁箍加固。抽换糟朽、劈裂的梁架构梁枋等构件，用合适的木条嵌补严实，配以牛胶粘牢，劈裂较严重的用铁箍加固，无法修复的只好替换。疏浚排水系统，整修石质地面。墙体、墙帽修补齐全。恢复屋盖瓦件、望板、椽子和桁条，门窗扇、斗栱、雀替等雕饰构件，楼地板、天花板，墙裙、槛、框和竹编墙，砖地面。

（4）特殊瓜柱构件的制作。瓜柱底座沿梁脊不规则的自然曲线画在瓜柱四面，按写好位置开榫断肩，榫宽按瓜柱5/10，榫长按瓜柱径3/10，断肩宜用挖锯，使其和梁脊吻合。特殊梁的制作：七架梁宽按笪柱径加二寸，高按笪柱径加四寸；五架梁比七架梁的高宽缩小2/10；三架梁比五架梁的高宽缩小2/10。三架梁、五架梁、挑苦梁恢复的象鼻栱式样参照第三栋明代样式。桁条有方形和半圆形两种，正厅厅面均为半圆形，其余为方形。应做银锭榫，扶脊木凿作椽窝，桁枋做银锭榫，四面倒棱。望板分两层，底层为顺望板底面刨光30厚，上层望板15厚。封苦套线板25厚。滚动的构件加固处理，随梁架拨正时，重新归安，再用扒钉钉牢。打牮拨正，屋面拆除后，支撑好整体梁架进行各项归安。斗栱的复制更换，尚存劈裂的用胶粘牢，残缺不齐的进行复制、更换。对雀替等雕饰构件，采用胶黏结，或按原纹样复制、更换。台明整修，采用了调整灌浆、干灰砂填缝、筶帚守缝等手段进行。落架修缮，必须拍照、勾画实测图，把每个构件及各部尺寸详细记录、归类堆放，严格做到重新归安。

（5）泥作部分。①砌置前坪前围墙和加高两侧山墙，重砌被毁的隔墙，修正匽斗墙，整理内部白灰墙，最后对修复后的墙体进行勾缝处理。②门楼匽斗砖墙破坏部分重砌复原。门楼石柱、石梁、石雕构件扶正归位复原，石柱、石梁、石雕构件断裂部位采用环氧树脂粘接。门楣石栓斗重新补缺，恢复原样。复原隔心墙贴面砖。③天井、地面、廊檐及踏步石板铺设下沉部分调平，严重毁坏部分进行更换并铺砂，按传统工艺进行。④顺原排水沟线路进行加宽、加深等砌排水沟。⑤瓦屋面定制板瓦铺盖，瓦片规格为260毫米×265毫米×10毫米。各道正脊参照原始依据进行复原，苦口排水设置琉璃沟槽。⑥地面部分：正厅、后厅及回廊均以定制方砖斜十字铺设，垫底铺砂，方砖规格为260毫米×260毫米×45毫米，磨边密缝铺设。各道柱底盘石均为石板铺设。

（6）瓦作部分。石料粘接、修补选用与残损构件同种、同色的石料。单纯黏合石构件（指折断的，不需补新料者）只能清洗，不能剔凿旧茬。拆除瓦件注意事项：在拆除之前应先切断电源并做好内、外檐木构架的保护工作。如果木架倾斜，用杉木制作的柱状构件支护歪闪的梁架结构。拆卸瓦件时应先拆揭瓦滴，并送到指定地点妥为保存，然后拆揭瓦面和大脊。在拆卸中要注意保护瓦件不受损失，可以使用的瓦料应将灰、土铲掉并除净。屋面在椽上铺设望板（纵向），其上再铺一层瓦板（横向），最后铺设灰瓦。瓦片铺盖均以"一搭三""一搭四"的密度铺设沟瓦和盖瓦，部分角沟和过墙处用特制缸瓦。叠瓦面之前，板瓦均应沾纯白灰浆，沾浆长度以成活后不露出沾浆痕迹为准，沾浆两道，第一道浆干后，再沾第二道浆，沾浆后晾干，然后才能使用。屋脊由立瓦堆砌而成，每栋屋脊正中高450毫米的瓦墩与两边对称的500毫米高的翘角形瓦堆，使屋脊呈传统的纱帽状。瓦面工程堆砌、勾边严缝，使用调色麻刀白灰浆，增强剂可添107号建筑胶，不加水泥。材料作法是在各类灰浆中，不许使用袋装石灰粉。

（7）石作部分。①恢复雕刻石柱础，地面柱底盘石；②天井石；③廊沿石、踏步石及每个石加工部分匀为二遍凿过一遍成活。

（8）入口廊挑顶修缮，两侧墙体剔补打点，拆除北侧装修，修补南侧装修。南配房挑顶修缮，南檐柱（西面）梁架退归原位，拆除室内房隔断，补配装修。正堂挑顶修缮，恢复东山墙及原地面，修补隔断墙、墙板。拆除东、西、南三面住户后改建房，根据当地民居特点恢复为围廊。恢复两处天井，院中天井移位、条石归安。

（9）室外地面：室外地面360毫米×360毫米方砖细墁地面。砖缝不得大于3毫米。第一栋天井地坪为±0.000，院内据标高平整场地，泛水0.3%。所有檐口均设置陶质水槽和竹下水管。东、西、南廊待拆除后添建房视台明遗址，具体情况决定基础做法。

（10）油漆部分。①油光彩画部分：根据第一栋迹象表明，七架梁以上至椽，望板均为土朱色，七架梁以下为黑色，（包括七架梁），七架梁以下的各道线条（即倒角线）为红色并分出层次。明间柱面均为一麻五灰，具体做法见《中国古建筑修缮技术》中的油漆操作工艺及配料方法。②雀替画法为大本金线彩画，用土朱色、青绿色、红色、金色等四种色料进行彩画，各道线条应清楚，层次应明晰。油漆木构件表面封护及油饰：尚存的油饰残迹现状保留，更换、补配、复原的所有木构件均不施地仗、油漆、彩画，表面全部钻刷三道生桐油，展示全部修复痕迹。

尚书第第一栋修复新旧对比如图6-7和图6-8所示。

图6-7　修复前的第一栋正堂原状　　　　图6-8　修复后的第一栋正堂

（二）第二栋维修情况

第二栋维修工期分为两期，第一期于1985年开工，1986年竣工；第二期于1986年开工，1987年竣工。总体要求：①修复空坪花台，重砌照壁墙，修整空坪地面。②大门门楼拆开重新扶正安装。③全部拆除回廊及前厅后厢房，按原样重建。④后厅进行挑顶修复，恢复各道木装修，更换屋顶构件。⑤取原件板片和地方砖进行烧制，恢复原始屋面结构及地面结构。⑥修补砖墙体。

（1）泥作部分。①修补匡斗墙体，恢复原封火墙墙帽。②扶正歪闪的门楼。用厚木板整体支顶墙面，防其再度倾斜。整体归位，将开裂处的填塞杂物取净，用钢丝绳将上部箍紧，用厚木板制作出整个墙体模型套住整扇墙，四周加固，然后用千斤顶和顶杆缓慢地将墙体归安到位，严重断裂破碎的石构件加固处理。③按第三、四栋门楼木构补间铺作的风格，逐一制作坐斗、斗栱、曲枋等构件组合以恢复门楼原样。④缺失的石柱础，参照第五栋檐金柱样式进行。⑤地面铺砖，按明代方砖形制、工艺铺砌。坎边磨光，并使其大小一致。⑥屋面正脊式样参照"世德堂"的屋顶原始式样仿制。通脊砌砖，脊顶竖插反瓦两头上翘，呈现宋代长翘官帽脊样式。板瓦铺设，依照古城中明代原始的铺盖之干茬方法进行，檐口均设勾头与滴水瓦件。⑦疏通地下原始砖砌龙形弯曲水管道，出水口均为石雕刻花饰镂空封护。

第二栋面墙扶正归位。①预先顶撑整面墙体，以保证在实施扶正撑时不致脱落散架。②注意掌握顶撑时的速度和力度，特别要有专人观察条石构件的榫卯及其他衔接处，以防扩隙或脱落。③在有雕花构件处顶撑吊装、支架等施工作业时均应用旧车胎、麻袋等物包裹保护，以防损伤。④填充紧固砖石构件的环氧树脂调配比例要严格掌握。

（2）瓦作部分。1989年开工，1990年完成。仪仗厅的维修情况、技术与工艺记录：①绘制现状实测图记录现存各构件的各部尺寸；②拆除上部瓦件，并按原始瓦件烧制，参照原始作法干苫瓦面，恢复原始正脊式样，通脊砌砖面粉白灰、顶干插板瓦；③脊面头上翘呈纱帽状。拆除非原始用料的望板和椽子。参照尚书第上内椽、望板的原始规模及铺设方法，望板分底层顺铺上层为横铺。

（3）木作部分。拆除前厅及回廊后期搭盖的所有建筑物，清理原基础，确定复原方案：回廊结构按照第三栋、第四栋的式样进行。前厅经考证原始布局的依据，设明间厅面，左、右为边廊，结构形式参照第三栋、第四栋的式样；举架高度和起举坡度参照法式和封火墙上的原始痕迹为依据，绘制图纸，确定方案。

木装修的槛框用料规模、线条的形状等做法及前、后檐隔扇槛窗门扇的式样，均参照尚书第内的原始构件仿制。木雕刻构件，如斗栱、雀替等也均按尚书第原始遗留构件的尺寸比例进行仿制。木作部分主要是修复窗心花格，依照第三～五栋的明代式样复制。

（4）装饰部分。依照第四栋部分保存完好的原始油漆纹样痕迹，即随梁枋以下为黑色，梁枋以上梁架为土朱色，各道线和油饰为朱红色，雀替底色以土朱色并有金线勾画为特点进行。采用一麻五灰工序：清理木构件表面，向缝中填油灰，满刮骨灰一道，干后用砂轮石打磨整齐，用笤帚扫净表面。扫荡灰，是麻艺的基础，须覆平刮直，干后，再打磨扫净。然后，用猪血调制的底浆涂抹木构件表面（当地称为"打开油浆"），干后，用细砂纸打磨，扫除油灰。随后是压麻灰，在椊基上满刮一道靠滑灰。干后，用砂轮石打磨，扫净。提中灰，在压麻灰的基础上满刮一道靠骨灰。干后，用砂轮石打磨，扫净。上细灰，在中灰的基础上满刮一道细灰。磨细钻生，细灰干后，以砂轮石精心磨退细灰层，使其完全平整成圆，扫净。上生桐油，油必须吃透，干后呈黑褐色。待全部干后，用砂纸精心细磨，然后打扫干净。至此一麻五灰全部工序完成。

尚书第第二栋修复新旧对比见图6-9～图6-12。

图6-9　维修前的第二栋

图6-10　修复后的第二栋门楼

图 6-11　修复中的正堂明间　　　　　　图 6-12　修复后的正堂明间

（三）第三栋维修情况

维修工期为 1983 年 7 月～1984 年 12 月，主要进行下列施工项目：①从中厅、前厅开始，拆除后期搭盖部分，揭露木架原貌。②屋面修复。落瓦，扶正，冲洗，修补及更换部分朽烂的桁条、榫卯、椽子、望板及瓦板（全用油炒竹钉），再重新铺瓦，做脊、修补封火山墙、勾水槽等。③地面清理和修复整栋排水系统。由第三进天井向第二进天井、再向第一进天井和门外甬道水沟依势排出。④按原开间恢复正堂名次间、阁楼等隔墙。⑤恢复正堂高大的隔扇门，小方格槛窗。⑥对照相应的木构件，修补、仿制、配齐所有的斗栱、雀替、花舌等构件，以及压画杆栏和挂匾撑子等。⑦平整地面，铺设定制地砖。找平夯实，填夯黄土沙层面，铺设上等中沙，再在沙面上抹黄土泥浆，最后铺设特制地砖。⑧油漆封护。先进行虫害杀灭，再行基底处理，金柱厅柱檐柱一麻三灰，板壁单披灰，三道油处理等，七架梁施黑色，以上至望板、椽、檩、梁、枋等施土朱红，回廊扣壁起线及花饰施彩色。⑨裙板合缝加穿。

尚书第第三栋修复新旧对比见图 6-13 和图 6-14。

图 6-13　修复前的第三栋后堂天井与屏门　　　　　图 6-14　修复后的第三栋后堂

（四）第四栋维修情况

第四栋维修工期为1992年10月开工，1993年10月竣工。先后修缮工序如下：①修复门楼，按现存构件仿制归正。②拆除回廊、廊边，以及后厅后檐后期塔盖物。③将严重腐烂的梁枋构件拆下后，按原件进行仿制归正，对柱脚腐烂的柱子进行对拼墩接，对表面风化的构件进行剔补。④尽最大限度保留原始雕饰构件。⑤恢复所有的木装修。后厅隔扇按第二栋、第三栋的式样仿制。裙板、泥壁按现存明代工艺仿制。槛窗按明代厢房遗留原件仿制。⑥补全挑梁座斗。⑦更换椽子、望板及上檩条。⑧恢复板瓦屋面和正脊。⑨拆去长方形墙砖，恢复方砖地面。⑩整修石板地面，廊沿石、台阶、垂带。⑪疏通排水沟。

油漆工程、彩道工程。柱面施一麻五灰地仗，其他木装修施单皮灰，随梁枋以下为黑色油漆，以上为土朱色油漆，雕饰构件的彩画底色为土朱色，上色、金线勾画，扣油面一道。

尚书第第四栋修复新旧对比见图6-15和图6-16。

图6-15 修复前的第四栋后堂破损状况

图6-16 修复后的第四栋后堂

（五）第五栋维修情况

第五栋维修工期为1993年2月～1993年11月。维修细目：①拆除门楼两侧三层砖混楼，拆除前天井木房搭盖物，清理基层，恢复其原来面目。②整修前厅梁架，补齐斗栱、雕花，屋顶全部整修，更换椽子、望板，前厅望砖拆下后重新恢复原位。③恢复隔扇门窗，按现存式样仿制，或参照第四栋式样。④恢复木装修，对原物墙裙应当保留，非原物必须按原件仿制复原。⑤恢复前厅廊沿栏杆。⑥复原楼地板、天花板。⑦腐朽的柱脚进行墩接，按墩接的要求进行操作。⑧抽换严重糟朽的梁架构件。⑨恢复屋面结构，正脊按第四栋的式样恢复。⑩疏通排水沟。

重新油漆彩画，柱面为一麻五灰地仗，其他木装修为单皮灰地仗，上架为土朱色、下架为黑色，彩画构件底色为土朱色，金线勾画。

尚书第第五栋门楼、辅房及书院修复新旧对比见图6-17～图6-23。

图 6-17　第五栋门楼原状

图 6-18　修复后的第五栋门楼

图 6-19　辅房（马房）原状

图 6-20　修复后的辅房（马房）

图 6-21　修复前的一进书院

图 6-22　维修中的书院屋面

图 6-23　修复后的一进书院

第三节　世德堂维修

2002年7月，国家文物局批复了北京市古代建筑研究所设计的"世德堂修缮方案"，2006年10月，泉州市刺桐古建筑工程有限公司对世德堂第四栋后院，以及第五栋、六栋、九栋、十一栋进行整体维修，2007年8月第九栋、十一栋维修工程竣工。本书作者及其课题组有针对性地参与了维修过程。

（一）世德堂第一栋维修

2005年春节前世德堂第一栋下堂一住户使用电器不慎失火，部分柱梁表面烧毁，经过多方讨论达成共识，即保留经得起承重的柱梁结构，最大限度地维护明代构架和构件，保存原古建筑及其文化韵味，特色工艺及元素等信息。

（1）科学支撑，原态保护。通过科学观测、测试等手段，对过火现场保留下来的梁架结构和木构件进行探针探视，如硬度检测、虫蛀腐蚀、风化腐朽等，选择符合安全指标的梁架结构和木构件，竭力复原到原结构位置，尽可能地保留建筑历史文化遗留下的各种信息。同时采用微损法，以套装钢架结构辅助支撑梁架结构受力部位。统一对火木构件进行修复、加固，做到古旧木构件与新木结构有机结合。

（2）对过火构件的钢架结构做好防锈、防腐层的护理，其表面采用耐火性能稳定的黑色、棕色、深褐色油漆，通过配比调试，选择与世德堂原建筑本色及建筑周边环境融合度较高的颜色进行着色，努力做到防护措施到位，避免新的污染影响古建筑的保护与再生。

（3）对自然开裂和过火导致木构件大于5毫米的裂隙进行填塞修补。

（4）对过火的木构件要做防腐、防虫及表面固化处理。

（5）对少量残缺的墙砖进行修补，并清理墙头杂草。

（6）疏浚淤堵的排水系统，整治工地生活污水的排放。

（7）世德堂第四栋前回廊南北瓦沟要排列理顺并相对应。

（8）油饰做旧工程，要自然、古朴、防腐、防异味，且让人不易察觉等，最后选择最优方案实施新构件的做旧处理。

（二）世德堂第四栋偏厅、第五栋和六栋维修试验

在世德堂几栋之间的过厅中有两处原址上被居民改造成现代建筑，因此在其维修

过程中，应用有关野外考古经验，对其地面及其文化层进行科学揭取，整理与世德堂始建时的有关遗迹，并进行补充设计，之后付诸原样复原修缮。此外，按照文物修复原则，跟踪世德堂各栋的维修全过程。

（1）瓦屋面的维修。世德堂第一栋及辅房（粮仓），第二栋、四栋前厅及偏厅，七栋、十栋、十二栋所有瓦屋面进行揭瓦修缮。按照杉阳建筑瓦屋面传统做法，修补椽子、檩条、望板，为了较长期地保护好屋面，在望板层上新添覆了防渗层，少数特殊使用的屋面还添覆了隔热层，之后"压七留三"仰覆盖瓦，复原垒砌宋风明韵的"长翘官印"屋脊。

（2）梁架结构的规整。对倾斜的建筑框架予以落架拨正，用传统木绞盘和葫芦吊，针对性地选定合适位置打牮、牵拉、找平，以及固定歪闪、下陷、空洞的梁架结构，以待进一步的原样修复。

（3）对倒塌的厢房按原制重新修复，重做木地板地面，并对损坏的裙板按原制补配。

（4）对断裂门顶石、门过梁、门柱条石进行科学的粘贴修补；对门上木过梁表面脱落的铆钉用方砖固定，根据实际尺寸和做法，补配或重做门构件，并粘贴、固定好方砖。

（5）对世德堂第四栋后院，第五栋、六栋，以及屋面进行修补；对木构件进行检测，对不能满足要求的木构件进行修补、加固或个别更换；将加建或改建的房屋拆除，清理时如有新发现的遗址，按现状保留的方式处理；拆砌空鼓、凸闪、开裂的墙体；对第九栋、十一栋进行修复，零星补修及油饰。

（6）疏通淤塞严重的地下排水系统，采用杉阳建筑地下"龙形"和方、圆窨井，以及三角转角排水沟的做法。

（7）对所有腐朽、蚁蚀、缺损、损坏、遗失的建筑构件进行修补、替换，同时对已修复的建筑及木结构开展虫害防治、防腐处理。泰宁古城及建筑环境含水率保持在22%～25%比较合适，因此对新木材的含水率应有针对性控制。

世德堂维修工程见图6-24～图6-37。

图6-24　防腐处理

图6-25　封檐板安置

图 6-26 世德堂"安川"

图 6-27 地基垒砌

图 6-28 楼板"做旧"

图 6-29 泥瓦匠"粉墙"

图 6-30 雀替雕花

图 6-31 裙板维修

图 6-32　屋脊维修

图 6-33　屋面防渗层安铺

图 6-34　屋面望板椽子安置

图 6-35　屋面望砖摆铺

图 6-36　屋铺瓦

图 6-37　柱子掏补

第四节　匡斗墙纠偏试验

古建筑夯土墙、匡斗墙保护是一个难题，历来的做法是微小歪闪就局部拆卸修补，大的歪闪就整堵墙体拆卸修复，原始的墙体工艺、历史文化痕迹荡然无存，哪怕是编号修复，给人感觉也是新作。然而，由王富莲为首的福建省南平市光泽县"毛家班"就具有不拆墙体，原样恢复、归正墙体的传统技艺，填补了歪闪古墙纠偏保护的空白，成为古建筑墙体原位纠偏修复的样板。

砖砌墙体的历史。从部分标本的土质、捣练、掺和料、火候等比较，"砖"的发明，使用年代已有几千年。迄今约5300年前，浙江良渚文化遗址中就出土了我国最早的"砖"。最早瓦的使用，在西周时期大型建筑遗址中已有发现。我国用砖的历史可能在战国时期，秦代咸阳宫用刻花砖做铺地，用空心砖作台阶。汉墓用砖砌穹窿，用方砖墁地。晋、南北朝用砖砌筑地上的建筑物和构筑物，如城墙等。唐代宫殿、寺庙也还是用夯土墙而不用砖墙。墙体均用砖垒砌，始于元代，明代之后普遍使用。砖砌墙体有各种类型，如实心砖墙、外墙、内墙、围墙、双面混水墙、双面清水墙、单面清水墙、直形墙、弧形墙等。

杉阳建筑中大量使用空斗墙（当地工匠称之为"匡斗墙"，因其空间形态像一匡匡的空洞而得名），其特征是用条砖和望砖砌平面、侧立的"丁顺"交替垒砌空心墙体，做法是根据墙体高度、转角、勒脚等实际需求而定，即可以是一眠一斗，或一眠二斗，或一眠三斗。杉阳建筑中无眠砖砌墙（全斗墙）较少。墙边勒脚用条石、眠砖错缝形式垒砌是为了加强匡斗墙的稳定性。每个小匡内填塞一定量的建筑垃圾、破砖瓦、河卵石、黄土等，既省料，又减轻墙体质量，从而使墙的黏合性和整体性加强了。这类墙经济、实用，明、清时期一直得到杉阳建筑工匠的青睐。当地工匠们总结了杉阳建筑中的匡斗墙的基础是河卵石和当地开采的红色砂岩，并大量使用朱口镇和上青乡烧制的眠砖错缝垒砌底层，当地工匠们将眠墙之上的匡斗墙体分为上身、梢子、山尖，用的是望砖垒砌，其做法是一斗一丁，再上是三层望砖出跳成檐，檐顶用黑瓦二层仰瓦与六层覆瓦做墙脊，墙帽头采用如意金字顶。

匡斗墙垒砌工艺都是技法娴熟的老泥工来做，他们垒砌的匡斗墙在承重、耐压、稳固方面堪称一流，延续数百年不变形，不坍塌。据当地工匠们相传，匡斗墙基础部分一般是用技艺一般的师傅来做，待基础做好后，垒砌匡斗墙的师傅便在其上用砂浆找平基础平面，其上为眠砖层，眠砖层之上为厚砖层，厚砖层上为匡斗墙。垒砌匡斗墙过程中，必须是错缝垒砌，这是匡斗墙垒砌技艺的基本功。大部分匡斗墙厚底0.5米左右，主墙体厚度 0.4 米左右，一般高度为 6 米左右，中等高的墙为 7 米左右，最高的墙为 9 米左右。以杉阳建筑合围匡斗外墙为例，这类墙面阔最宽、墙体最高、厚度最大，是匡斗墙中最重要、工艺要求最高的匡斗墙，其做法比较讲究：深挖基槽，用大型石块、条石垒砌，基础深 1 米左右，基础面上用均匀的粗颗粒砂浆垫层约 0.05 米，再用 0.02 米的细砂浆找平基础面层，面层上用粗面、厚实的红色砂岩错缝垒砌至 1 米左右，厚度 0.6 米，再用坚致的眠砖错缝垒砌 1 米左右，之后，眠砖层面上用类似城墙砖的砖垒砌高 1 米左右，其上再用望砖（当地工匠们称之为匡斗砖）垒砌匡斗墙 4～6 米，至墙顶部用三层方砖或特制的条砖斜线三角叠涩出檐，檐上盖瓦五层左右做墙帽，这样，高为 7～9 米的合围匡斗外墙就完成了。内隔墙、封火墙的基础一般用条石或河卵石垒砌高 0.8～0.9 米，基础面上用眠砖垒砌高 0.8～1 米，眠砖层面上再用望砖垒砌匡斗墙 5～7 米，顶部用三层方砖、或特制的条砖三角叠涩出檐，檐上盖瓦五层左右做墙帽，或用特制的红色砂岩条石做墙帽。

空斗墙垒砌的好与坏、成功与失败，是一个工匠工艺娴熟的标志。再生试验中发现，有下列几种地质、地基等状况，工匠们基本不做匡斗墙。①土质软弱的地方，如土质疏松的深泥地、沼泽地、烂泥塘、沙滩地，这类地基稳定性差，一是难以成型，二是短时间会下陷、出现歪闪，勉强垒砌的匡斗墙也会因古建筑梁架结构、瓦屋面自重力强，且不能受力均匀，短时间内便会出现沉降、歪闪的现象；②超过整体门楼、槛窗所处的墙面面积 50% 以上的地方，不做匡斗墙；③古建筑易受到振动荷载不稳定的地方不做匡斗墙；④地震烈度为 6 度或 6 度以上地区不做匡斗墙。

据考古资料分析，杉阳建筑中空斗墙始见于明初，明中期扩大使用，明中期以后广泛使用。匡斗墙的砌筑方法有有眠匡斗墙和无眠空斗墙两种，无眠匡斗墙只砌斗砖而无眠砖，所以又称"全斗墙"。

随着年代久远，自然损坏，人为破坏等原因，古城、古镇、古村中杉阳建筑墙体出现了破损、开裂、空鼓、酥化、歪闪，甚至坍塌，这些含有历史信息、传统工艺、砌置技法等建筑文化内涵，以及墙体之上精湛的砖雕、彩绘等信息也随着墙体坍塌而消失。以往的砖砌墙体修复，尤其是匡斗墙的修缮，对歪闪、将要坍塌的危墙一般是推倒重来，那些古拙、浑然一体、自然宜人匡斗墙风貌及建筑历史文化元素便荡然无存，即便是老料修复，给人的感觉就是新作。

面对这些珍贵的砖墙和匡斗墙出现的危情，以往做法均缺乏原生态的保护，失去了科研与保护意义。为了确保文物在安全的情况下，最大限度地利用传统技艺纠偏危墙，恢复匡斗墙的原始状态，努力做到既保护了墙体等文物信息，又可节约一批修缮资金，取得文物保护和再生利用两全的实际效果，本书作者及其课题组联合光泽县博物馆和该县文物保护中心，根据毛景荣工匠班祖传授的墙体纠偏技艺，对尚书第、世德堂匡斗墙进行大面积的纠偏、保护，收到可喜的效果。本书作者及其课题组参与该项保护性工程的全过程，并记录了纠偏工艺和匡斗墙保护技艺的方法。现结合本书作者及其课题组的示范需求，把具体墙体纠偏工艺陈述如下。

一、纠偏保护原则

观察歪闪的匣斗墙，对危墙进行无创伤的原位纠偏保护。细致勘察，分析、诊断墙体歪闪的根本原因，如基础不稳、地基沉降、墙体开裂、地漏霉变、材料风化、砖石酥化、盐碱反应、生物破坏、人为所致等原因所致墙体的病害，确定歪闪方向，如单向歪闪、多向歪闪，之后制订纠偏方案，用传统工艺及手法实施具体纠偏，最大限度地保留明、清时期匣斗墙建筑文化信息。

（1）针对文物保护单位的匣斗墙，纠偏设计应最大限度地减少对墙体安全的不利因素，确保墙体完整性。要依法依规进行纠偏方案的设计和审批工作，得出科学的实施方案。方案中安全（人身安全和文物安全）纠偏要素应摆在重要位置，实施细节必须遵循文物古建筑墙体纠偏、加固技术的具体工序。

（2）采用文献查阅、细致勘察的方法分析匣斗墙存在的歪闪问题，整理出造成歪闪的各种原因，同时立足杉阳建筑匣斗墙病害现状，结合相关科学加固、纠偏墙体之经验，合理选择杉阳建筑匣斗墙纠偏的适用范围。

（3）为了验证纠偏方案的可行性、可操作性，以及发现纠偏操作过程中可能引发墙体破坏的一些不可预估的问题，我们通过制作 1∶2 缩尺试验模型模拟墙体纠偏过程，以及借助于光纤光栅传感器监测了墙体在纠偏过程中应力变化的情况，并采用验证 ABAQUS 有限元模型验证纠偏方案的合理性。

（4）精心实施，翔实记录（文字、照片、录像等），汇总和理出纠偏的关键点、步骤，得出可复制、推广的经验。

二、墙体病理勘察

泰宁县明代建筑群匣斗墙、眠墙、砖石墙比比皆是，多达数百堵。古城中的匣斗墙高度一般为 4～5 米，也有为 6～7 米。大多为纵向（西东向），少数为横向（南北向），部分为其他方向。建筑内西东向封火匣斗墙长度一般在 30 米左右，高度在 8 米左右，厚度在 0.50 米左右，各栋院落的分隔墙和封火墙，前后落差在 3～9 级，疏密有致、长短相宜，成为直线落差风景墙。尚书第各匣斗墙分段尺寸大致是：西向东后厅长 25.6 米处设 0.6 米高台阶，西至东中厅长 15.70 米处设 0.6 米高台阶，后堂西至东5.8 米处设 0.6 米高台阶。

历经 400～500 年，杉阳建筑约 40% 的匣斗墙相对稳定，40% 存在开裂、空鼓、微闪、歪闪、倾斜，10% 的墙体出现坍塌迹象或将要坍塌，10% 的墙体已经坍塌。国家级重点文物保护单位尚书第、世德堂部分内隔墙、外墙出现歪闪，不少还处于公共空间，安全隐患非常严峻，危在旦夕，危墙纠偏势在必行。

（1）通过现场勘察，这些匣斗墙病害的主要因素是：选择烧砖陶土标准不一，烧制工艺也存在问题，如陶土筛选、黏合度、捣练、陈腐、凉坯、烧制，以及火候（还原焰、氧化焰）的掌控，都有一定的缺陷，还有地基不稳定，砂浆配置不合理，传统工艺砌置方法不得当等问题。

（2）明、清时期的匡斗墙在自然环境中，历经风吹日晒、雨水侵袭、低温冰冻、砖碱腐蚀、风化粉化、生物侵蚀受损；人为使用过程中改建破墙，开门加窗，部分拆除，改变了承重、牵制、咬合力结构，这些自然及人为的破坏，使得匡斗墙的物理、化学要素产生变化，受力结构失衡。受力结构劣化的原因是砖结构中的黏土化学成分与结构肌理发生变化，以及空气侵蚀、雨水介入等。

（3）尚书第第一栋后墙病害。该墙体眠砖高1米，匡斗墙高7米、面阔13米、厚0.5米，呈南北走向。南—北1.60米处的天井（长9.2米、宽0.75米、深0.42米）是雨水飘打、淤积的地方，墙体向西倾斜0.40米，也是墙体因水侵袭而歪闪的主要原因，而且眠砖又有一部分严重风化；眠砖上"一斗一丁"的空斗砖，墙顶上三层长砖的叠涩出跳，青瓦屋顶都出现不同程度的病害，呈现墙体中部明显向外凹弧。危墙墙体高、稳定性差，墙根深埋地下，一斗一丁的空斗砖砌置衔接的砂浆早已流失，露出墙体的眠砖部分风化。此外，两端歪闪的墙体，也向西倾斜0.30米，在靠近墙体中心约2米处开始出现扭曲性的歪闪，部分承重的眠砖下陷埋在地里，凹陷成一条很深的壕沟，难以勘察，且不便破基探析，以致闪偏病害难以精确评估，再加上前期的维修不当等原因，病害层出不穷。墙体纠偏中向外倾斜的墙体纠偏技术难度最大，又因天井空间的局限性，给墙体纠偏带来许多不利因素，完整纠偏难度加大。这是匡斗墙纠偏中遇到的疑难杂症，可见，无损伤抢修是一种挑战，有重要的实际意义。

三、纠偏工艺流程

（1）施工工具及设备。施工前，应准备好起翘、卷盘、木马、厚板料、长木柱、葫芦吊、脚手架等施工工具。外墙用厚板材贴面夹墙，以达到保护墙体不会因纠偏拉力而损伤砖面，木材大小、长度要根据墙体高度裁定，如果木材太短，在实施中会造成上部墙体开裂，太长又使得拉力难以掌控。纠偏卷盘墙点位，葫芦吊（滑轮）、吨位、数量的选定，钢丝绳号码的准备，梯子、脚手架的搭建，支护材料的选择，施工工具摆放的位置，施工技术人员的规范操作，都是墙体纠偏、原始归位的保障。

（2）科学勘察及实施。观察、分析墙体内外砖面的开裂程度，砂浆流失、倾斜位置及倾斜度及尺寸，凭传统经验和技法，观测墙立面倾斜点及倾斜起始的砖位，并用记号确定取砖点，然后从倾斜墙体叠涩出跳的下皮砖作基点，悬挂垂球垂至墙根，量出整堵墙倾斜度和歪闪尺寸，以把握纠偏的精确度；接着把最底层要取出的倾斜眠砖做好标记，然后在其上方约1米的地方，纵向量出间距3米左右的支点，设定好第一层滑轮（葫芦吊）点位并做好标记，再在第一层每两个滑轮点位的中间上方3米处，设定第二层滑轮点位，并做好区别前者的标记，这关系到整体纠偏受力均匀、拉力大小、纠偏程度的关键问题。匡斗墙纠偏要在充分分析病害原因，实施发展预测的基础上，制订出详细的纠偏方案。实施中垂球的位置一定要始终固定不移位，这样才能正确地观察到墙体回归原始状态的尺度和位置。

为了确保纠偏墙体拉动归位精准，纠偏前要细致观察紧贴墙体的支护梁架是否与墙体成90°角，出隼的部位是否能顶住墙体。当歪闪墙体拉牵归至原始状态时，使之成固定状态，之后便画好归位后的垂直线，用专业工具锯出线槽位置，用铁凿凿出施工槽沟等，同时认真清理沟槽内的杂物，并用气囊吹清附着沟槽上的灰烬，此时，再从墙角合适位置察看墙体归位后的位置与垂线水平是否一致，为后期维修的填塞固化材料做准备。

纠偏工作的另一道工序非常重要，就是揭取已经测量定位倾斜关节点的第一块眠砖，这是纠偏工程的关键一步。之后将沿线一层眠砖进行编号，之后用锯片小心清理眠砖砖缝，将缝中上、下砖面上附着的灰尘和原始残余泥浆清除，待眠砖松动时取出按编号堆放。值得一提的是，施工技术人员在取砖时一定要认真专注松动眠砖，着力点要到位，用锯片锯松眠砖上下泥浆并清理灰尘时，要做到轻锯、轻敲、轻拿、轻取、轻放，不得用力过猛，以至连带松动上层眠砖，更不能促使上层眠砖松动往下掉。取出眠砖要按顺序存放不能拿错，否则难以恢复到原始状态。

施工过程中，所有纠偏的葫芦吊应合力同步轻拉，严格监控力道，边拉边观察，纠偏速率要恰到好处，否则欲速则不达，会出现险情。在纠偏归位将要达到预定位置时，牵拉速度应更加缓慢，甚至停顿片刻，再行观测，之后进行微调，使之不偏离设计归位点。准备加固定位时，要科学地预留大致3厘米的空间，以备随机调整和填塞固化物。还有一种方法是用传统的木制杠杆原理制成的"绞盘"纠偏墙体，加固、定位、归位手法基本相同，不同的是，要一边翘、一边观察、一边塞填支撑垫，反复多次进行归位，直至上述要求全部达到归位要求，再行固定，之后进行下一步作业。只有这样，整堵墙体归位才显自然。整堵墙体纠偏、修整大约要十几个小时。

（3）加固纠偏墙是重要的一环。纠偏的墙体归位稳定后，要进行加固稳定措施，以防止回倾而导致坍塌的发生。小裂隙和纠偏后的小调整，采用传统旧锅铁片填塞做法进行加固。此法要逐步进行，将旧锅铁片填塞应填的缝隙中，慢慢锤紧，视情打牮二至四层，直到难以拔出将旧锅铁片拢出为止，牮塞妥当后，可以将原揭卸出的眠砖按编号逐个放回原位并封牢。使用旧锅铁片是因为旧铁锅外有烟垢与油污的附着层，它们层叠在一起，可相对地粘一起，时间长了会微微膨胀而咬死填塞之缝，可确保修复后的墙体肌理的整体稳定。另外，旧锅铁片属熟铁，会生锈风化，长期使用会出现一层一层微风化，微脱落松动。为再修墙体、更换材料提供便利，所以在古建筑维修中不管石质、木质材料都可以用此料。采用这种传统的工艺对古建筑墙体进行矫正，不用拆除墙体重砌，完整保存了古建筑墙体的历史、艺术、工艺等信息，也将其完整的科学价值和历史文物价值能最大限度地流传后世。

（4）墙体纠偏修善后工序。填塞、稳固好的墙体，先轻轻放松葫芦吊拉力，不能一放到底，需要边放松、边观测，绷紧、松动葫芦吊必须保持适当的调节余地，待观察到纠偏墙体纹丝不动，才能彻底松解钢索绳，再拆卸护墙木料；松动葫芦吊时，施工人员要相互配合，有人放滑轮，有人将墙脚手架上对应的木材慢慢往下放降，坚决做到绝对安全，确定纠偏成功后，再慢慢解除支护。一旦松动太快，墙体就会因紧绷力瞬间失衡而强烈晃动，然后便会再次倾斜，那将功亏一篑。在确保墙体完全回位并牢固无误后，匡斗墙纠偏的工序就告完成。

匡斗墙纠偏工程见图 6-38～图 6-51。

匡斗墙纠偏工程是国内在建筑结构维修的创新之举。以往对于较大面积的倾斜、扭曲、空鼓、膨胀等变形的匡斗墙或砖砌墙体，通常是编号拆除，但附着在古建筑墙

图 6-38　用垂球检验纠偏好的墙体

图 6-39　垂球测量歪闪的匡斗墙

图 6-40　厚板木柱合理平铺支护墙体

图 6-41　对歪闪的匡斗墙依次
竖立老杉木的护墙柱网

图 6-42　摆放好打笔架

图 6-43　在扶正后的墙体上寻找裂隙并用废锅片打笔

图 6-44　起撬打笔

图 6-45　调整和加固打笔支点

图 6-46　用均衡的脚力和体力施压打笔工具

图 6-47　固定调整好的支点

图 6-48　选择大小合适的破锅片

图 6-49　在歪闪墙体的另一侧用葫芦吊固定张拉点

图 6-50　在歪闪墙体的另一侧挖掘出均衡的墙沟　　　　　　　　图 6-51　用灰浆封护

体上的砖雕、灰塑、彩画等装饰，还有墙内外的文物文化信息，以及传统工艺的流失，将永远消失殆尽，令人惋惜，某种程度上来说，也是对文物的破坏，对古建筑文化价值造成无法弥补的损失。

　　值得一提的是，针对其他土木结构、砖木结构歪闪的墙体，本书作者及其课题组也一并会同毛师傅工匠班进行了试验，取得了可操作性的经验。墙体倾斜的成因很复杂，本书作者及其课题组进行了汇总：地基沉降的倾斜，年久失修的倾斜，使用不当的倾斜，胡乱搭盖的倾斜，雨水侵蚀的倾斜，自然风化的倾斜，人为破坏的倾斜等。倾斜程度大小不一，最小的倾斜10°左右，中度倾斜20°左右，高度倾斜40°，超过50°的危墙便处于坍塌的危险境地。毛师傅工匠班传统修复纠偏经验丰富，对墙体倾斜和梁架结构倾斜纠偏另有一套技法，其巧妙地采用墙、柱分离之法，即勘察得出精准的着力点，在不必破拆墙体的情况下，将歪闪的架梁结构先形纠正（打牮拨正），再用绳索、葫芦吊等特殊工具加固；之后，再将倾斜的墙体纠偏，纠偏过程中要密切关注两套体系纠偏的一致性和协调性，应避免在某个节点失去平衡牵制，导致架梁结构变形，墙体垮坍。

　　本书作者及其课题组与光泽县毛师傅工匠班采用上述纠偏墙体技艺的做法，既保证了古建筑文物的原真性、完整性，又保证了古建筑的历史、科学、艺术价值。墙体纠偏古建筑传统工艺，达到了"修旧如旧，恢复原样"的文物修复原则要求，是一笔流传给后人的文物修复财富。面对濒临坍塌的古建筑，哪怕仅存一丝挽救的希望，也决不能一拆了之，应千方百计回归其往日的风貌，而解决古建筑倾斜、修复难题的最有效办法，就是采用传统的技术，用最小代价纠偏最有价值的文物，使古建筑保护、开发、再生最大化，以体现古建筑修复的真正目的而流芳百世。

参 考 文 献

福建省地方志编纂委员会, 2016. 福建通志 [M]. 北京: 方志出版社.

江应昌, 2007. 泰宁县志(康熙版本)[M]. 厦门: 厦门大学出版社.

李建军, 2018. 福建庄寨 [M]. 合肥: 安徽大学出版社.

连小琴, 2012. 尚书第 [M]. 厦门: 海峡书局股份有限公司.

梁思成, 2017. 清工部工程做法则例图解 [M]. 北京: 清华大学出版社.

梁思成, 2017. 清式营造则例 [M]. 北京: 清华大学出版社.

(宋)李诚, 2011. 营造法式 [M]. 邹其昌, 点校. 北京: 人民出版社.

(宋)李诚, 2014. 营造法式译解 [M]. 王海燕, 注译. 袁牧, 审定. 武汉: 华中科技大学出版社.

宋国晓, 2008. 中国古建筑吉祥装饰 [M]. 北京: 中国水利水电出版社.

俞剑华, 2009. 中国美术家人名词典 [M]. 上海: 上海人民出版社.

张步骞, 2008. 甘露庵 [J]. 建筑历史研究, 第二辑.

郑明金, 2013. 尚书第维修保护工程 [M]. 厦门: 海峡书局股份有限公司.

祝纪楠, 2012. 《营造法原》诠释 [M]. 北京: 中国建筑工业出版社.

附　　录

附录一　泰宁古城保护规划图

明代建筑（国保）

明清建筑（文保）

清代建筑（一般）

宋 - 清水井

街巷分布

残损建筑

溪流

绿地

金
溪

0　20　50　　100m

附录二　泰宁古城道路系统规划图

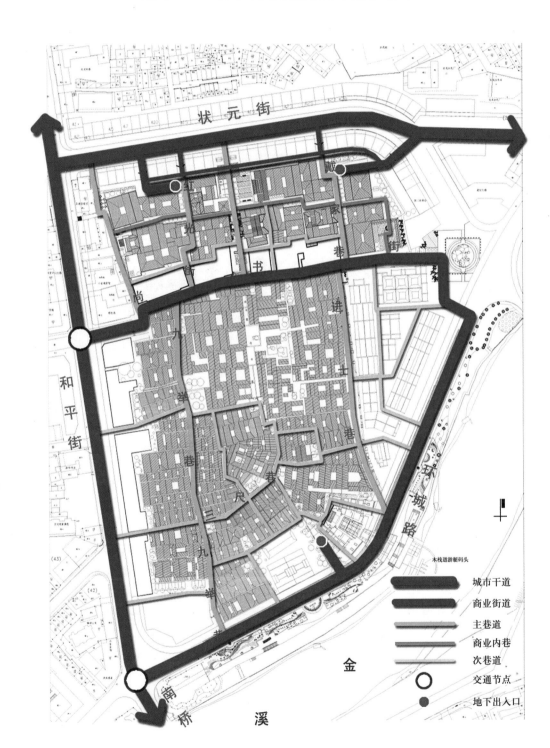

附录三　泰宁古城井台水系布局图

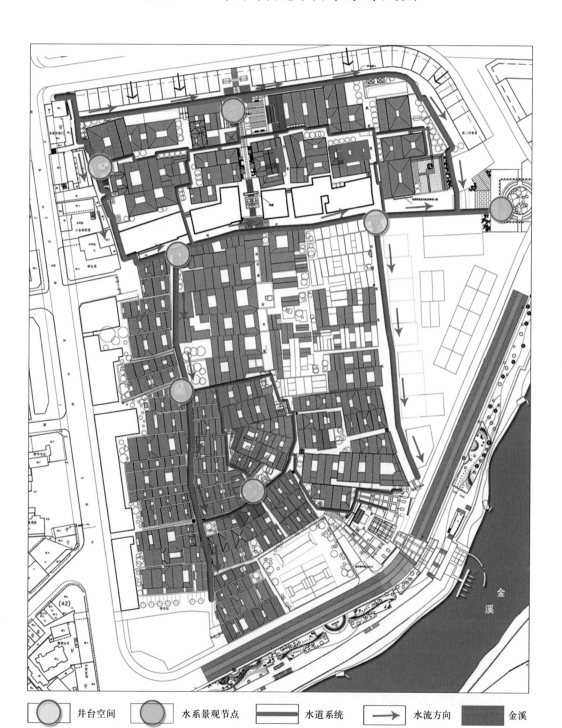

金溪

井台空间　　水系景观节点　　水道系统　　→　水流方向　　金溪

附录四 杉阳建筑主要梁架结构标注

上枋

字碑

四世一品

阀阅（门簪）

上槛

石枕（石门框）

砷石（抱鼓石）

下槛

（1）"四世一品"门楼结构

垫栱板

（2）"四世一品"门楼砖枋木雕垫栱板

步板

金枋

琵琶科撑栱

梁垫

撑栱

枫栱

前步川

涌鞋头

前步柱

前双步夹底

前金柱

（3）礼仪堂梁架结构

前步桁
方木连机
前金桁
后金桁
脊桁
短机
抱梁云
脊柱
短机
坐斗
步横承重
前金童
山界梁
后金童
寒梢栱
大梁
梁垫
前金童
前金川
后金川
后金童
前步
栋柱
后步
前弓形双步枋
后弓形双步枋
前双步夹底
后双步夹底

（4）主体梁架结构

脊桁
前金川
後金川
斗三升
花斗
川
前双步
后双步
双步
前双步夹底
后双步夹底
前廊柱
夹底
前步柱
水平枋
脊柱
后步柱

（5）后堂山面梁架结构

附录五　甘露寺（甘露庵）测绘图
（根据林剑"甘露寺"一文插图整理）

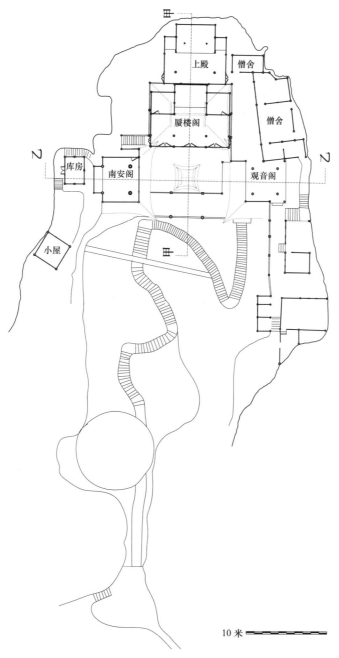

10 米

（1）甘露庵总平面示意图

10 米

（2）甘露庵剖面（甲）示意图

泰宁古城·杉阳建筑

254

（3）甘露庵剖面（乙）示意图

10 米

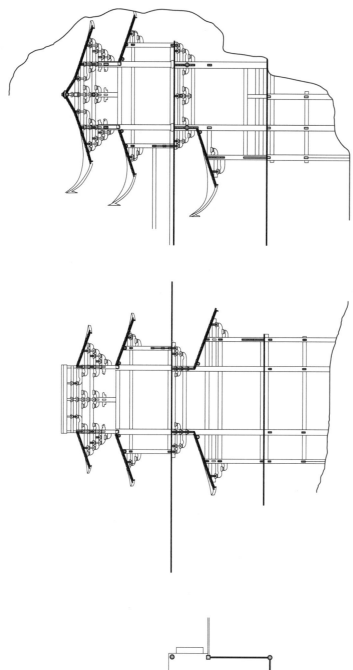

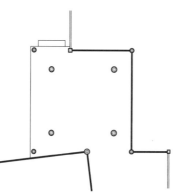

（4）甘露庵观音阁示意图

10 米

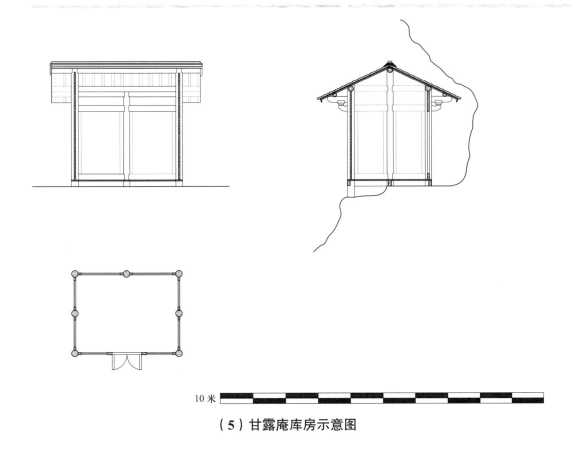

10 米

（5）甘露庵库房示意图

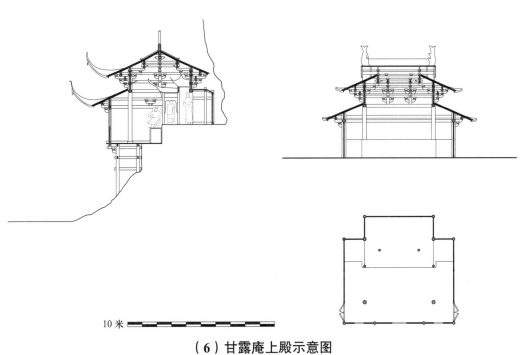

10 米

（6）甘露庵上殿示意图

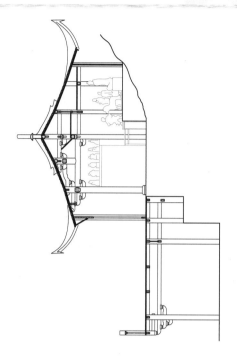

10 米

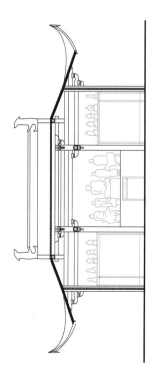

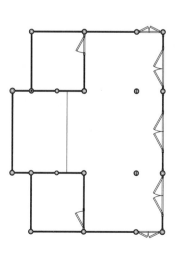

（7）甘露庵居阁示意图

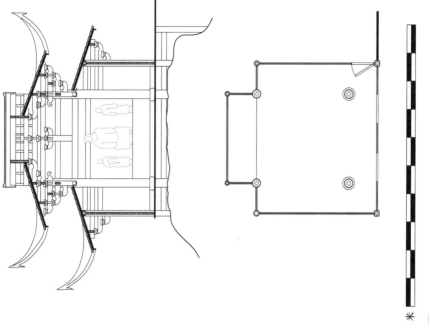

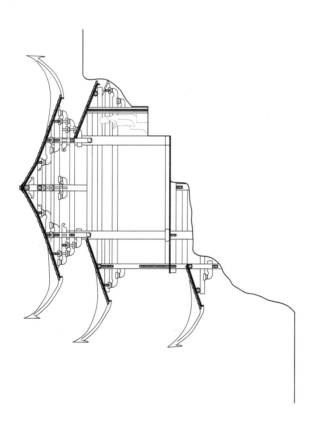

（8）甘露庵南安阁示意图

10 米

附　　图

附图一　尚书第

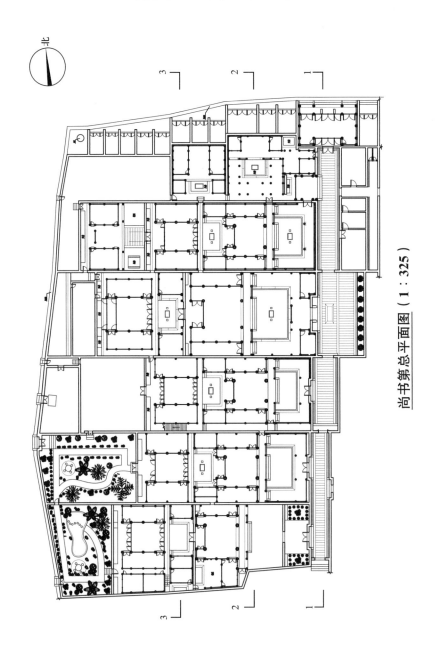

北

尚书第总平面图（1∶325）

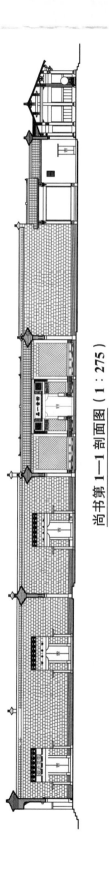

尚书第 1—1 剖面图（1 : 275）

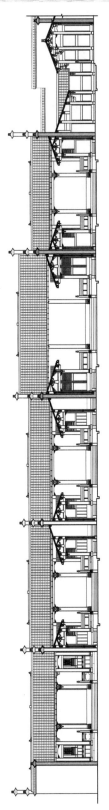

尚书第 2—2 剖面图（1 : 275）

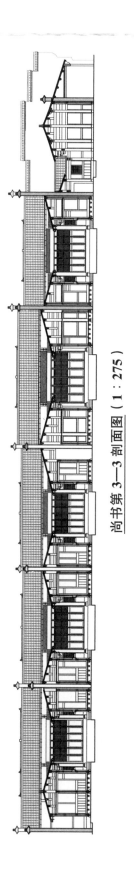

尚书第第 3—3 剖面图（1：275）

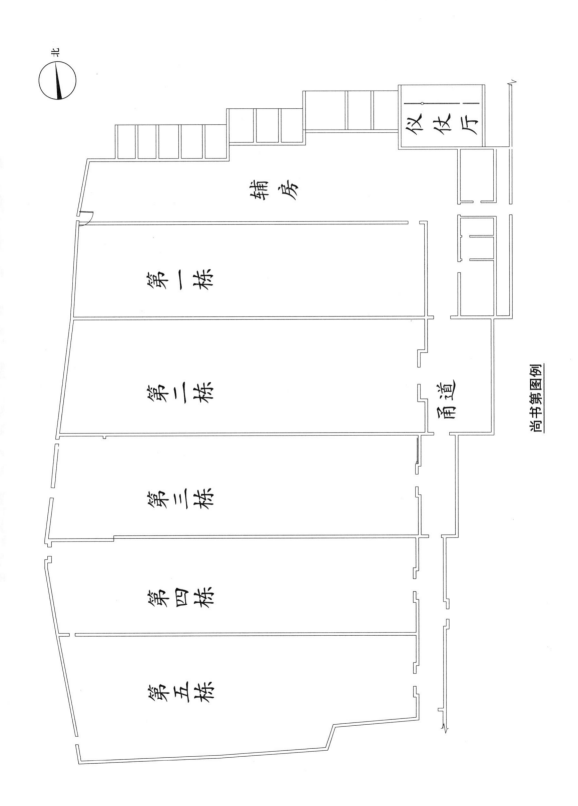

北

仪
仗
厅

辅　房

第
一
栋

第
二
栋

第
三
栋

第
四
栋

第
五
栋

甬
道

尚书第图例

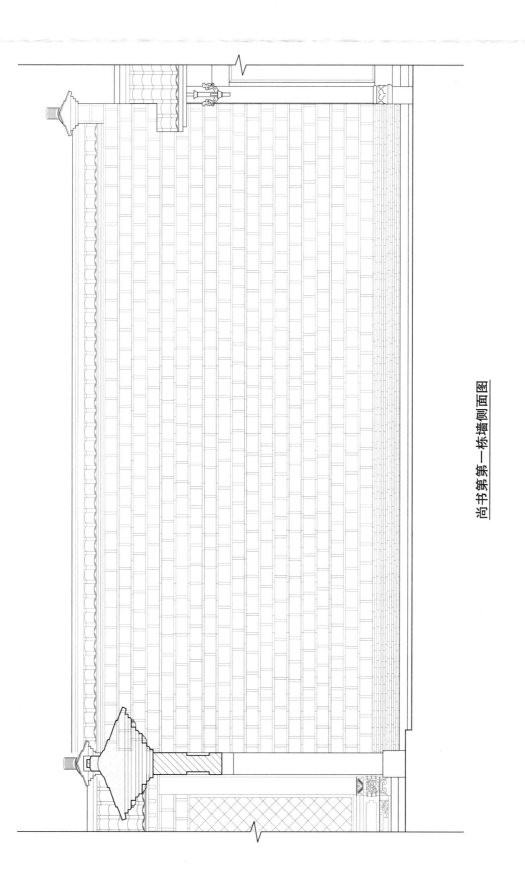

尚书第第一栋墙侧面图

附

图

265

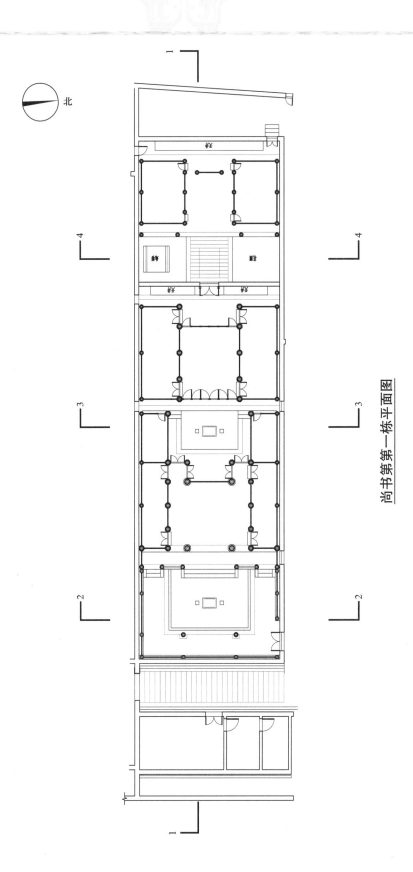

北

尚书第第一栋平面图

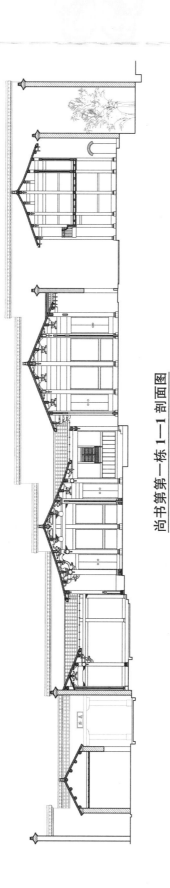

尚书第第一栋 1—1 剖面图

尚书第第一栋 2—2 剖面图

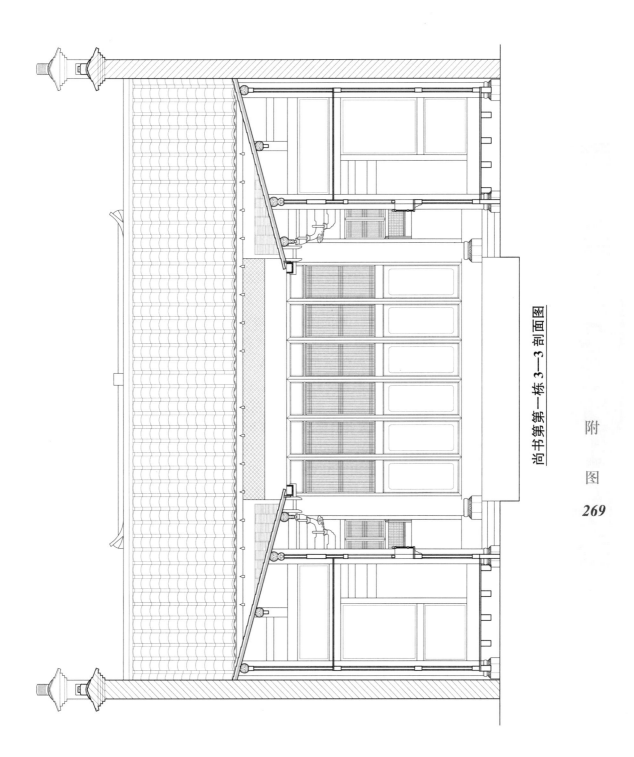

尚书第第一栋 3—3 剖面图

尚书第第一栋 4—4 剖面图

尚书第第二栋立面图

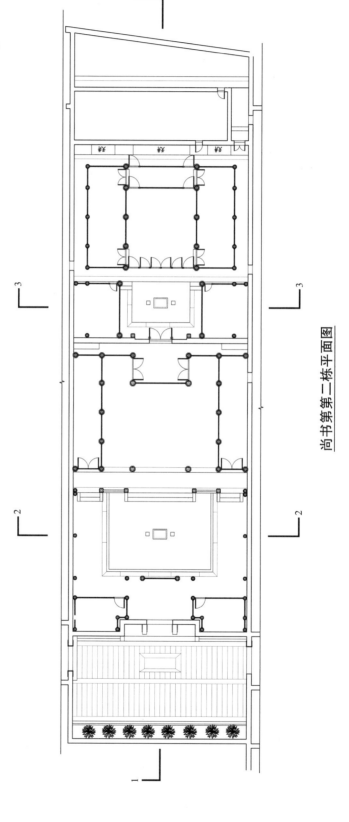

北

泰宁古城·杉阳建筑

272

尚书第第二栋平面图

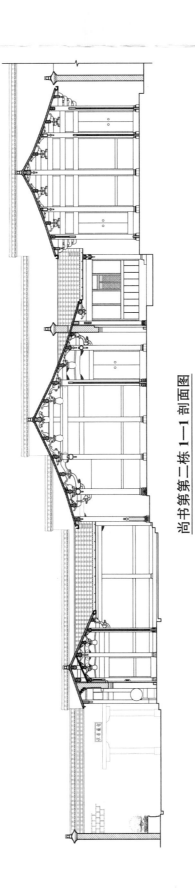

尚书第第二栋 1—1 剖面图

附

图

273

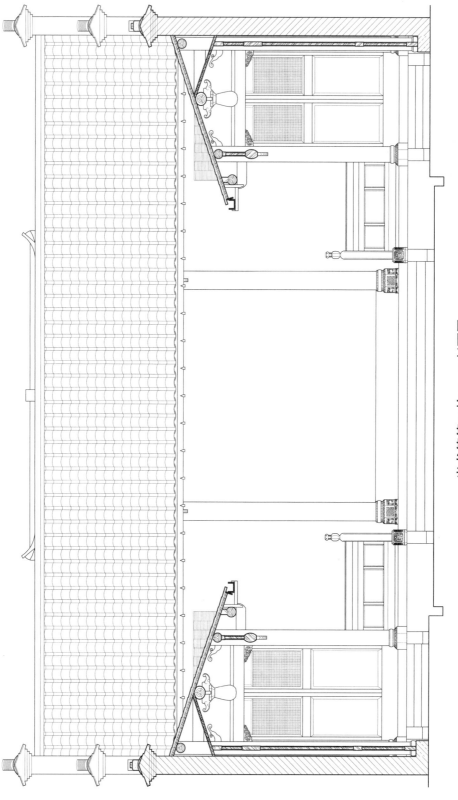

尚书第第二栋 2—2 剖面图

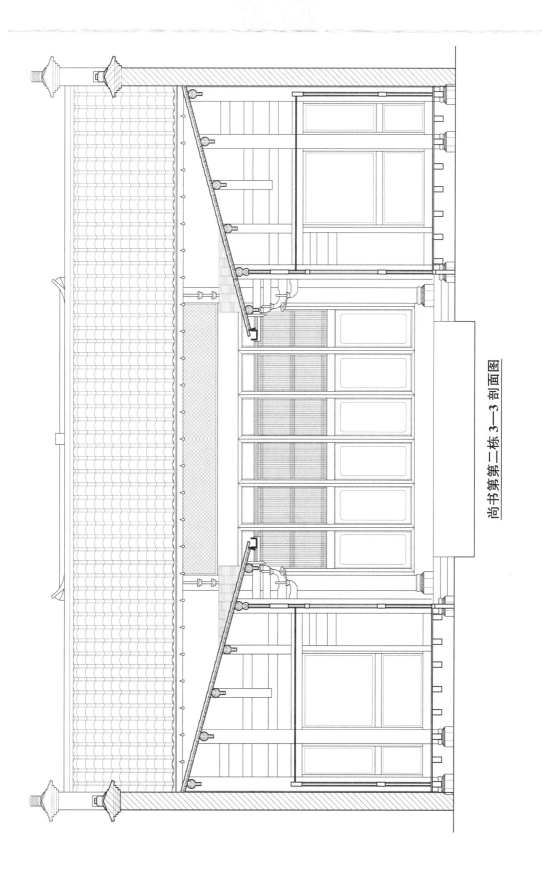

尚书第第二栋 3—3 剖面图

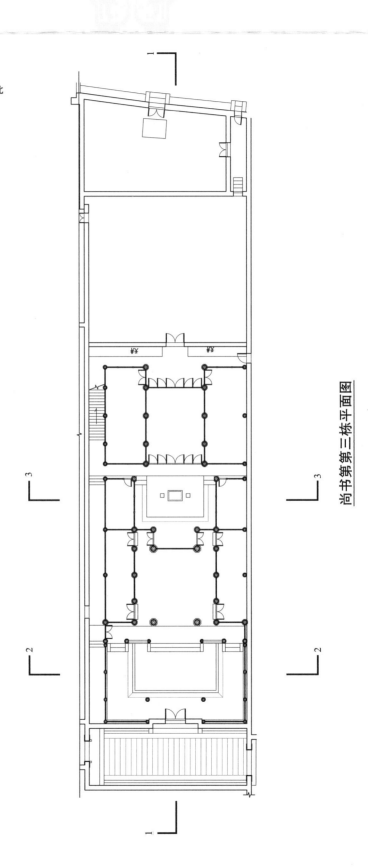

北

尚书第第三栋平面图

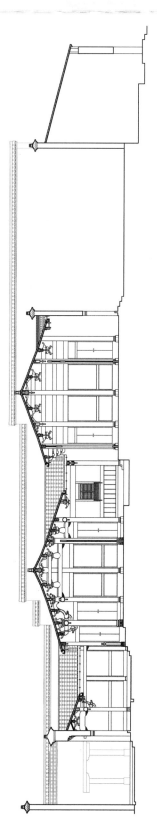

尚书第第三栋 1—1 剖面图

附

图

277

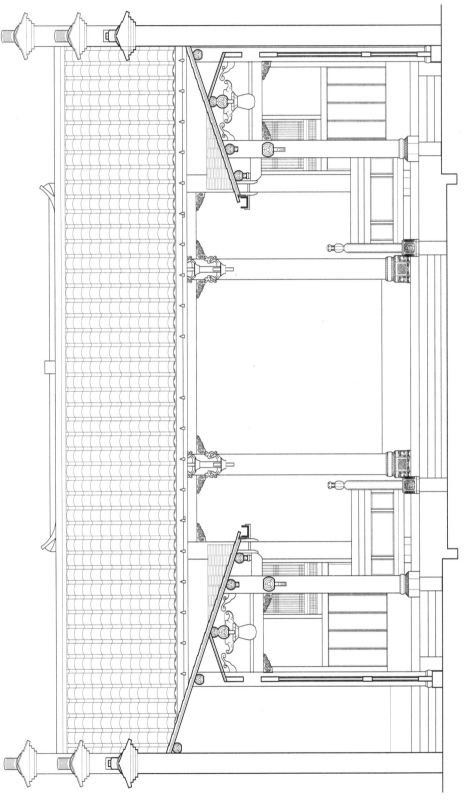

尚书第第三栋 2—2 剖面图

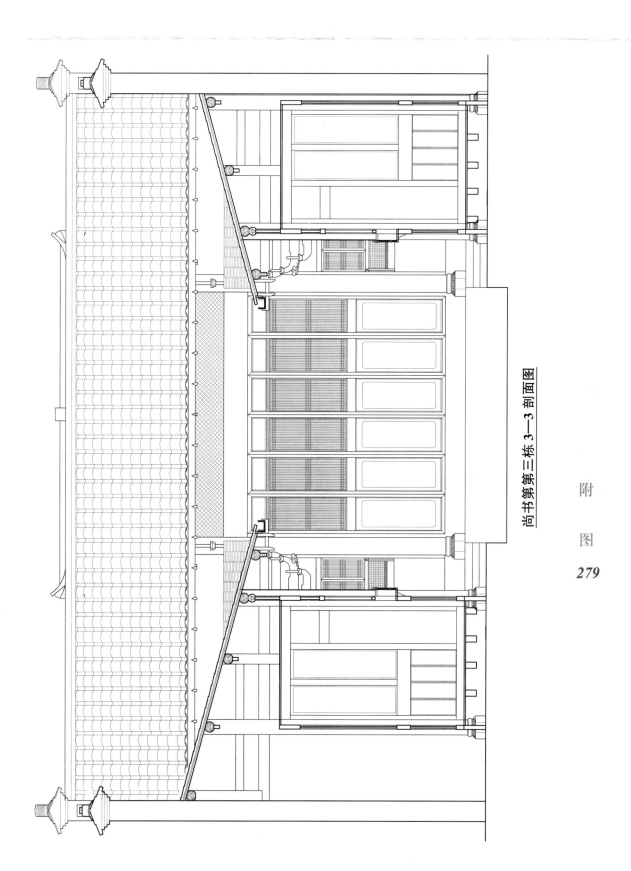

尚书第第三栋 3—3 剖面图

尚书第第三栋 4—4 剖面图

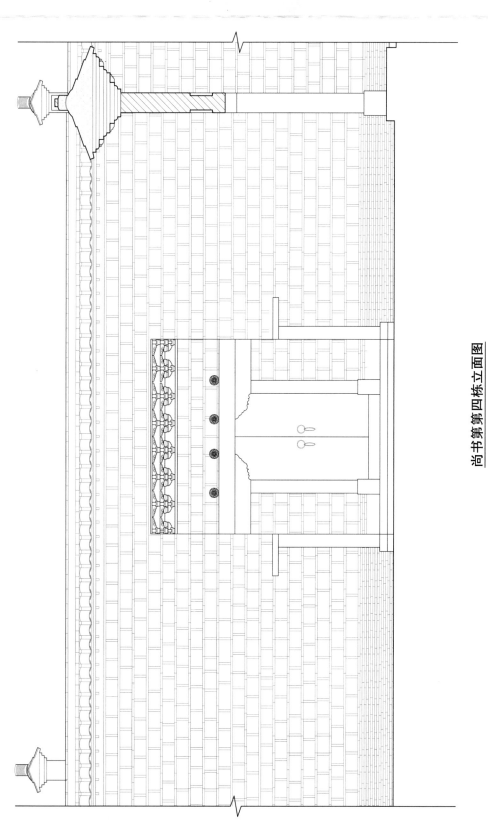

尚书第第四栋立面图

北

尚书第第四栋平面图

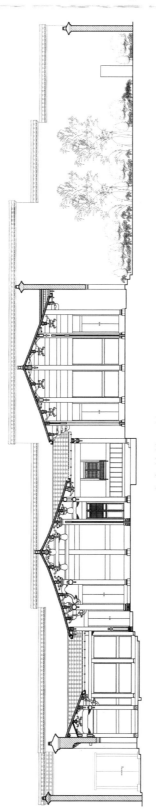

尚书第第四栋 1—1 剖面图

尚书第第四栋 2—2 剖面图

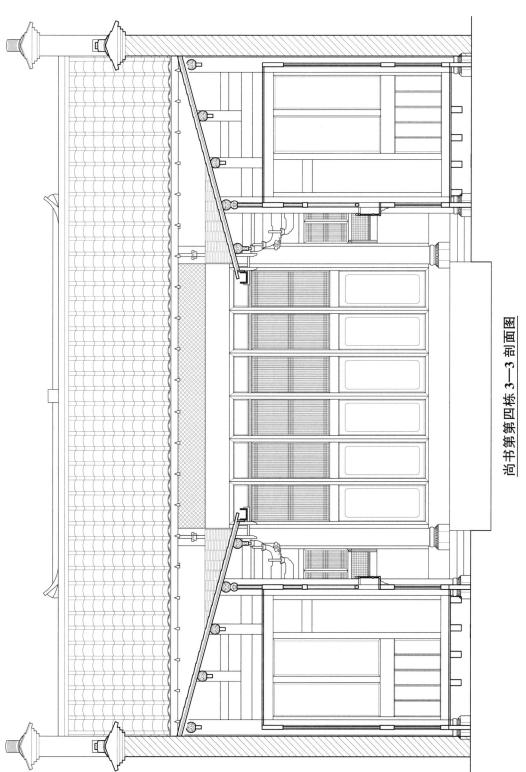

尚书第第四栋 3—3 剖面图

附

图

285

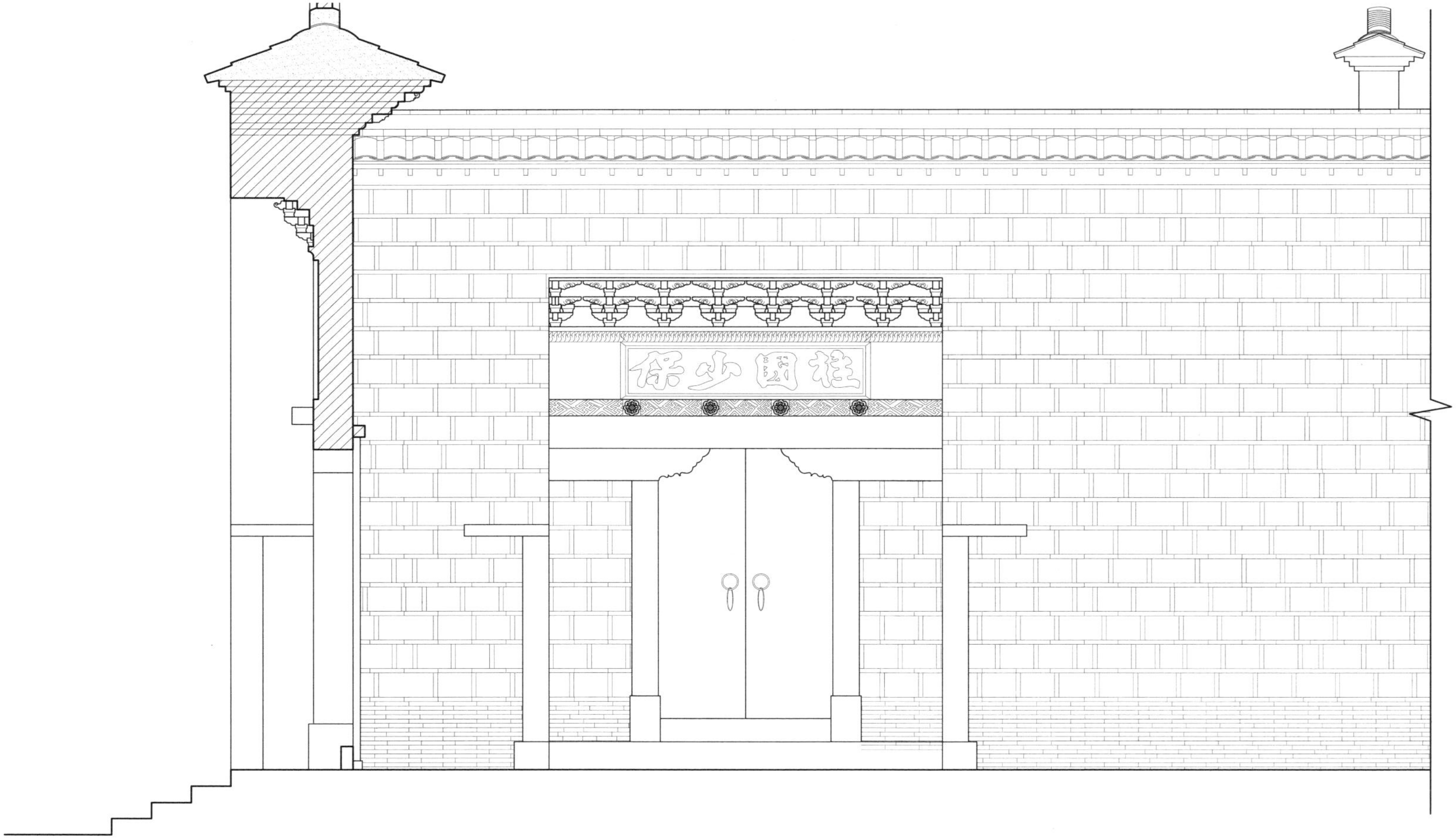

尚书第第五栋立面图

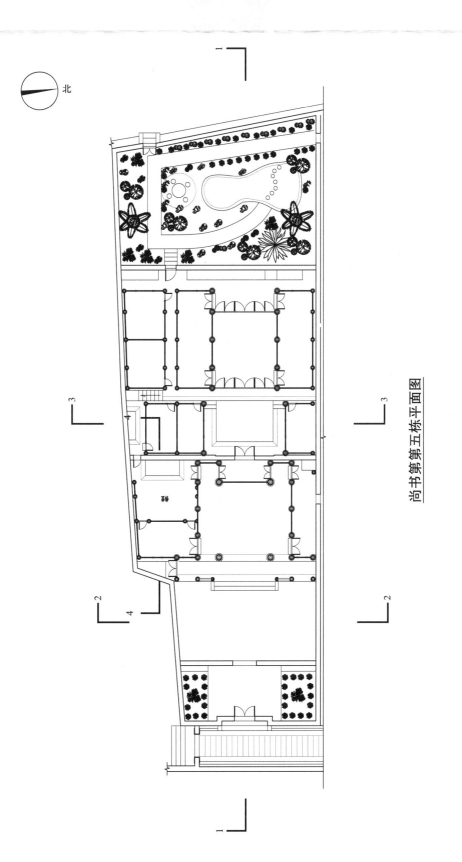

北

尚书第第五栋平面图

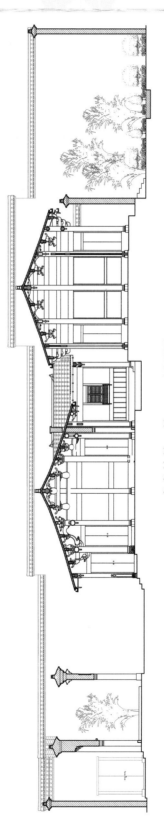

尚书第第五栋 1—1 剖面图

尚书第第五栋 2—2 剖面图

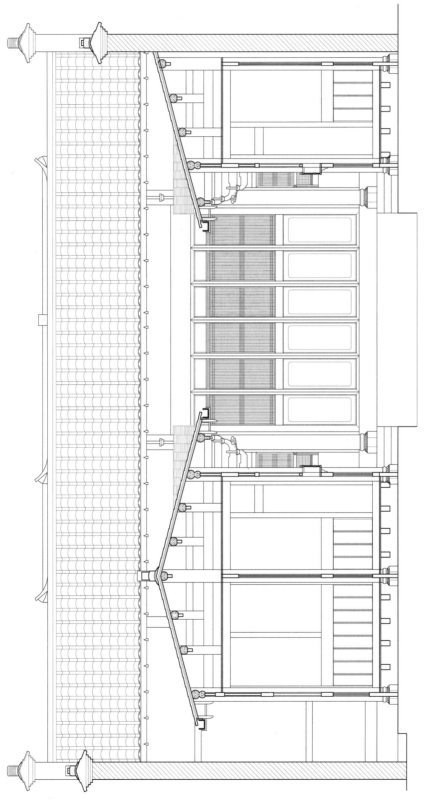

尚书第第五栋 3—3 剖面图

尚书第第五栋 4—4 剖面图

尚书第辅房立面图

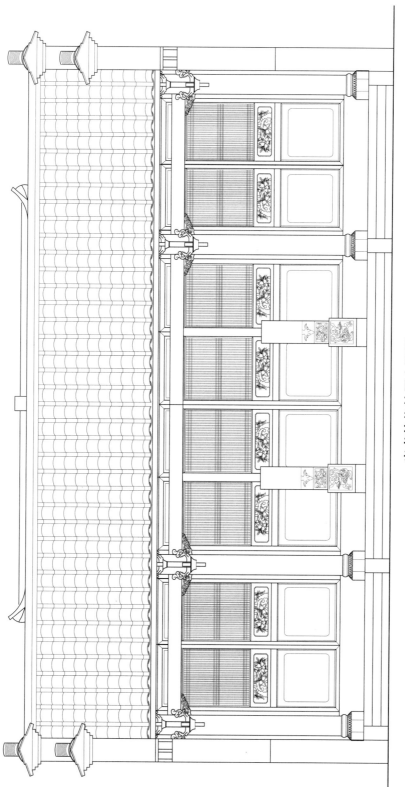

尚书第仪仗厅立面图

北

天井

天井

天井

天井

排水沟

古井

尚书第辅房、仪仗厅平面图

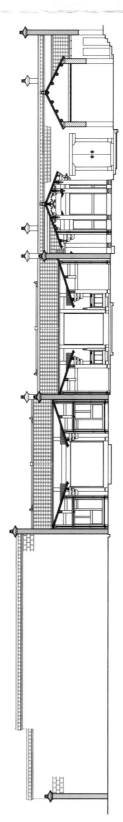

尚书第辅房、仪仗厅 1—1 剖面图

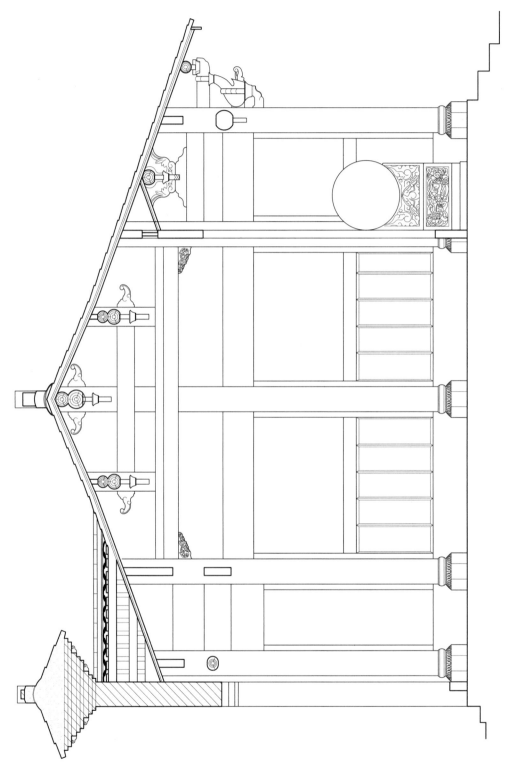

尚书第辅房、仪仗厅 2—2 剖面图

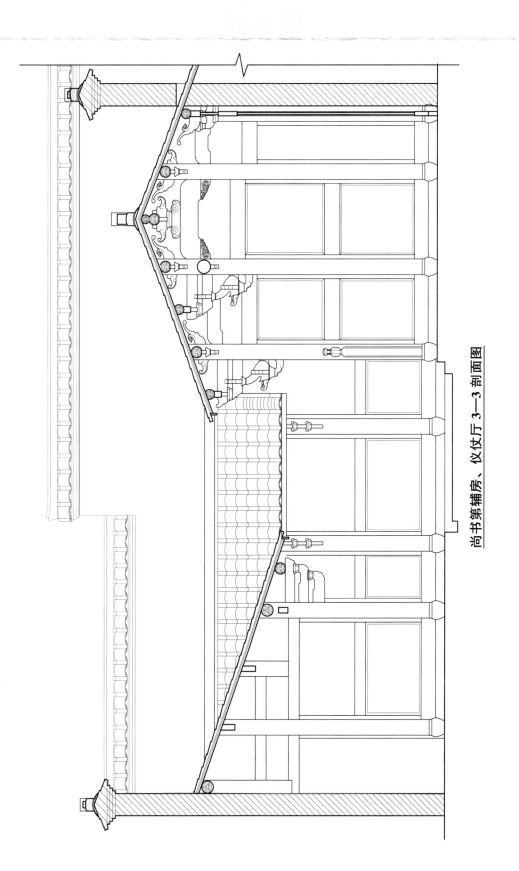

尚书第辅房、仪仗厅 3—3 剖面图

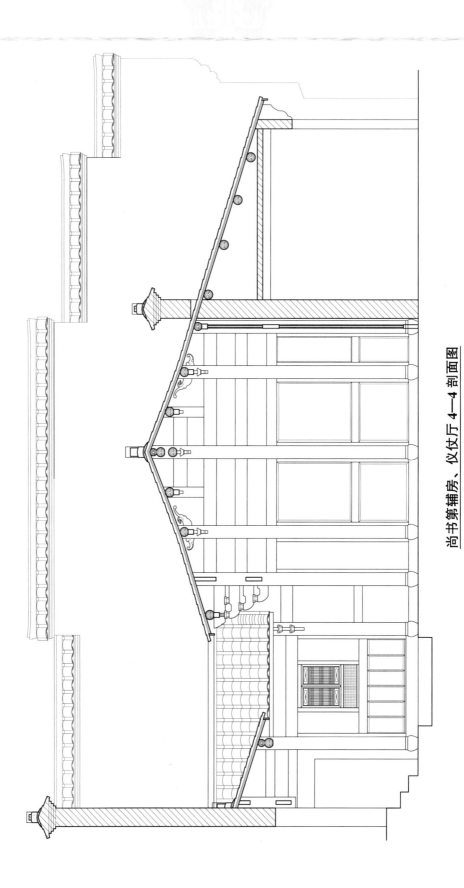

尚书第辅房、仪仗厅 4—4 剖面图

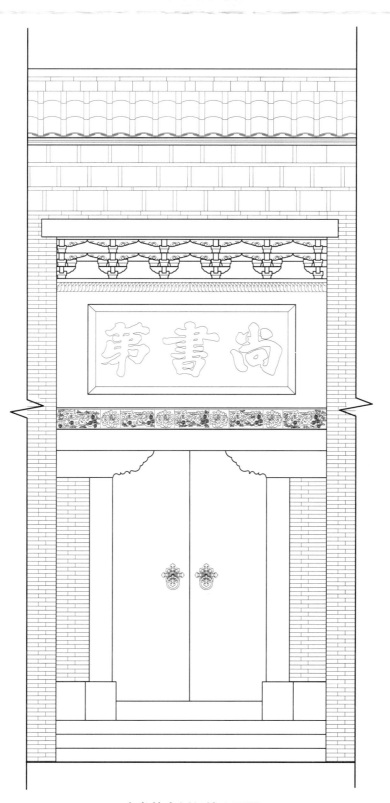

尚书第南侧门楼立面图

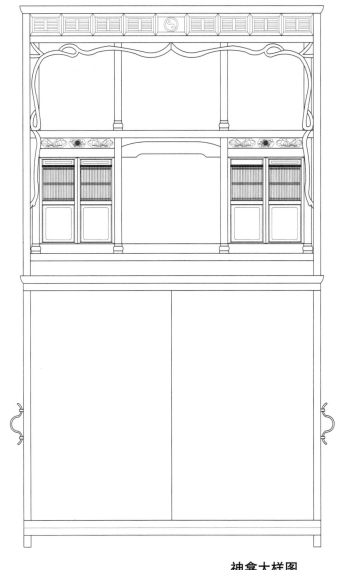
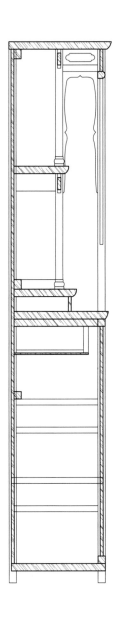

神龛大样图

附图二 世 德 堂

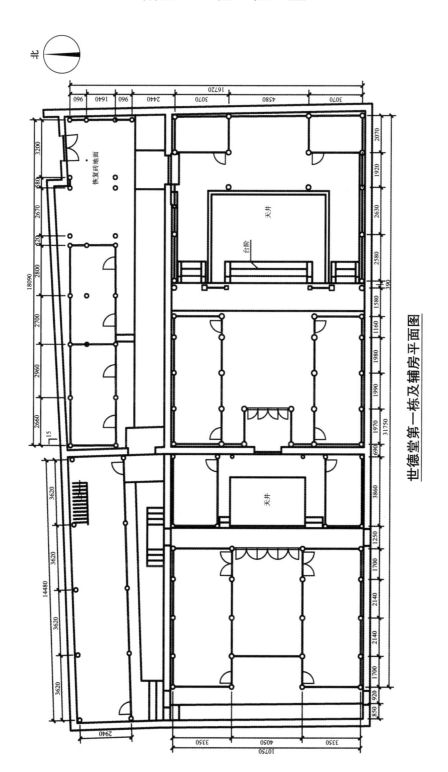

世德堂第一栋及辅房平面图

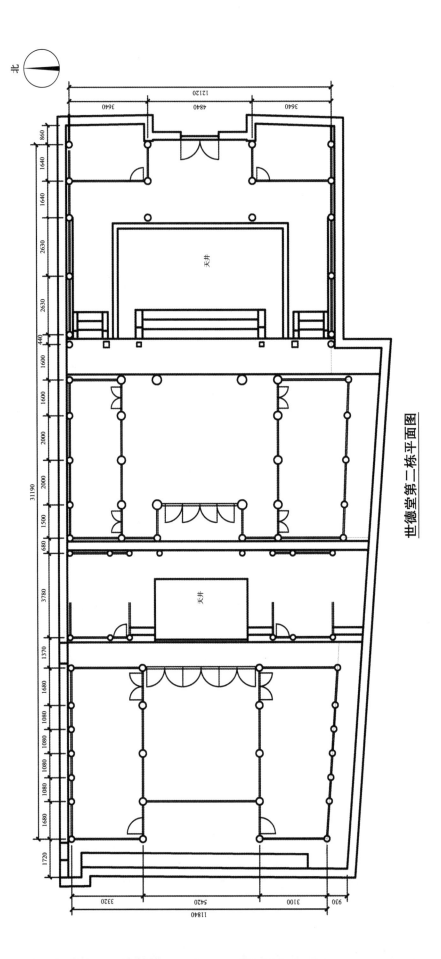

泰宁古城·杉阳建筑

302

北

世德堂第二栋平面图

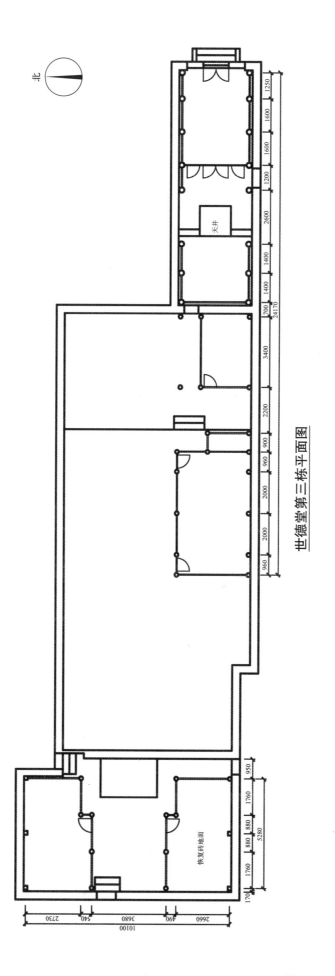

世德堂第三栋平面图

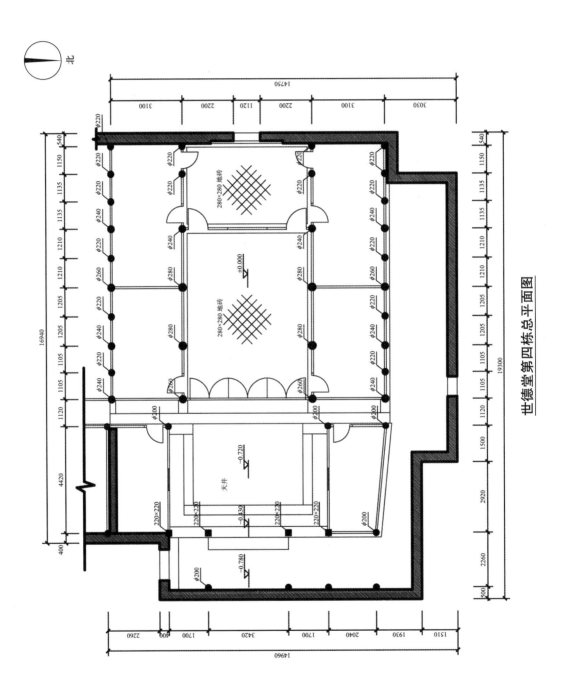

北

泰宁古城·杉阳建筑

304

世德堂第四栋总平面图

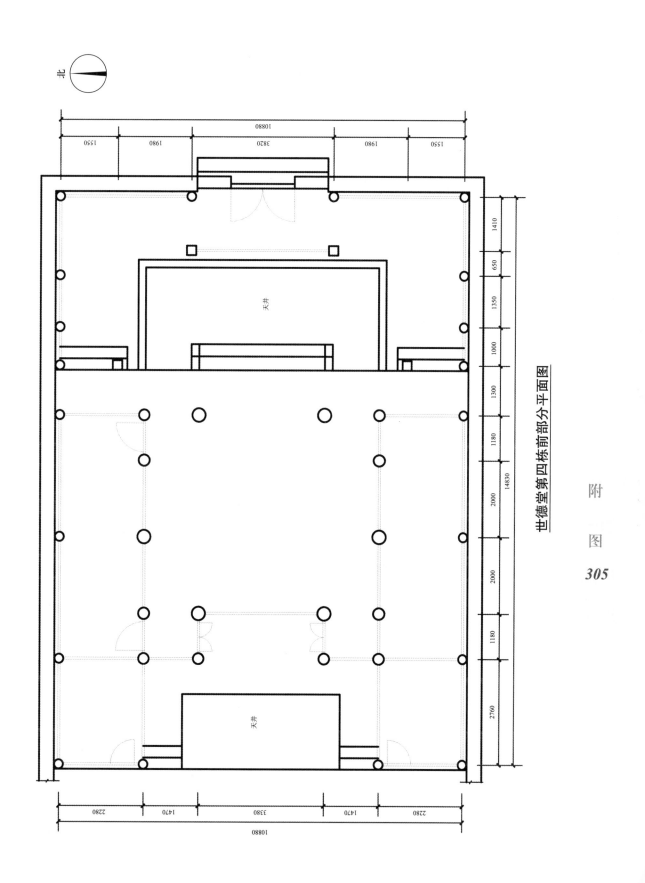

世德堂第四栋前部分平面图

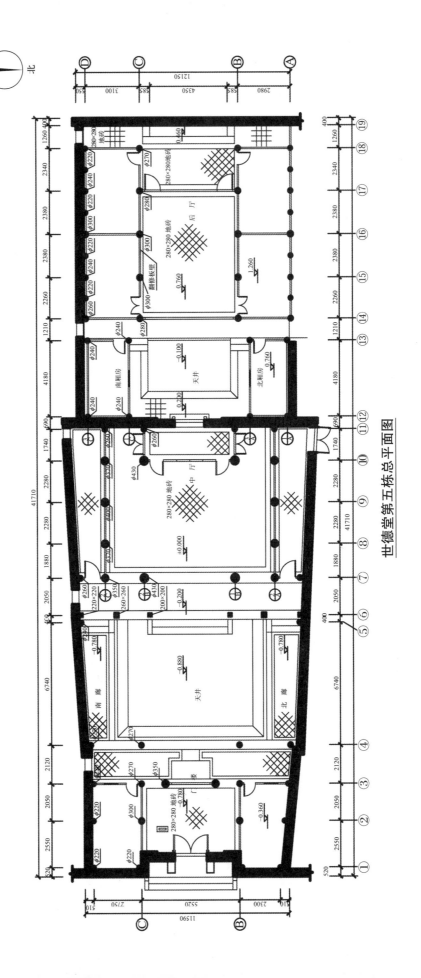

泰宁古城·杉阳建筑

306

世德堂第五栋总平面图

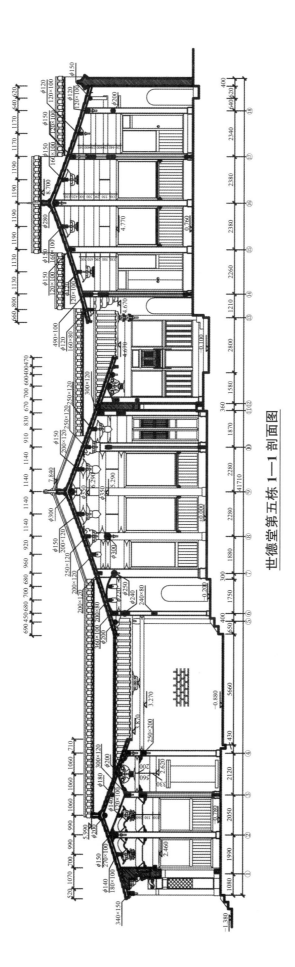

世德堂第五栋 1—1 剖面图

世德堂第五栋 2—2 剖面图

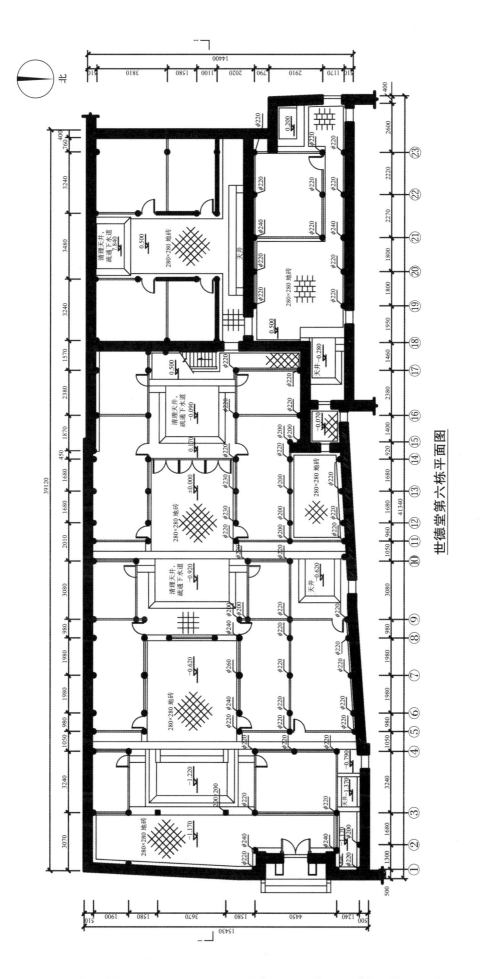

世德堂第六栋平面图

世德堂第六栋 1—1 剖面图

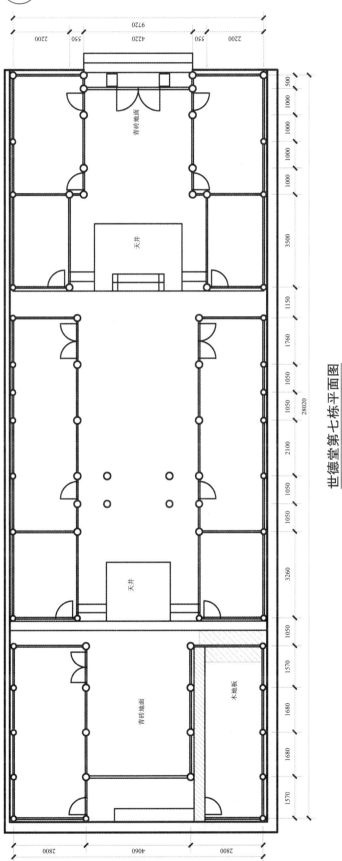

世德堂第七栋平面图

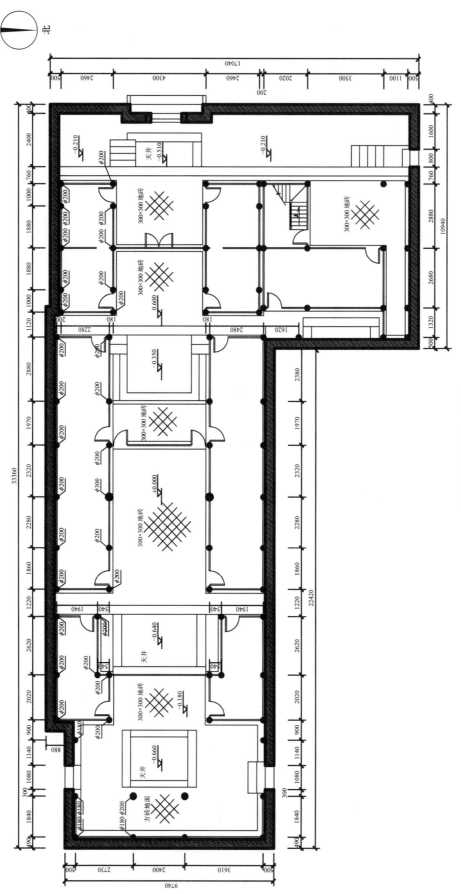

泰宁古城·杉阳建筑

312

世德堂第九栋平面图

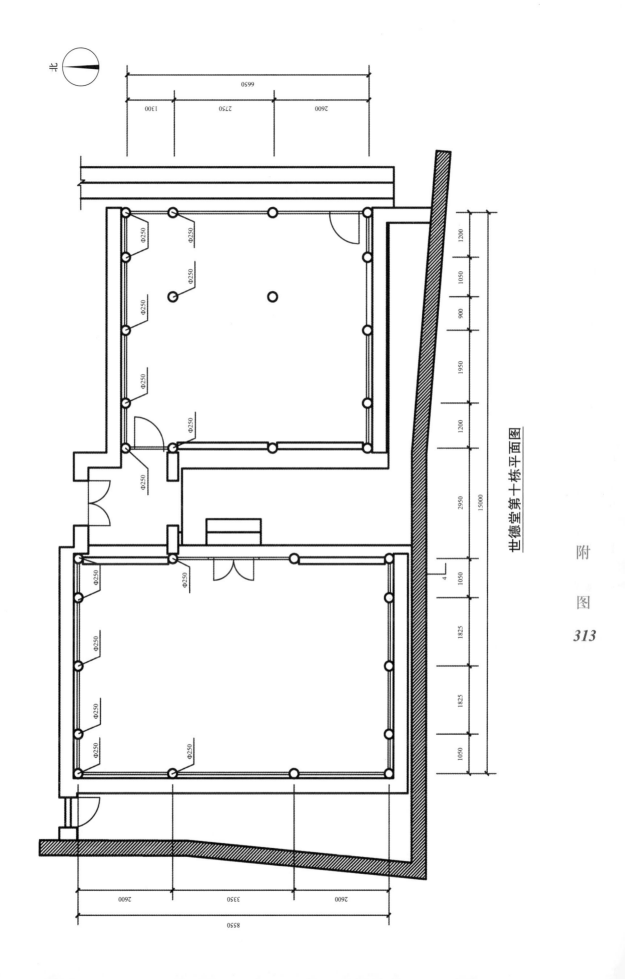

世德堂第十栋平面图

附

图

313

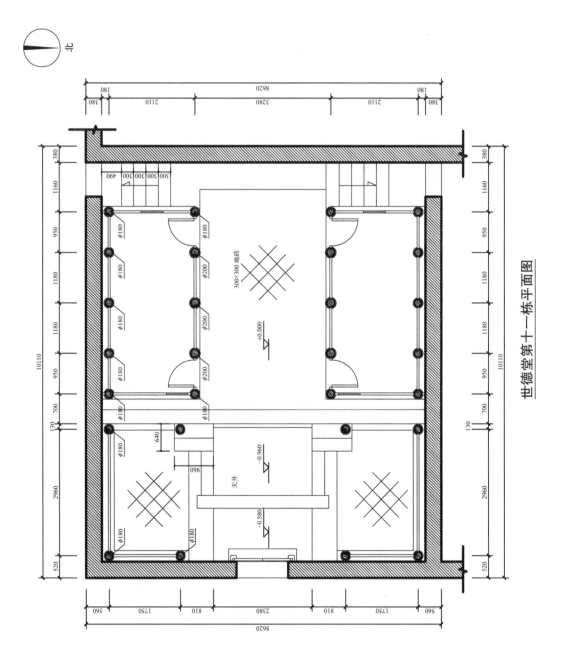

泰宁古城·杉阳建筑

314

世德堂第十一栋平面图

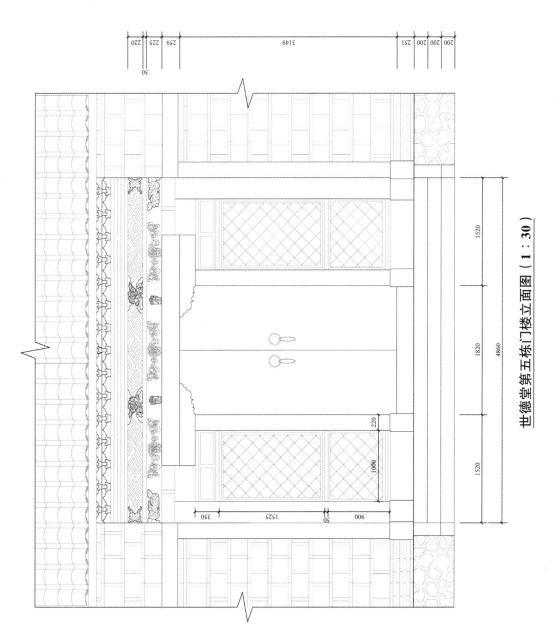

世德堂第五栋门楼立面图（1：30）

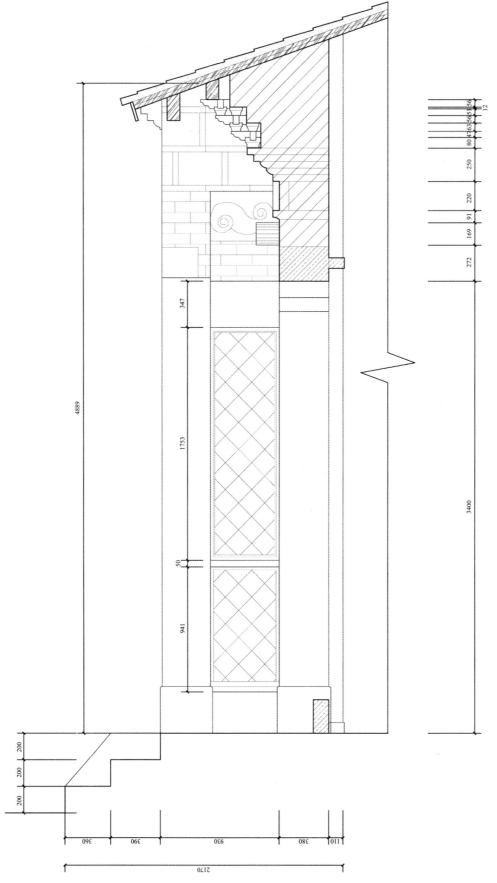

世德堂第五栋门楼剖面图（1：20）

后　记

  本书作者及其课题组经过几年的实地试验，在特色古建筑保护、规划、修缮、再生方面取得了一定的成果，得到了有关部门的肯定。在试验示范过程中，由于泰宁县历届县委、县政府及相关部门始终坚持泰宁古城和杉阳建筑的保护、开发、利用这一政策的实施和落实，且不受领导班子、行政部门变更等影响，才有了泰宁古城及杉阳建筑风貌依旧的今天；此外，让真正懂得修缮古建筑的团队修缮泰宁古城及杉阳建筑，古建筑传统工艺得以传承，才使得杉阳建筑古韵长存，魅力无限。然而在试验过程中，本书作者及其课题组也遇到了不少困惑，如古城及古建筑保护与城市发展的矛盾，特色民居与文物保护的矛盾，古建筑修缮中传统工艺传承走样和缺失的问题，古城及古建筑不符合当地实际的再生问题等，这都有待在今后的试验、研究中进一步给予思考和解决。

  在试验示范过程中，泰宁县有关部门、古城开发公司、县博物馆给予了极大的帮助，姜建国、郑明金、连小琴、朱俊杰、叶仁智、刘永伟等给予了积极支持；陈小辉一直关心本书的撰写，张孝惠、赵立珍、彭琳等同仁积极参与本项目试验和示范点的工作，郭思琪手绘杉阳建筑构件，在此一并表示衷心的感谢。亦师亦友的郭金良先生在百忙中为杉阳建筑结构定名标注，在此拱手致谢。